Veit Etzold

›Der weiße Hai‹ im Weltraum

Veit Etzold

›Der weiße Hai‹ im Weltraum

Storytelling für Manager

WILEY

WILEY-VCH Verlag GmbH & Co. KGaA

1. Auflage 2013

Alle Bücher von Wiley-VCH werden
sorgfältig erarbeitet. Dennoch übernehmen
Autoren, Herausgeber und Verlag in keinem
Fall, einschließlich des vorliegenden Werkes,
für die Richtigkeit von Angaben, Hinweisen
und Ratschlägen sowie für eventuelle Druck-
fehler irgendeine Haftung.

**Bibliografische Information
der Deutschen Nationalbibliothek**
Die Deutsche Nationalbibliothek verzeich-
net diese Publikation in der Deutschen Na-
tionalbibliografie; detaillierte bibliografische Daten sind im Internet über
http://dnb.d-nb.de abrufbar.

© 2013 Wiley-VCH Verlag & Co. KGaA,
Boschstr. 12, 69469 Weinheim, Germany

Printed in the Federal Republic of Germany

Gedruckt auf säurefreiem Papier.

Satz inmedialo Digital- und Printmedien UG,
Plankstadt
Druck und Bindung CPI, Ebner & Spiegel
GmbH, Ulm
Umschlaggestaltung Torge Stoffers, Leipzig
Zeichnungen Veit Etzold, Berlin

Print ISBN: 978-3-527-50746-7
ePub ISBN: 978-3-527-68017-7
mobi ISBN: 978-3-527-68016-0

Inhaltsverzeichnis

Stimmen zum Buch

»Leaders in business and governments need to have a point of view about the future, and communicate it effectively. Veit Etzold describes in his book how storytelling can be a powerful tool to share with others how to shape the future.«
Prof. Jordi Canals, Dean IESE Business School

»Storytelling, wie von Veit Etzold dargestellt, ist ein überzeugender Ansatz, um Analysen in reale Handlungsempfehlungen zu bündeln – und dabei Führungskräfte emotional mitzunehmen. Für Unternehmensberater ein unverzichtbarer Bestandteil guter Klientenarbeit.«
Dr. Klaus-Peter Gushurst, Managing Director Booz & Company, Germany/Switzerland/Austria

»Bei der Masse der Informationen, die heute auf Führungskräfte und Mitarbeiter einprasseln, wird es immer notwendiger, die eigenen wichtigen Botschaften klar und nachhaltig zu kommunizieren. Der Ansatz von Veit Etzold hilft Führungskräften aller Hierarchieebenen diese Managementmethode anzuwenden.«
Roland Polte, Hauptgeschäftsführer Personal, Dräxlmaier Group

»Strategien zu konzipieren ist eine Sache, eine andere ist es, sie einschlägig zu vermitteln. Doch alle Strategien enthalten eine Geschichte. In ihr geht es um Angriff, Kampf, Sieg und die Furcht vor der Niederlage. Veit Etzold hat das aufgegriffen und zeigt Führungskräften, wie die Form des Erzählens strategische Inhalte auf *packende und überzeugende* Weise darstellen kann.«
Prof. Dr. Olaf Plötner, Dekan der Executive Education, ESMT European School of Management and Technology und Autor von Counter Strategies im Globalen Wettbewerb

»Veit Etzold ist nicht nur Multitasking – das sind viele – er ist auch Multitelling, eine Kunst, die im oftmals öden Business-Speech immer wichtiger wird. Wir alle sind medienkultiviert, wollen unterhalten werden und denken oft mit Wehmut an die Jahre zurück, in denen wir schöne, spannende und mitreisende Geschichten erzählt bekamen. Diese Kunst haben wir verlernt und es wird Zeit, dass wir hier wieder unseren Meister finden. Veit Etzold ist einer von ihnen.«
Pierre Deraëd, Marketing Director, Bain & Company Germany

»Storytelling ist heute eines der mächtigsten Führungswerkzeuge. Etzold erzählt Unternehmern und Managern, wie sie dieses Werkzeug einsetzen können. Und dies mit bestem Storytelling, nämlich spannend und lehrreich zugleich.«
Dr. Jürgen Erbeldinger, Vorstandsvorsitzender Partake AG

1
Fakten und Fiktion

Life is a tale told by an idiot,
Full of sound and fury
Signifying nothing.

William Shakespeare, Macbeth[1]

© Veit Etzold

---

1   Shakespeare, *Macbeth*, in Gesammelte Werke, Band V

Der König stirbt.
  Und die Königin stirbt.
  Dies ist ein Bericht.
  Der König stirbt.
  Und die Königin stirbt aus Trauer.
  Dies ist eine Story.
  Jetzt stellen Sie sich ein Bild vor, in dem ein Ehepaar in der Oper sitzt. Es läuft der erste Akt. Ist das dramatisch? Nein, zunächst einmal ist es nur ein Bild. Oder ein Tatsachenbericht.
  Jetzt sehen wir das Haus der beiden. Am gleichen Abend. Im Dunkeln. Und wir sehen zwei Männer, die sich am Türschloss zu schaffen machen.
  Schon ist das Ganze dramatisch geworden.
  Nun zeigen wir noch ein Bild mit den Kindern der beiden, die in besagtem Haus in ihren Betten schlafen. Nun haben wir fast schon einen Horrorfilm.
  Und Sie möchten vielleicht den Eltern zurufen: »Steht auf! Fahrt sofort nach Hause und vergesst die Oper!«
  Manchmal stehen nur ein bis zwei Bilder zwischen einem trockenen Bericht und einer Story. Manchmal braucht man nur ein bis zwei Sätze, um aus etwas Langweiligem etwas Spannendes zu machen. Und die gute Nachricht ist: Jeder ist ein Storyteller! Kein Mensch ist dazu verdammt, per se langweilig und eintönig zu sein. Sie auch nicht!

»Oma, erzähl uns noch eine Geschichte« oder »erzähl noch mal die Geschichte von Onkel Peter und dem Pferd« hat wohl jeder als Kind schon gerufen, auch wenn es längst Schlafenszeit ist und man die Geschichte ohnehin schon mehrfach gehört hat. Hier ist es offenbar nicht wichtig, ob der Informationsgehalt neu ist, sondern *wie* die Geschichte erzählt wird.

Nicht nur Kinder mögen Geschichten. Wer in der Lage ist, spannend und unterhaltsam eine Geschichte zu erzählen, kann sich auf Partys vieler Zuhörer sicher sein, selbst wenn diese, wie das Kind im Bett, die Geschichte auch schon kennen. Ein *Running Gag* fußt ja gerade auf der ständigen Wiederholung. Menschen hören gern Geschichten und erzählen gern Geschichten, gerne auch öfter mal die gleiche.

Der menschliche Rachen ist, durch den Variantenreichtum der Stimme, als Resonanzkörper anders gestaltet als bei vielen anderen Säugetieren, was dazu führt, dass sich Luft- und Speiseröhre den gleichen Zugang teilen müssen. Dies ist eine hochriskante Angelegenheit, und täglich ersticken Dutzende von Menschen weltweit deswegen. Gott, die Natur oder wer auch immer hätte solch eine riskante Apparatur niemals zugelassen, wenn die Neigung, Geschichten zu erzählen und überhaupt zu sprechen, nicht zu den elementaren Bedürfnissen und Erfolgsfaktoren des Menschen gehörten. »Man kann nicht genug kommunizieren«, sagte mir Peter Strüven, Senior Partner bei BCG, der dort die Abteilung Post Merger Integration leitete. Stockende Kommunikation und Unklarheit bei Fusionen, Übernahmen und Firmenintegrationen können sehr viel Geld und Nerven kosten und am Ende die gesamte Unternehmung kippen.

Die Natur mag kein Vakuum. Denn dort, wo nichts gesagt wird, wird sich halt etwas ausgedacht. Und wenn diese Geschichte besser klingt als die Realität, hat sie beste Chancen, ernstgenommen zu werden, auch wenn sie nicht der Wahrheit entspricht. So wird jeder Leser aus eigener Erfahrung aus seinem Unternehmen wissen, dass sich Tratsch und Klatsch sowie Gerüchte à la »... die wollen die F&E Abteilung hier zumachen« sehr viel schneller ausbreiten als jedes offizielle Statement oder Dementi des Vorstands. Dies vor allem deswegen, weil Klatsch und Tratsch oft unbewusst nach der Struktur guter Storys aufgebaut sind, während dies auf die offiziellen Corporate E-Mails meist nicht zutrifft.

Auch Manager sind ständig auf der Suche nach einer guten Story. Viele haben das Gefühl, ab einem bestimmten Punkt in ihrer Karriere stecken zu bleiben. Sie haben gute Ideen, finden aber kein Gehör, Sie arbeiten hart, werden aber nicht befördert, und es fällt ihnen zunehmend schwerer, das, was sie eigentlich sagen wollen, so bei ihrem Gegenüber unterzubringen, dass es nicht nur verstanden wird, sondern auch eine nachhaltige Wirkung hat. Dieses »Gegenüber« kann verschieden sein, es können Mitarbeiter, Vorgesetzte, Kunden, Kollegen, Wettbewerber, Aufsichtsbehörden oder auch die Schwiegermutter sein. Ein Selbstläufer ist diese Kommunikation allerdings nicht. *Verständnis ist die Ausnahme*, sagen Psychologen, *Missverständnis ist die Regel.*

Hinzu kommt, dass wir in einer seltsamen Zeit leben.

Zum Jahreswechsel 2012/2013 wurden mehr als 37 Millionen Megabytes allein in Deutschland beim Mobilfunkanbieter Vodafone durch die Netze gepresst. Dies war eine Zunahme um 50 Prozent im Vergleich zum Vorjahr. Mehr als 21 Millionen Smartphones werden allein 2013 in Deutschland verkauft werden.[2] Das zeigt uns zweierlei: Es besteht ein großer Bedarf nach Kommunikation. Und es besteht ein gewaltiger Wettbewerb aus Nebengeräuschen, der es Ihnen immer schwerer macht, mit Ihrer Botschaft durchzukommen und verstanden zu werden. Die Reizüberflutung der Medien und des Internets, das Zerbrechen alter Geschäftsmodelle und Wertschöpfungsketten, die mörderische Geschwindigkeit, mit der sich Moden, Trends und Kundenbedürfnisse wandeln, und nicht zuletzt der Aufstieg günstigerer Konkurrenten aus China und Indien und bald auch Afrika machen es für Unternehmen überlebensnotwendig, sich und ihre Geschichte eindeutig, klar und unverwechselbar am Markt zu positionieren.

Zeit also, sich zu überlegen, wie Sie sich am besten hörbar und verständlich machen können. Jack Trout fasst das sehr schön zusammen: »In unserer überkommunizierten Gesellschaft besteht das Paradox darin, dass nichts wichtiger ist als Kommunikation.«[3]

---

2 »Das große Palaver«, *Süddeutsche Zeitung*, 5./6.01.2013, S.21
3 Ries, Trout: *Positioning*, S. 19

Warum gerade Storytelling?

Unschwer zu erraten möchte Ihnen das vorliegende Buch genau dabei helfen.

Doch warum Storytelling? Klingt »Story« und »Geschichten erzählen« nicht irgendwie nach Märchenonkel, nach Esoterik, nach Kuschelpädagogik und sicher nicht nach der harten Business-Realität des 21. Jahrhunderts? Ja, wenn man es *falsch* macht. Nein, wenn man es *richtig* macht.

Und warum soll ich dabei auf Veit Etzold hören, fragen Sie sich jetzt?

»Zwei Seelen wohnen, ach! in meiner Brust«, sagte schon Goethe. Auch wenn dies keine direkte Antwort auf Ihre Frage war, aber was schon Goethe zum Vorteil gereichte, muss auch für Unternehmen kein Nachteil sein. Denn wer die Welt der Wirtschaft und der Kreativität in sich vereint, kann Firmen einen höheren Mehrwert bieten. Und das behaupte ich einfach mal von mir selbst.

Als Wanderer zwischen den Welten der Wirtschaft und der Kreativität entwickle ich Ideen. Ideen, die sich umsetzen lassen, und Ideen, die Geld bedeuten. Ich helfe Unternehmen dabei, margenstarke, nicht materielle Dienstleistungen zu verkaufen und sich in einem immer aggressiveren Wettbewerbsumfeld zu positionieren und zu differenzieren. Und je abstrakter die Dienstleistung ist, desto besser muss die Story sein. Denn erst eine gute Story macht eine Dienstleistung greif- und nachvollziehbar und macht das Unternehmen und seine Produkte einzigartig. Die Gültigkeit dieser Aussage habe ich in 12 Jahren Managementerfahrung immer wieder festgestellt. Sei es der Verkauf von Bildern bei der Bertelsmann AG, der Verkauf von Bank- und Finanzprodukten bei der Allianz und Dresdner Bank, der Verkauf von Beratungsprojekten bei der Boston Consulting Group oder der Verkauf von Führungskräfte-Entwicklungsprogrammen an der ESMT (European School of Management & Technology) und der IESE Business School. Wichtig bei allen Produkten, die nicht greifbar sind, ist die Story.

Und anders als viele Management-Speaker, die über Storytelling reden, schreibe ich selbst Storys, genau genommen Krimis und Thriller, die gelesen werden, für die Menschen Geld bezahlen und die es in die Bestseller-Listen schaffen. Mit mir erleben Sie Kreativität und wirtschaftliche Kompetenz – und damit, aber das mögen Sie entscheiden, eine ideale Mischung aus beiden Welten.

»Der weiße Hai« im Weltraum – Sie werden noch erfahren, warum das Buch so heißt – möchte Managern und Unternehmen Werkzeuge an die Hand geben, die sie brauchen, um in einem überkommunizierten und übervollen Markt weiterhin als differenzierbare, hochpreisige Premiummarke zu bestehen und erfolgreich, nachhaltig und vor allem einzigartig gegenüber Kunden, Aktionären und der Gesellschaft zu kommunizieren.

Fallstudien sowie »Do it yourself«-Tests und Abschnitte, die das, was Sie gelesen haben, am Ende jedes Kapitals zusammenfassen, sorgen dafür, dass sich das Gelernte durch Reflektion und Übung verfestigt und in der alltäglichen Unternehmenspraxis auch angewandt werden kann.

Wir hatten bereits gesagt, dass die Kommunikation überhandnimmt. Alles ist überall verfügbar und jeder ist mit jedem 24 Stunden am Tag irgendwie am Reden, Mailen, Simsen oder Posten. Sei es, weil man auf diese Weise glaubt, es wäre ständig jemand da und man sei nicht allein oder man sei irgendwie wichtig, auch wenn man es nicht ist. Früher haben die Eltern zum kleinen Kind bewundernd »ah« und »oh« gesagt, wenn es einen Bauklotz hochgehoben hat, heute klickt man bei Facebook auf »gefällt mir«, wenn jemand mal wieder postet, dass er gerade draußen, essen, beim Kiosk oder auf dem Klo war.

Jeder will reden. Aber keiner will zuhören.

Erschwerend kommt hinzu, dass wir trotz all der Fakten und der Kommunikation immer weniger durchblicken, was auch daran liegt, dass Fakten immer wertloser werden, je mehr sie vorhanden sind und je schneller man sie abrufen kann, wie dies heute dank Internet, Newsticker und Online-Datenbanken geschieht. Storys hingegen können helfen, komplexe und abstrakte Dinge verständlich zu machen. Sei es das Verschieben der Kräfteverhältnisse von West nach Ost, die Komplexität der Euro-Krise, die notwendige Image-Verbesserung der Finanzindustrie oder einfach die Kommunikation von Managern an die Mitarbeiter im Rahmen von Restrukturierungen.

Insbesondere ist das Buch für alle Branchen interessant, die eine hochpreisige, nicht-materielle Dienstleistung in einem wettbewerbsträchtigen Umfeld verkaufen wollen, also für Banken, Versicherungengen, Unternehmensberatungen, Anwaltskanzleien und Business

Schools, aber auch für alle Unternehmen, denen die Ware nicht sofort aus der Hand gerissen wird. Wenn Sie Gucci-Schuhe verkaufen, können Sie sich sicher über diverse Impulskäufe freuen, wenn Frauen die Schuhe im Schaufenster sehen und dann sofort zuschlagen. Wenn Sie fondsgebundene Rentenversicherungen verkaufen, gehebelte Index-Zertifikate auf den Hang Sen Index oder M&A-Gutachten für transnationale Fusionen halten sich ähnliche Impulskäufe von Seiten der Kunden leider sehr in Grenzen. Und wenn Sie als Unternehmen nur ein klar definiertes Kundensegment ansprechen, also *narrow casting* im Gegenzug zu *broad casting* betreiben, brauchen Sie eine individualisierte und nachhaltige Story, bei der der Kunde sofort versteht, warum er gerade Ihr Produkt braucht, ebenso wie die junge Dame die Gucci-Schuhe gerade jetzt braucht – oder zu brauchen glaubt. Denn je abstrakter ein Produkt ist, desto besser müssen die Marke und die Story dahinter sein, um den Kunden zum Kauf zu bewegen.

Der stärkste Mann im Unternehmen

Manager und Unternehmen wollen Aufmerksamkeit.
Kriegen sie aber nicht.
Sind Menschen prinzipiell unaufmerksam?
Antwort: Nein!

Wenn Menschen per se nicht aufmerksam wären, dann ist es doch seltsam, dass genau diese Menschen freiwillig bis drei Uhr nachts wach bleiben, auch wenn sie morgens früh aufstehen müssen, um irgendeinen Thriller zu lesen, für den sie auch noch Geld bezahlt haben, während teure, fünffarbige und hochglanzlackierte Jahresberichte, die von Corporate Communications sogar kostenlos an den Kunden oder Aktionär verteilt werden, normalerweise ungelesen im Mülleimer landen?

Und wieso sitzen Zuschauer bei *The Dark Knight* fast drei Stunden geduldig im Kino, zahlen vorher 10 Euro, kaufen die DVD und empfehlen den Film artig weiter, während in Präsentationen im Unternehmen, in denen es um wichtige Dinge geht, vielleicht sogar um die Zukunft Ihrer Firma und damit auch Ihres Arbeitsplatzes, nach fünf Minuten fast alle entweder ihre Mails checken, durch Facebook scrollen, zum Rauchen gehen oder gleich einschlafen? Und muss das so sein oder kann man das ändern?

Alles, was von Unternehmen kommt, scheint zur Langeweile prädestiniert zu sein. Dummerweise können es sich gerade Unternehmen in der heutigen Zeit immer weniger leisten, langweilig und austauschbar zu sein, und so wird es immer wichtiger, eindeutig und unverwechselbar zu kommunizieren.

Sind Sie Erster oder Zweiter, Bester oder Größter, Anführer oder Nachläufer, Zukunft oder Vergangenheit, lebend oder tot – was Sie als Firma sind, entscheidet nicht die Strategieabteilung oder das Management bei irgendwelchen Selbstbeweihräucherungs-Company Offsites bei Häppchen, Rotweinschwenken und Teambuilding-Kletterspielen. Was Sie als Firma für den Kunden sind, entscheidet einzig und allein eben dieser Kunde in seinem eigenen Kopf.

Nur der Kunde?, mögen Sie fragen.

Ja, nur der.

Ist der so wichtig?

Ja, ist er.

Denn die Wahrnehmung Ihres Unternehmens im Kopf des Kunden ist die objektive Wahrnehmung zu Ihrem Unternehmen schlechthin. Sie können tausendmal denken und sich zehntausendmal autistisch in irgendwelchen Mission-Statements einreden, dass Ihre Produkte anwenderfreundlich sind: Wenn der Kunde nicht dieser Ansicht ist, bleiben Ihre Artikel wie Blei im Regal liegen. Ihre Firma kann von mir aus der Marktführer östlich der Elbe an jedem Dienstagnachmittag sein. Wenn das dem Kunden egal ist, werden Sie keinen Gewinn machen. Firmen erschaffen keine Erfolgsstorys. Kunden tun dies. Sie sorgen dafür, dass der Erfolg, den das Unternehmen gerne hätte, auch wirklich ein Erfolg wird. »Der mächtigste Mann im ganzen Unternehmen«, sagte Samuel Walton, »ist der Kunde, denn er kann jeden feuern und das gesamte Unternehmen dichtmachen; ganz einfach dadurch, indem er seine Produkte künftig woanders kauft« (im Original: »There is only one boss. The customer. And he can fire everybody in the company, from the chairman on down, simply by spending his money somewhere else.«[4]).

4 http://thinkexist.com/quotation/there_ is_only_one_boss-
the_customer-and_he_can/263196.html

Samuel Walton verstand ein wenig von Kunden, sonst wäre sein Warenhaus »Walton Market« nicht das größte der Welt geworden und einer der drei einzigen Konzerne der Welt, die *jeden Tag* einen Umsatz von mehr als 1,2 Milliarden Dollar machen. Heute kennen wir es unter der Abkürzung »Wal Mart«.

Ohne Kunden geht es nicht. Und falls Sie keine reiche Großmutter haben, die bereit ist, Ihre gesamte Jahresproduktion zu kaufen, bleibt Ihnen wohl nichts anderes übrig, als auf Ihren Kunden (Neukunden oder Bestandskunden) zurückzugreifen. Und jetzt dürfen Sie dreimal raten, was Ihr Wettbewerber macht? Er versucht, wie ein Dämon aus dem Film *Der Exorzist* in den Kopf Ihres Kunden einzudringen und dort dafür zu sorgen, dass er Ihre Produkte schlecht und die des Wettbewerbers gut findet. Gemein, nicht? Und falls er damit Erfolg hat, ist der Kunde weg.

Storytelling hilft Ihnen, sich zu differenzieren. Dabei ist Storytelling nicht nur etwas, um das sich Praktikanten aus den Geisteswissenschaften mal eben zwischen Kaffeekochen und Ablage kümmern und das dann wieder in der Versenkung verschwindet. In Storys steckt eine Menge Geld. So beträgt in den USA das gesamte Consulting, Überzeugungs- und Kommunikations-Business in seinem Gesamtvolumen fast 25 Prozent des US-Bruttoinlandprodukts[5], also vier Billionen Dollar; was in etwa dem gesamten Geldvermögen der Deutschen entspricht. Geht man davon aus, dass Storys die Hälfte davon ausmachen, so sprechen wir von 2 Billionen Dollar. *Kein Geld* sieht anders aus, daher sollte man vielleicht »$tory« statt »Story« scheiben.

Aber warum müssen wir uns unbedingt differenzieren, werden Sie vielleicht fragen.

Weil Sie so gut wie tot sind, wenn Sie sich nicht differenzieren. »Denn keine Spezies kann koexistieren, wenn sie dasselbe Biotop bewohnt«, sagte Charles Darwin. »Keine zwei Unternehmen können überleben, wenn sie in einem identischen Markt genau das Gleiche anbieten«, sagte Bruce D. Henderson, der Gründer der Boston Consulting Group. Daher sollten sie dem Kunden besser eine gute Story bieten, die in seinem Kopf eine positive und nachhaltige – auf Neudeutsch würde man sagen »sticky« – Begründung einpflanzt, dass es

---

5 Siehe Pink, S. 107

zu Ihnen keine Alternative gibt, und die ihn davon überzeugt, Ihre Produkte zu kaufen und nicht die der Konkurrenz. Andernfalls bleibt Ihnen nichts übrig, als sich nur transparent über den Preis zu definieren. Denn wie hat es Marketing Guru Jack Trout so treffend formuliert: »Wenn Sie nicht anders sind, dann seien Sie besser billig.« Und wenn dann Aldi und Lidl zufällig günstiger sein sollten als Sie, haben Sie halt Pech gehabt. Wenn Sie alles günstig auf den Markt werfen, wird der Kunde ab einem gewissen Preis in jedem Fall kaufen. Wenn Ihre Kostenstruktur allerdings verhindert, damit profitabel zu sein – Aldi und Lidl können das, Sie vielleicht nicht –, ist Ihre Kasse schnell leer und Ihr Unternehmen Geschichte.

Sieben Schritte zur perfekten Story

Um Ihnen genau dabei zu helfen, hat das Buch, neben der Einleitung, folgende Struktur: Wer es ganz eilig hat, sollte nur dieses vorliegende Kapitel lesen, ebenso Kapitel 4 und Kapitel 5. Wer noch einen roten Faden für das Change-Management braucht sowie einige Beispiel-Storys, die komplexe Sachverhalte einfach erklären, dem sei Kapitel 6 ebenfalls noch ans Herz gelegt. Kapitel 2 und 3 zeigen, warum es so schwierig ist, sich verständlich zu machen (2) und überhaupt gehört zu werden (3). Sie zeigen also, warum unser Umfeld es dringend erfordert, Storys anzuwenden.

Wenn Sie Zeit und Muße haben, lesen Sie also das Buch von Anfang bis Ende; wenn Sie es ganz eilig haben, lesen Sie Kapitel 1, 4 und 5 sowie die Zusammenfassung der Strategie-Storys in Kapitel 6; können Sie eine dieser Storys für sich anwenden, lesen Sie diese Story im Detail. Mit diesem Crash-Kurs sind Sie an einem Vormittag durch und lesen den Rest des Buches dann (hoffentlich) einmal im Urlaub oder am Wochenende zu Ende.

1. Einleitung – Fakten und Fiktion
Das Kapitel, das Sie gerade lesen, führt in das Thema ein und zeigt, warum der Mensch schon immer in Storys gedacht hat und warum er das wohl auch künftig tun wird. Und es zeigt, welche Elemente eine Story haben muss, um vom Gehirn überhaupt als relevant gesehen zu werden.

2. Alle sehen etwas anderes – Wahrnehmung, Realität und Wirklichkeit

In diesem kurzen Kapitel bieten wir einen kleinen Crash-Kurs in eine sehr traurige, aber leider wenig akzeptierte Tatsache: Verständnis ist Glückssache, Missverständnis und Illusion ist die Regel. Und dummerweise haben wir bei dieser These auch noch die größten Philosophen und Wissenschaftler der Welt hinter uns.

3. Differ or die – Differenzierung durch die Story

Dieses Kapitel zeigt die Notwendigkeit, sich in einer überkommunizierten Welt zu differenzieren. Es gibt einen Einblick in die Wettbewerbsstrategie und wie Sie sich und Ihr Unternehmen im Wettbewerb positionieren müssen, um einzigartig zu sein und dennoch genügend Geld zu verdienen.

4. Alpha und Omega – Die Magie des Anfangs

Das Kapitel zeigt mehrere gute und schlechte Beispiele von berühmten ersten Sätzen in Thrillern, Geschäftsberichten oder Präsentationen. Es zeigt, wie man die Aufmerksamkeitsspanne optimal ausnutzt, insbesondere vor dem Hintergrund von verknappter Zeit durch Internet, Social Networks und E-Mail, die eben diese Aufmerksamkeitsspanne immer weiter reduzieren. Ebenso zeigt das Kapitel, insbesondere anhand von Movie Pitches, wie man das eigene Wertversprechen optimal sowie kurz und knapp kommuniziert und wie ein Mission Statement aussehen und nicht aussehen sollte. Anhand von Beispielen aus unterschiedlichen Bereichen werden die besten und schlechtesten Visionen und Missionen beleuchtet.

5. Gut und Böse – Held und Schurke

Jede Story braucht einen Helden, der die Höhen und Tiefen durchschreitet. Und ebenso braucht jeder Held einen Schurken. Das Kapitel zeigt, dass ein Held, zum Beispiel der CEO, ein Individuum sein muss und dass sich ein abstraktes Konstrukt wie eine Firma nur schwer als Held eignet. Ebenso zeigt es, warum Firmen, die einen klaren Schurken – also einen Wettbewerber – als Feindbild haben, zufriedenere Mitarbeiter haben und zudem noch erfolgreicher sind.

6. Mit Storys den Wandel gestalten

Hier erfahren Sie, durch welche Leadership- und Kommunikationstechniken Führungskräfte den Wandel im Unternehmen gestalten
können, sei es bei einer Strategieänderung, bei einer Post-Merger-Integration, bei einer Restrukturierung oder einer Neupositionierung.
Das Kapitel bietet eine komplette Toolbox für die Kommunikation
großer Change-Initiativen sowie eine Sammlung an Strategie-Storys,
die für unterschiedliche Situationen im Unternehmen die Kommunikation erleichtern.

7. Der Weg nach vorne

Dieses Kapitel fasst das Gelernte zusammen und bietet anhand von
zahlreichen Charts, Checklisten und einer Storytelling-Toolbox eine
kurze und knappe Übersicht für den Arbeitsalltag, wie das Gelernte
täglich angewandt werden kann.

Der Mensch als Geschichten erzählendes Wesen

Ein Freund eines Freundes erzählt Ihnen folgende Geschichte: Stellen Sie sich vor, Sie stehen nach einer anstrengenden Woche an einer
schönen Hotelbar irgendwo in Berlin, Hamburg oder München. Sie
wollen gerade Ihren zweiten Drink bestellen und freuen sich darüber,
dass diese verdammt anstrengende Woche endlich zu Ende ist, da
kommt eine wunderschöne Frau zu Ihnen (abhängig von Ihrem Ge-
schlecht und Ihrer sexuellen Orientierung kann es auch ein attraktiver Mann sein) und fragt Sie, ob Sie sich dazusetzen darf. Was Sie
zusätzlich noch begeistert, ist, dass diese Frau Ihnen auch noch den
ersten, den zweiten und den dritten Drink spendiert. So kann das
Wochenende ja anfangen, denken Sie, während Sie sich unauffällig
kneifen, um zu sehen, dass Sie nicht träumen und Sie immer weiter
mit der schönen Frau plaudern. Und Sie sich insgeheim fragen, ob
diese schöne Dame auch schon Pläne für das Wochenende oder wenigstens den weiteren Verlauf des Abends hat.

Das Nächste, an das Sie sich erinnern, ist, dass Sie in Ihrem Hotel-
zimmer sind. In der Badewanne. Nackt. Die Badewanne voller Eis.
Am Wannenrand ein Zettel: *Bewegen Sie sich nicht. Rufen Sie den Not-
arzt.* Daneben ein Handy.

Bevor Sie wissen, was überhaupt mit Ihnen los ist, hat Ihr Unterbewusstsein schon die Kontrolle übernommen und hat die 112 gewählt. Sie erzählen der Stimme am anderen Ende in knappen Worten, wo Sie sich gerade befinden. Ohne auch nur annähernd zu wissen, wie Sie da hingekommen sind. Da war die Frau, die Drinks und dann ...

»Haben Sie einen Schlauch, der aus Ihrer linken Seite herausragt«, fragt Sie die Stimme unvermittelt.

Bevor Sie Zeit haben, sich über diese seltsame Frage zu wundern, ist Ihre Hand schon zu Ihrer linken Seite getastet und der Schrecken hat sie wie ein Vorschlaghammer erwischt: Da ist ein Schlauch!

»Dann haben wir schlechte Nachrichten für Sie«, sagt die Stimme weiter. »Es gibt einen Ring von Organhändlern in der Stadt und die haben eine Ihrer Nieren. Bewegen Sie sich nicht, der Rettungswagen ist gleich bei Ihnen.«

Diese Story ist eine der bekanntesten *Urban Legends*. Und selbst, wenn wir das Buch an dieser Stelle beenden würden, würden Sie sich wahrscheinlich an diese Story noch lange erinnern. In zwei Tagen, in drei Tagen, in einer Woche, in zwei Wochen, vielleicht noch länger.

Wie »sticky« diese Story ist, merken Sie, wenn Sie sich einmal eine völlig belanglose und langweilige Meldung in Erinnerung rufen, die Sie vielleicht vor Kurzem in einer Image-Broschüre gelesen haben.

Solch eine zum Beispiel:

> Nachhaltige Entwicklung umfasst gleichermaßen ökologische sowie ökonomische und gesellschaftspolitische Fragen. Dies bedeutet für uns, als Beitrag zur nachhaltigen Entwicklung auf der Basis wirtschaftlichen Erfolgs ökologisch und gesellschaftlich verträgliche Produkte und Dienstleistungen anzubieten sowie in unseren Unternehmen zukunftsfähiges Wirtschaften konsequent anzuwenden und weiterzuentwickeln.

Diese Meldung gibt es in der Form nicht, ich habe sie mir ausgedacht, aber ich nehme an, dass sie für die meisten Leser sehr vertraut klingt, da man so etwas sehr häufig zu lesen bekommt.

Die Zwillinge Chip und Dan Heath beschreiben in ihrem Buch *Made to Stick,* warum Storys wie die mit der Niere funktionieren und solche wie die oben mit der nachhaltigen Entwicklung nicht.[6] Denn wie fängt unsere Story an der Hotelbar an?

Der Freund eines Freundes macht etwas, weiß etwas, tut etwas. Und meist ist es viel interessanter als das, was Sie gerade machen. Dann sind Bilder in der Story: die schöne Frau, der Drink – der wahrscheinlich mit K.O.-Tropfen versehen war –, dann schließlich die Badewanne, das Eis, das man fast spürt, und, das Allerschlimmste, der Schlauch, der aus der linken Körperseite herausragt!

Gut, werden Sie sagen. Das ist ja auch ein grausiges Thema. Das hat nichts mit der Story zu tun. Man kann das auch anders erzählen.

Nein! Einspruch! Kann man nicht.

Kann man nicht? Warum muss alles unbedingt in Storys erzählt werden, fragen Sie? Weil Storys dem Menschen das Überleben gesichert haben, ganz einfach!

Es ist dem Menschen angeboren, seine Erfahrungen und Ängste in Geschichten zu kleiden, um die Welt zu erklären und sich das Gefühl zu geben, Herr der Lage zu sein. Schon von Anbeginn der Menschheit haben Storys Erfahrungen und Wissen transportiert. Dazu muss man sich vor Augen führen, wie der Mensch ausgestattet ist: schwächer und meist weniger schnell als jedes andere Lebewesen, keinesfalls vergleichbar mit einem Tiger, einem Elefanten oder einem Adler. Fliegen kann er auch nicht. Und dennoch ist er das stärkste Lebewesen.

Warum? Weil er etwas kann, was die anderen Tiere nicht können: Lernen. Und wie hat er das Gelernte transportiert? Wie man den Säbelzahntiger besiegt, wie man die Falle für das Mammut baut, wie man beim Gewitter Schutz im Wald sucht? Sie haben es erraten, in Form von Geschichten!

Gehen wir 20 000 Jahre zurück in die Vergangenheit und hören uns eine dieser Geschichten von einem unserer Vorfahren an:

Ich, der Held der Geschichte, ging durch einen dunklen Wald. Das ist der Beginn der Geschichte.

Dann wurde ich von diesem bösen Säbelzahntiger angegriffen. Das ist der Konflikt, der beginnende Spannungsbogen. Und spätestens jetzt sind unsere 20 000 Jahre alten Vorfahren in ihren Höhlen eng zusammengerückt.

---

6 Heath, S. 4-5

Doch dann fiel mir diese große Lichtung ein, wo immer die Mammuts herumlaufen.

Ah, eine Idee. Etwas, was die Handlung ändert, was dafür sorgt, dass unser Held nicht gefressen wird; wurde er ja auch nicht, sonst könnte er nicht die Geschichte erzählen.

Und ... Ich hatte Glück! Die Mammuts waren dort. Der Tiger war abgelenkt. Und ich konnte entkommen.

Abgesehen davon, dass unser steinzeitlicher Freund seinen Freunden und Verwandten eine unterhaltsame Zeit beschert hat, Fernsehen, Facebook und *Dschungelcamp* gab es ja damals noch nicht, er hat ihnen auch eine optimale Herangehensweise an ein Problem, heute würde man sagen *Best Practice,* mit auf den Weg gegeben. Der Nächste, der in dem Wald von einem Säbelzahntiger gejagt wird, kommt dann vielleicht auch sofort auf die Idee mit den Mammuts und rettet so ebenfalls sein eigenes Leben.

Geändert hat sich daran bis heute nicht viel. Auch die heutigen modernen Märchen funktionieren nach einem ähnlichen Schema. Der Held macht sich, zunächst widerwillig, auf den Weg, erlebt Tausende von Gefahren, die er nur gerade so eben besteht, und kommt schließlich sehr viel stärker und größer zurück in seine alte und bekannte Welt, als er es vorher war. Die *Odyssee von* Homer hat diese Story, die Joseph-Geschichte in der Bibel, der *Hobbit,* der *Herr der Ringe, König Artus, Tom Sawyer und Huckleberry Finn.* Wenn all diese Storys nach all den Tausenden von Jahren nach wie vor nach diesem Muster funktionieren, auch wenn die Ur-Story dahinter so alt ist wie der Mensch, ist allein das schon ein deutliches Zeichen, dass Storys Aufmerksamkeit generieren. Und Fakten eher Tiefschlaf. Dies sieht man teilweise auch im Management so, wenn auch in den USA und Großbritannien mehr als in Deutschland.

So sagte Alan Kay, ein Hewlett Packard Manager und Co-Gründer von Xerox PARC: »Nehmen Sie den Lack ab und unter der Oberfläche sind wir nur Höhlenmenschen mit Aktentaschen, die alle auf einen weisen Mann mit Bart warten, der uns eine Geschichte erzählt.«[7] Möglicherweise ist Storytelling in den USA auch deshalb stärker ausgeprägt, weil die Zeit der Lagerfeuer-Storys, mit der Besiedlung der USA im 18. und 19. Jahrhundert, noch längst nicht so

---

7 Pink, S. 109

lange her ist wie in Europa. In jedem Fall wollen wir alle Geschichten von weisen Männern hören. Und diese weisen Männer, heute immer weniger mit Bart, lassen sich das teuer bezahlen. Eine Rede von Ex-US-Präsident – und wahrscheinlich baldige männliche First Lady der USA – Bill Clinton kostet mal eben 250 000 Euro, von Ex-UNO-Generalsekretär Kofi Annan 150 000 Euro, von Ex-Kanzler Gerhard Schröder 75 000 Euro. Alter spielt dabei nicht unbedingt eine Rolle: Tausendsassa Richard David Precht bringt es auch auf 10 000 Euro pro Rede, mit Luft nach oben.[8]

Wir wollen Storys hören. »Wir erinnern uns leichter an Storys«, sagt David Pink, »denn Storys sind der Weg, *wie* wir uns erinnern.«[9] Die Wichtigkeit von Storys ist seit über 20 000 Jahren in unserem kollektiven Gedächtnis eingegraben. Wenn wir eine Story hören, schalten wir auf Aufmerksamkeit. Wenn wir trockene Fakten hören, reagieren wir alle ähnlich, wir schlafen ein, checken E-Mails, gehen eine rauchen oder aufs Klo. Das Problem dabei ist, dass sich die technische und sterile Kommunikation, die heute in den Fluren der Unternehmen und auch in deren Außendarstellung gepflegt wird und sich hauptsächlich auf PowerPoint stützt, in den letzten 30 Jahren entwickelt hat. Unser biologisches Gedächtnis allerdings ist Zehntausende von Jahren alt und ändert sich nicht so schnell. Unser Gehirn reagiert auf Emotionen: die Angst vor dem Säbelzahntiger, die Erleichterung, wenn wir ihn abgelenkt haben, die Freude, wenn wir unsere Verwandten in der Höhle wiedersehen. Mit der sterilen Kommunikation à la Briefing, Memo, Excel und PowerPoint können wir Fakten zeigen und vielleicht beeinflussen, aber nicht Emotionen, da wir diese dadurch schon längst abgehängt haben.

Darum mal ganz im Ernst: Glauben wir wirklich, wir könnten mehr als 20 000 Jahre Geschichte mit etwas aushebeln, das gerade einmal 30 Jahre alt ist? Zudem sind Fakten bei Weitem kein rares Gut mehr. Sie sind überall, leicht zu bekommen und man wird normalerweise eher davon erschlagen, als dass man sie lange suchen müsste. Etwas, was überreichlich vorhanden ist und angeboten wird wie Sauerbier, wird aber kaum begehrt. Gute Storys hingegen sind Mangelware. Und auch das, was Top-Führungskräfte auf Offsites oder gro-

---

8 *FAS*: »Wer kostet wie viel im Redner-Zirkus«, 22.01.2012, S.38
9 Pink, S. 101

ßen Ansprachen, wenn es zum Beispiel um Restrukturierungen geht, von sich geben, ist nur selten geeignet, sich allzu lange im Kopf des Zuhörers zu verankern. Was eigentlich alarmierend ist. Denn man geht davon aus, dass 80 Prozent der Zeit eines Managers mit Kommunikation gefüllt ist. Wenn man sich die hohen sechsstelligen Gehälter vieler Manager anschaut, sollte man sich fragen, ob die Opportunitätskosten nicht etwas hoch sind, wenn ein Großteil dieser Kommunikation zum einen Ohr rein und zum anderen heraus geht – ohne dazwischen irgendetwas Nachhaltiges angerichtet zu haben.

Hinzu kommt, dass die meisten Menschen in Unternehmen auf der formellen Ebene nicht mit Storys versorgt werden, sondern mit Zahlen. Sie werden mit Zahlen (Vorgaben) gesteuert und mit Zahlen (Geld) entlohnt. Storytelling findet nur auf der informellen Ebene in Form von Tratsch und Klatsch statt. Darum ist auch Klatsch und Tratsch so nachhaltig. Denn es folgt den Regeln guten Storytellings. Die dann hastig zusammengeschusterten Gegendarstellungen von Corporate Communications sind es meist nicht. Die modernen Lagerfeuer, wo heute über den Säbelzahntiger gesprochen wird, sind dann auch die Kaffeeküchen, die Kantinen, die Süßigkeiten-Automaten und natürlich, passend zum Lagerfeuer, die Raucherzonen, insgesamt also die Orte, die von der Unternehmensführung und natürlich auch der Unternehmenskommunikation weitmöglichst entfernt sind. Möchte der Chef eine echte Lagerfeuer-Atmosphäre schaffen, in der er mit seinen Topmanagern einmal direkt und ohne Umschweife kommunizieren kann und jeder sagen darf, was ihm auf der Seele brennt, nennt man das passenderweise *Kamingespräch*. So als würde man, trotz allem »Corporate-Sprech«, ahnen, dass ein wenig Lagerfeueratmosphäre nicht schaden kann, wenn man gute und ehrliche Storys will.

Fassen wir zusammen: Storys bleiben, wenn sie gut sind, eher hängen als Fakten. Aber wer entscheidet eigentlich, was hängen bleibt und was nicht?

Das Gehirn und seine Türsteher

Nehmen wir an, unser Gehirn wäre ein Gebäude mit einer Unzahl an Zimmern, die wir »Zellen« nennen. Davon hat unser Gehirn reichlich, nämlich 100 Milliarden Zellen, von denen jede sich mit jeweils 10 000 anderen Zellen verbindet und kommuniziert. All diese Zellen bilden zusammen ein Netzwerk von einer Billiarde Verbindungen, dies ist eine Eins mit 15 Nullen (1 000 000 000 000 000).

Wenn Ihnen also irgendjemand mal wieder etwas von einem *großen Netzwerk* erzählt, dann denken Sie an das menschliche Gehirn. *Das* ist ein Netzwerk!

Woody Allen sagte daher auch, dass das Gehirn sein »zweitliebstes Organ« sei.[10]

Es gibt zwei Gruppen von Menschen auf der Welt: Die, die glauben, dass man alles in zwei Gruppen einteilen kann, und die, die das nicht glauben. Die, die das glauben, sehen immer die Gegensätze: Ost und West, oben und unten, schwarz und weiß, arm und reich, Yin und Yang.

Unser Gehirn sieht das genauso, denn es besteht nicht nur aus Zellen, sondern aus einer linken und einer rechten Gehirnhälfte. Die linke Hälfte ist sehr gut im Analysieren, also darin, das Ganze in seine Bestandteile zu zerteilen. *Das Gras ist nass und das Gewächshaus ist kaputt. Warum?* Die Nässe zeigt, dass es geregnet hat. Regen, der unterwegs gefriert, wird zu Hagel. Und der hat das Gewächshaus zerstört. Als wir es am Morgen gesehen haben, war der Hagel getaut und das Gras war nur noch nass. Sauber und korrekt analysiert.

Die rechte Gehirnhälfte hingegen ist sehr gut in der Synthese, also im Zusammenfügen von vereinzelten Informationen.

Ein Beispiel: Wie kommt es, dass gerade in den 70er Jahren Filme wie *Das Texas Chainsaw Massacre* in die Kinos kamen? Schauen wir uns einmal um: Was war noch in den 70er Jahren? Der Ölpreis war sehr hoch, sowohl in den USA als auch in Deutschland. Es gab in Deutschland den autofreien Sonntag, und in den USA wurde wegen des teuren Öls mehr mit Holz geheizt. Das Holz wurde nicht mehr mit einer Axt, sondern mit einer Kettensäge zerkleinert. Und irgendwann dachte irgendein Horrorregisseur, dass diese Kettensägen ja fürchterliche Waffen sind und man daraus sicher einen grausamen Film machen könnte. Zugegeben, der Vergleich ist vielleicht etwas an den Haaren herbeigezogen, aber er zeigt, wie die rechte Gehirnhälfte assoziativ Verbindungen schafft.

10 nach Pink, S. 13

Selbstverständlich gibt es in beide Richtungen Übertreibungen: Menschen, bei denen nur die linke Gehirnhälfte das Sagen hat, haben Züge von Autismus. Wenn Sie denen erzählen, dass Ihr Auto einen Motorschaden hatte, Sie deswegen zurück nach Hause laufen mussten und dort sahen, dass Ihre Frau mit einem anderen Mann im Bett war, Sie jetzt komplett verzweifelt sind und Sie diesen Freund nun fragen, was Sie denn jetzt tun sollten, würde der Ihnen wahrscheinlich raten, wegen des Autos den ADAC anzurufen. Ein übertriebener »Rechts-Hirner« ist hingegen in der Lage, die seltsamsten Verbindungen aufzustellen, die einfach nichts miteinander zu tun haben, und das auch noch zu begründen, zum Beispiel von Bratwurst auf Manierismus zu kommen. Wie?

Bratwurst → Schwein → Borste → Pinsel → Bild → Ideal → Platon → Manierismus

Menschen, bei denen nur die rechte Hälfte das Sagen hat, machen sich schnell verdächtig, *Spinner* zu sein. Doch für die Storyteller hat die rechte Hälfte eine wichtige Bedeutung. Denn diese Hälfte reagiert auf Bilder. Bilder, wie wir sie in Träumen, aber auch in Storys finden. Die rechte Gehirnhälfte ist zudem auch das Zentrum der Kreativität. So wies der britische *Economist* kürzlich darauf hin, dass das Gehirn, und hierbei natürlich die rechte Gehirnhälfte, die meisten Ideen bei Tagträumen hat. Aus diesem Grunde ist es auch wenig verwunderlich, dass die meisten Menschen auf die besten Ideen kommen, während sie duschen oder joggen gehen.[11] Der Geist ist frei und offen und die Ideen kommen deswegen, weil sie vonseiten der linken Gehirnhälfte nicht gezwungen werden, dass sie gerade `jetzt` kommen müssen. Was auch die Wirksamkeit der in Unternehmen so beliebten Brainstorming Sessions gründlich in Frage stellt. *Jetzt sind wir alle mal ganz kreativ ...* Fragen Sie mal einen Künstler, ob der in solch einer Atmosphäre auf Befehl kreativ werden kann. Es verhält sich eher wie mit dem Mann, dem eine Fee sagt, er habe in seinem Garten einen Schatz, den er ausgraben könnte. Er dürfe dabei nur nicht an rosa Elefanten denken. Sie dürfen dreimal raten, woran der Mann die ganze Zeit denkt.

Hinzu kommt, dass aufgrund der Art und Weise, wie wir, gerade in der westlichen Welt, Informationen verarbeiten, unsere gesamte Art

---

11 *Economist*, »Throwing Muses«, 17.03.2012, S. 78

zu denken »linkslastig« ist. In westlichen Sprachen lesen wir zum Beispiel von links nach rechts, was dazu führt, dass das Denken auch in der linken Gehirnhälfte beginnt und sich dort verankert. Im Gegenzug wird oft über die Bildhaftigkeit und Blumigkeit der arabischen Sprache referiert, eine Sprache, in der zum Beispiel von rechts nach links geschrieben wird. Da die Art, wie wir lesen und schreiben, auch unsere Sprache beeinflusst und unsere Existenz ohne Sprache nicht möglich wäre – »Die Sprache ist das Haus des Seins«, sagte Heidegger – ist die rechte Gehirnhälfte ohnehin ständig auf Entzug und freut sich über Bilder und Geschichten. Je mehr, desto besser.

Wir haben zwei Gehirnhälften. Eine analytisch und eine kreativ. Die kreative Seite mag Storys. Aber wie kommen die Storys überhaupt ins Gehirn? Und was passiert, bevor wir etwas, das wir hören oder sehen, interessant oder langweilig finden?

Der härteste Türsteher der Welt

Ob eine Nachricht als relevant betrachtet wird, wird im Unterbewusstsein entschieden. Und hier entscheidet sich dann auch, was wir mögen und was wir nicht mögen. Unschwer zu glauben, dass hier alle rein möchten: Werber, Verkäufer, Supermärkte, aufdringliche Liebhaber und Versicherungsvertreter. Alle wollen unsere Aufmerksamkeit, was im täglich größer werdenden Informationstaifun immer schwerer wird. Zudem steht an der Tür zu unserer Aufmerksamkeit ein beinharter Türsteher, gegen den die Tür des Berliner Clubs Berghain ein Tag der offenen Tür ist. Dieser Türsteher nennt sich Amygdala und ist sozusagen der Bundesgrenzschutz des Bewusstseins. In diese VIP-Lounge kommen nur die Informationen, die wirklich wichtig sind.

Amygdala heißt auf Griechisch »Mandelkern« und diese Instanz entscheidet darüber, ob Informationen ins Gehirn hereingelassen und dort abgespeichert werden. Insbesondere prüft die Amygdala, ob die Information einen Wert hat oder nicht. Einen Wert hat sie dann, wenn sie zum Beispiel für das Überleben des Menschen als wichtig gesehen wird. Sie erinnern sich an die Geschichte mit dem Mammut: Überlebens-Ratschläge wurden immer in Storys verpackt. Daher werden Storys als relevant eingestuft. An Überlebenshinweise in Power-

Point können sich unser Gehirn und die Amygdala nicht so recht erinnern. Daher werden diese von vornherein als unwichtig kategorisiert und mit wenig bis gar keiner Aufmerksamkeit gestraft. »In den letzten 10 000 Jahren haben wir eine Welt erschaffen, die wir nicht mehr verstehen«, sagt Rolf Dobelli. »Wer heute eine Stunde durch ein Shopping-Center schlendert, sieht mehr Menschen, als unsere Vorfahren während ihres ganzen Lebens gesehen haben.«[12] Die Welt ist zu komplex geworden. Und daher wird immer mehr von unserem Gehirn gefiltert.

Insbesondere Bilder wirken stark auf die Amygdala, da Bilder einen viel stärkeren Bezug zur Realität haben als Worte. Worte sind arbiträr, sagen die Sprachwissenschaftler, sie sind zwar mit einem Gegenstand verbunden, aber es gibt nicht automatisch einen Bezug zwischen einem Namen und der Person oder dem Gegenstand, zu dem dieser Name gehört. Sicher geht es Ihnen auch oft so, dass Sie sich an Gesichter erinnern können, aber nicht an Namen. Ein Bild sagt mehr als tausend Worte, ist mehr als ein geflügeltes Wort, und auch in der Umgangssprache wird *Sehen* oft mit *Verstehen* gleichgesetzt, wie zum Beispiel bei *I see – Ich verstehe* in der englischen Sprache.

Schlechte Nachrichten sind gute Nachrichten

Was für die Presse gilt, gilt auch für das Gehirn. Jedenfalls, was die Aufmerksamkeit angeht. Und darum gilt es wohl auch für die Presse, denn die Presse will Aufmerksamkeit. Je schlechter und unerfreulicher eine Nachricht ist, desto größere Aufmerksamkeit schenken wir ihr. Da hat sich seit der Steinzeit nicht viel geändert. Wir sitzen zwar mittlerweile im Büro und nicht mehr in der Höhle. Wir laufen höchstens noch auf dem Laufband oder durch Airport Terminals, aber nicht mehr durch die Natur. Und aufrecht halten wir uns mittlerweile auch, auch wenn die aufrechte Haltung durch das ständige Kauern vor dem Laptop allmählich wieder rückgängig gemacht wird.

Die Welt hat sich also verändert. Nur unser Gehirn leider nicht. Die Kernbotschaft ist noch die gleiche wie vor 20 000 Jahren: *Bleibe so lange am Leben, bis dein Nachwuchs ohne dich überlebt.* Wir haben

---

12 Dobelli, S. 216 und 215

eine riesige rote Ampel für die schlechten Dinge und eine winzige grüne Ampel für die guten. So ist die stärkste Empfindung von Menschen die Angst. Und die größte Form der Angst ist die Angst vor dem Unbekannten. Dies sagte H. P. Lovecraft, einer der größten Horrorautoren aller Zeiten, und damit einer, der es wissen muss.[13] Diese Erkenntnis würden auch die fröhlichsten Optimisten nicht in Abrede stellen, denn während die Liebe und die Begierde uns zu einem Menschen hinziehen, ohne den wir vielleicht nicht leben wollen, aber überleben könnten, hält uns die Angst von Dingen fern, die die Kraft haben, uns zu verletzen oder zu töten. Ohne Angst würden wir alle nicht alt werden.

Warum ist das so? Weil ein richtiger Schritt uns vielleicht glücklich macht oder auf eine sonnige Lichtung führt. Ein falscher Schritt aber kann uns töten. Damit der Mensch also überlebt, schuf Mutter Natur ein paranoides Gehirn, das uns die Welt sehr viel schwärzer malt als sie ist: Wir halten Gefahren für größer als sie sind, wir halten Möglichkeiten für weniger vielversprechend als sie sind, und wir halten unsere Ressourcen für geringer als sie sind.

Besser ein Pessimist, der lebt, als ein Optimist, der tot ist.

Muss die Welt also schlecht sein, damit sie glaubhaft ist? Und müssen unsere Storys auch ein Element von Gefahr und Angst beinhalten, damit sie glaubhaft sind? Die Antwort ist in beiden Fällen »Ja« und wir werden gleich sehen, warum.

Nur die unerfreuliche Realität ist real

In dem Film *Matrix* werden die Menschen, nachdem sie den Krieg gegen die Maschinen verloren haben, von diesen Maschinen als Batterien genutzt. Dafür werden sie in bizarren Waben gezüchtet. Menschen pflanzen sich nicht mehr fort, sondern werden angebaut. Damit die Menschen dagegen nicht rebellieren, wird ihnen die Illusion vermittelt, es wäre alles so wie früher. Es wird ihnen eine sogenannte *neuronale interaktive Realität* vorgespielt, die sich *Matrix* nennt. Dies ist die Realität unserer Welt an der Schwelle zum 21. Jahrhundert.[14]

13 siehe Lovecraft, S. 7
14 vgl. auch Etzold: *Matrix, die Ambivalenz des Realen*, 2005

Dabei haben die Maschinen es erst gut gemeint. So unterrichtet Agent Smith den gefangenen Rebellenführer Morpheus, dass die erste Matrix eine perfekte Welt war, in der niemand hätte leiden müssen. Das Problem war nur, dass die Menschen dieses Programm nicht angenommen haben. »Es fielen ganze Ernten aus«, sagt Agent Smith und vermutet, dass die Menschen Realität grundsätzlich mit Leid und Schmerz verbinden. Alles andere wäre nicht real. Ist das so? Genehmigen Sie uns einen kleinen Exkurs, um zu zeigen, warum gerade die schlechte Realität und das Unerfreuliche für gute Storys wichtig sind.

Der deutsche Philosoph Arthur Schopenhauer hat den Begriff *Pessimismus* erfunden – ein Deutscher, natürlich, denn nicht nur beim Export, sondern auch bei unserer Lust am Untergang sind wir Deutschen Weltklasse, wie auch Richard Wagner, Roland Emmerich und gewisse Politiker, die in den 30er und 40er Jahren des vergangenen Jahrhunderts aktiv waren, bezeugen.

Schopenhauer, um auf ihn zurückzukommen, ereifert sich schon früh über die böse und schlechte Welt:

> »In meinem 17ten Jahre, ohne alle Schulbildung, wurde ich vom Jammer des Lebens so ergriffen, wie Buddha in seiner Jugend, als er Krankheit, Alter, Schmerz und Tod erblickte. Die Wahrheit, welche laut und deutlich aus der Welt sprach, überwandt bald die auch mir eingeprägten Jüdischen Dogmen, und mein Resultat war, daß diese Welt kein Werk eines allgütigen Wesens sein könnte, aber das eines Teufels, der Geschöpfe ins Dasein gerufen, um am Anblick ihrer Qual sich zu weiden ...«

So schreibt Schopenhauer über sein pessimistisches Erweckungserlebnis.[15]

Diese Vorstellung impliziert, dass eine böse Macht die Herrschaft über die Welt an sich gerissen hat und sich an der Mühsal und Qual der Menschen ergötzt. Diese Vorstellung ist nicht neu; bereits der Teufel als Satan[16] tritt als Ankläger auf, der Gott dafür verantwortlich macht, eine wenig gelungene Welt erschaffen zu haben. Gott, als Angeklagter und Hohes Gericht zugleich, scheint dies gelegentlich ähn-

---

15 Schopenhauer, *Die Welt als Wille und Vorstellung*, Vol. II, Frankfurt am Main, 1986, 794
16 hebr. »Widersacher, Ankläger«

lich zu sehen, wenn er zum Beispiel die misslungene Schöpfung vermittels der Sintflut auslöschen will. Auf amüsante Weise wird dies in Goethes *Faust* dargestellt, wo Gott Mephisto anherrscht, ob ihm auf Erden denn niemals etwas recht sei:

> DER HERR. Hast du mir weiter nichts zu sagen?
> Kommst du nur immer anzuklagen?
> Ist auf der Erde ewig dir nichts recht?
>
> MEPHISTOPHELES.
> Nein, Herr! Ich find' es dort, wie immer, herzlich schlecht.
> Die Menschen dauern mich in ihren Jammertagen,
> Ich mag sogar die Armen selbst nicht plagen.[17]

Es scheint, als müsse die Welt unerfreulich sein, um als Welt glaubhaft zu sein, schon allein deswegen, weil der Schmerz immer viel größer als das Glück ist. Auch darüber ereifert sich Schopenhauer:

> »Denn nur Schmerz und Mangel können positiv empfunden werden und kündigen daher sich selbst an: das Wohlsein hingegen ist bloß negativ. Daher eben werden wir der drei größten Güter des Lebens, Gesundheit, Jugend und Freiheit, nicht als solcher inne, so lange wir sie besitzen; sondern erst nachdem wir sie verloren haben: denn auch sie sind Negationen. Dass Tage unseres Lebens glücklich waren, merken wir erst, nachdem sie unglücklichen Platz gemacht haben. [...] Die Stunden gehen desto schneller hin, je angenehmer; desto langsamer, je peinlicher sie zugebracht werden.«[18]

Wohlbefinden ist dabei nur eine Negation von Schmerz. Das kennen Sie selbst auch. Solange es ihrem Zahn gutgeht, schenken Sie ihm keine Beachtung. Erst wenn er anfängt zu schmerzen, hat er alle Aufmerksamkeit. Da unser Gehirn paranoid ist, schenkt es dem Schlechten viel mehr Aufmerksamkeit als dem Guten. *Ein Baum, der umfällt*, sagt man, *macht mehr Lärm als ein ganzer Wald, der wächst.*

---

17 »Faust, Prolog im Himmel«, in Trunz (ed.) *Johann Wolfgang von Goethe, Werke*, Vol. III, Frankfurt am Main, 1998, 17
18 Schopenhauer, *Die Welt als Wille und Vorstellung*, Vol. II, Frankfurt am Main, 1986, 763

So ist es auch für Schopenhauer nur konsequent, dass jedes Drama seinen Helden in gefährliche Lagen versetzen muss, aus dem dieser Held wieder herauszukommen hat, um für den Zuschauer, den Leser oder auch den Empfänger eines Management-Vortrags glaubhaft und faszinierend zu sein.

Schopenhauer lässt da nicht mit sich reden. Heftige Kritik übt er auch an den Menschen, die sich an der scheinbaren Perfektion dieser Welt erfreuen und glauben, dies sei alles absichtlich so eingerichtet, um das Leben der Menschen zu verbessern. Gemäß Schopenhauer ist dies lediglich eine Notwendigkeit, um die Schlechtigkeit der Welt und auch die Welt selbst überhaupt erhalten zu können – eine Welt, die untergeht, kann schließlich langfristig auch niemanden mehr quälen. Wenn sie aber mehr schlecht als recht weiter existiert, ist das Leid für alle größer als wenn niemand existiert. Die Welt ist also nicht, wie es Leibniz sagte, die beste aller möglichen, sondern die schlechteste aller möglichen:

»Dann kommt ein Teleolog[19] und preist mir die weise Einrichtung an, vermöge welcher dafür gesorgt sei, daß die Planeten nicht mit den Köpfen gegeneinander rennen, Land und Meer nicht zum Brei gemischt, sondern hübsch auseinandergehalten seien, auch nicht Alles in beständigem Froste erstarre, noch von Hitze geröstet werde, imgleichen, in Folge der Schiefe der Ekliptik, kein ewiger Frühling sei, in welchem nichts zur Reife gelangen könnte, u. dgl. m. – Aber Dieses und alles Ähnliche sind ja bloße conditiones sine quibus non. Wenn es nämlich überhaupt eine Welt geben soll, wenn ihre Planeten wenigstens so lange, wie der Lichtstrahl eines entlegenen Fixsterns braucht, um zu ihnen zu gelangen, bestehen und nicht, wie Lessings Sohn, gleich nach der Geburt wieder abfahren sollen; – da durfte sie freilich nicht so ungeschickt gezimmert sein, daß schon ihr Grundgerüst den Einsturz drohte.[20] [...] Nun ist diese Welt so eingerichtet, wie sie sein mußte, um mit genauer Not bestehen zu können: wäre sie aber noch ein wenig schlechter, so könnte

19 Ein Teleolog ist jemand, der überzeugt ist, dass alles einen tieferen Sinn hat.
20 Schopenhauer, *Die Welt als Wille und Vorstellung*, Vol. II, Frankfurt am Main, 1986, 744

sie schon nicht mehr bestehen. Folglich ist eine schlechtere, da sie nicht bestehen könnte, gar nicht möglich, sie selbst also unter den möglichen die schlechteste.«[21]

Es fällt nicht schwer, schlusszufolgern, dass Schopenhauer lieber gar keine Welt hätte, dann hätten wenigstens alle ihre Ruhe. Die logische Konsequenz dieser Leere, dieser Idealisierung des Nichts, was man auch Nihilismus nennt, formuliert auch Goethes Mephisto:

MEPHISTOPHELES. Ich bin der Geist, der stets verneint!
Und das mit Recht; denn alles, was entsteht,
Ist wert, daß es zugrunde geht;
Drum besser wär's, daß nichts entstünde.
So ist denn alles, was ihr Sünde,
Zerstörung, kurz das Böse nennt,
Mein eigentliches Element.[22]

Ist die Welt wirklich so schlimm? Und muss sie das sein, um glaubhaft zu wirken? Hirnforscher wie Gerhard Roth, mit dem ich dazu viele Gespräche geführt habe, sagen: »Ja.«[23]

Denn eine andere als eine schlechte Welt ist für den Menschen nicht vorstellbar. Auch wenn der Mensch damit natürlich nicht glücklich ist. Auch Sigmund Freud sagte es schon: Dass der Mensch glücklich sei, ist im Plan der Schöpfung nicht enthalten. Was aber den Menschen glücklich macht, ist es, Hindernisse zu überwinden. Auch wenn diese Hindernisse uns große Schmerzen zufügen, fühlen wir uns danach, wenn wir sie überwunden haben, besser, als wenn es diese Hindernisse nie gegeben hätte.

Der Mensch ist vor vielen tausend Jahren aus dem Urwald herausgetrieben worden oder er hat ihn verlassen, quasi als Exodus aus dem Paradies, und er hat eine völlig neue Welt, nämlich die afrikanische Savanne vorgefunden, in der Überleben sehr viel riskanter war. Die Savanne hat den Menschen aber auch herausgefordert, weil es Herausforderungen sind, die den Menschen vorantreiben und überhaupt am Leben erhalten. Hirnforscher nennen dies das Dopamin-

21 Ebd., 747
22 Trunz (ed.), »Faust« in Goethe, *Werke*, Vol. III, Frankfurt am Main, 1998, 47

23 zum Beispiel am 25.10.2004 im Hanse Wissenschaftskolleg in Delmenhorst, siehe auch Etzold, *Matrix – Die Ambivalenz des Realen*, S. 256 ff.

System, das Neugierde-, Antriebs-, Kreativitäts-System. Es bringt uns dazu, jeden Morgen aufs Neue aufzustehen und die unerfreuliche Realität zu bezwingen. Wenn diese hirneigenen Drogen nicht vorhanden wären, so die eiskalte Folgerung der Hirnforscher und Neurobiologen, würden wir alle in völlige Trostlosigkeit verfallen und uns umbringen. Die Schwerdepressiven, so Roth, sehen die Welt so, wie sie ist. Und damit als etwas abgrundtief Sinnloses. Und vollziehen die Konsequenz, die für sie der einzige Ausweg ist: Sie bringen sich um. Damit das nicht geschieht, weil ansonsten das Aussterben der menschlichen Rasse die Konsequenz wäre und unser Gehirn das weiß, werden wir durch die endogenen Opiate, durch Dopamin und Endorphine, immer bei Stimmung gehalten. Wir alle würden uns sofort umbringen, wenn in uns durch unser Gehirn nicht ständig eine relativ rosige Welt der Versprechungen, der Hoffnungen und des Wohlgefühls künstlich erzeugt werden würde. Dann würden wir erkennen, dass die Welt sinn- und trostlos ist – was sie objektiv ist! Denn was sagen die Fakten? Das Weltall ist irgendwann einmal entstanden und wird auch irgendwann wieder verschwinden. Evolution, sagt Darwin, ist ein absoluter Zufall; was auch den großen Biologen am Ende seines Lebens in schwere Depressionen stürzte. Auch wenn man sich anschaut, welche Dimensionen das Weltall hat und wie klein dazu im Vergleich die Erde ist, verstärkt das nicht gerade den Glauben an die Wichtigkeit und Notwendigkeit unserer Existenz für das gesamte Universum. Und was passiert überhaupt auf der Erde? Die Menschheit bekriegt sich, bringt sich um, das Elend ist sehr viel größer als das Glück. Das kann keiner aushalten! Darum gibt es im Gehirn ein limbisches System, das uns sagt, nun verdränge das mal, pflanz dich fort, tu etwas und blende aus, dass das Ganze keinen Sinn hat. Und wir glauben diese Einflüsterungen glücklicherweise, denn wir werden von unserer Hirnchemie bei Laune gehalten. Wir überleben deswegen und pflanzen uns fort. So wie es das Gehirn und der Selbsterhaltungstrieb wollen. Eine unerfreuliche Realität ist dafür Grundvoraussetzung. Denn nur diese schmeißt das Dopamin-System an, das uns zum Handeln antreibt. Und zum Leben. Die hingegen, die erkannt haben, wie furchtbar die Welt ist, haben sich umgebracht und sind ausgestorben.

Wiederholen wir es noch einmal: Nur eine unerfreuliche Welt schmeißt die Maschine im Gehirn an, mit der wir versuchen, eben diese Welt zu verbessern. Hollywoods Drehbuch-Guru Robert McKee spricht von der »Ironie der Existenz«, bei der all das, was das Leben lebenswert macht, eben nicht von der angenehmen »rosa« Seite kommt, sondern dass die Energie, die den Menschen antreibt, ihren Ursprung in der dunklen, der unerfreulichen Seite hat.[24] Und nur eine Story, die auch das Schlechte, Gefährliche und Unerfreuliche berücksichtigt, ist eine Story, die glaubhaft ist. Sonntagsreden, die alles rosarot malen, die erklären, dass es dem Unternehmen ganz toll geht, führen bei den Mitarbeitern lediglich zu Zynismus und innerer Kündigung.

Wir werden im weiteren Verlauf sehen, wie man diese Tatsache beim Storytelling verarbeiten sollte. Und uns dabei auf ein Grundelement jeder guten Story berufen: Jede Story braucht das Gute. Und jede Story braucht das Böse. Damit braucht jede Story einen Helden. Und jeder Held braucht einen Schurken. Eine gute Story macht ihre Positionierung einfacher. Aber wie positionieren Sie sich als Unternehmen eigentlich im Wettbewerb? Das ist leider nicht so einfach, denn wie Ihre Story wahrgenommen wird, hängt nicht nur von Ihnen ab. Sondern auch davon, wie Sie beim Gegenüber wahrgenommen werden. »Es ist der Empfänger, nicht der Sender, der die Auswirkungen der Kommunikation bestimmt«, schreibt Nigel Nicholson in *Managing the Human Animal*.[25] Auch wenn es unerfreulich klingt: Die Wahrnehmung des Menschen ist in hohem Maße subjektiv. Das haben Philosophen über die Jahrtausende festgestellt und auch die Hirnforscher des 21. Jahrhunderts bestätigen diese Thesen. Bevor Sie also eine gute Story mit einem guten Alleinstellungsmerkmal am Markt platzieren können, müssen Sie sich eingestehen, dass Sie missverstanden werden können. Warum? Weil wir Menschen nicht anders können, als subjektiv wahrzunehmen, wie uns ein kleiner Exkurs in die Philosophiegeschichte zeigen wird.

---

24 Robert McKee: »The great irony of existence is that what makes life worth living does not come from the rosy side ... The energy to live comes from the dark side. It comes from everything that makes us suffer. As we struggle against these negative powers, we're forced to live more deeply, more fully.« »Storytelling that moves people«, *Harvard Business Review*, Juni 2003, S. 51

25 Nicholson, S. 223

IN DIESEM KAPITEL HABEN SIE GELERNT, DASS ...:

- ... Menschen Storys mehr lieben als eine Aufzählung von Themen.
- ... Menschen eher in Bildern denken als in Fakten.
- ... das Schlechte und Unerfreuliche immer Bestandteil einer guten Story sein müssen.
- ... für den Menschen nur die *schlechte* Realität die *echte* Realität ist.

2
Alle sehen etwas anderes

Was machen Sie?
Ich vertreibe die Elefanten.
Hier gibt es keine Elefanten.
Sehen Sie! Ich mache halt einen guten
Job![2]

1 Nach Dobelli, *Die Kunst des klaren Denkens*, S. 65

Schon vor 2000 Jahren erfuhren wir von dem großen Philosophen Platon, dass die Welt nicht so sein muss, wie sie erscheint. Platon bedient sich hierbei seines berühmten »Höhlengleichnisses«.

> »Stelle dir die Menschen vor in einem unterirdischen, höhlenartigen Raum, der gegen das Licht zu einen weiten Ausgang hat über die ganze Höhlenbreite; in dieser Höhle leben sie von Kindheit, gefesselt an Schenkeln und Nacken, so daß sie dort bleiben müssen und nur gegen vorwärts schauen, den Kopf aber wegen der Fesseln nicht herumdrehen können; aus weiter Ferne leuchtet von oben her hinter ihrem Rücken das Licht eines Feuers, zwischen diesem Licht und den Gefesselten führt ein Weg in der Höhle; ihm entlang stelle dir eine niedrige Wand vor, ähnlich wie bei den Gauklern ein Verschlag vor den Zuschauern errichtet ist, über dem sie ihre Künste zeigen [...]
> An dieser Wand, so stell dir noch vor, tragen Menschen mannigfache Geräte vorbei, die über die Mauer hinausragen, dazu auch Statuen aus Holz und Stein von Menschen und anderen Lebewesen, kurz, alles Mögliche, alles künstlich hergestellt, wobei die Vorbeitragenden teils sprechen, teils schweigen. [...]«[3]

Die Menschen sitzen in der Höhle der Illusion, aus der sie nicht entkommen können und sehen die berühmten »Schatten an der Wand«. Interessant ist bei diesem Vergleich des Falschsehens nicht nur das

---

3 in Platon, 2000, S. 62; interessanterweise geht es in dieser Metapher, obwohl sie »Höhlengleichnis« heißt, weniger um die Höhle, sondern vielmehr um die Schatten, die an der Wand der Höhle verlaufen.

kollektive Falschsehen in der Höhle, sondern auch die bildschirmhafte Qualität der Wand, an die die Schatten, ähnlich wie an eine Kinoleinwand, projiziert werden.

Alles, was wir sehen, ist konstruiert, sagen auch die Hirnforscher. Wenn es keine objektive Realität gibt, jedenfalls keine, die wir wahrnehmen können, ist Wahrnehmung per se subjektiv. Wir können zwar durch unseren Verstand und unsere Sinne die Wirklichkeit wahrnehmen, doch ob es tatsächlich die Realität ist, die wir da sehen oder nicht ein Konstrukt, das unsere Sinne und unsere Vernunft uns »zusammeninterpretieren«, wissen wir nicht. »Ding an sich« nennt der Philosoph Immanuel Kant die Realität, die wir nicht erkennen können, da unsere Sinne uns nur ihre Interpretation davon geben.[4] Denn das, was wir als Wirklichkeit wahrnehmen, entspricht nicht der Realität bzw. dem Ding an sich. Dennoch scheint es gewisse Konstanten innerhalb der Wahrnehmung zu geben, die es den Menschen ermöglichen, die Erscheinungen kollektiv ähnlich zu sehen bzw. ähnlich falsch zu sehen.

Alles, was wir sehen, existiert zunächst einmal nur deswegen, weil wir es sehen. Was wir nicht sehen, existiert für uns zunächst einmal nicht.

Wir glauben, dass das, was wir sehen, objektiv das Richtige ist, genauso wie wir glauben, dass das, was wir senden oder sagen, genau das ist, was auch objektiv beim Betrachter ankommen sollte. Beides muss nicht der Fall sein.

Wir schauen allerdings nicht nur in die Welt nach draußen – das werden wir im Folgenden »Radar« nennen –, sondern auch nach innen – das nennen wir im Folgenden einmal »EKG«. Dabei betrachten wir allerdings nicht nur die Welt um uns herum, sondern auch uns selbst lediglich mit den Instrumenten unserer Wahrnehmung, sodass wir nicht nur die Umgebung, sondern auch unseren eigenen Akt der Wahrnehmung möglicherweise nicht korrekt wahrnehmen. Kant spricht in diesem Zusammenhang von der menschlichen Wahrnehmung als einem »unschicklichen Werkzeug«.[5]

Auch der Philosoph Arthur Schopenhauer, den wir zu Beginn bereits kennengelernt haben, haut in die gleiche Kerbe wie sein großes Vorbild Kant:

4 Mehr dazu in *Kritik der reinen Vernunft*, S. 53
5 Ebd., 298

»Die Welt ist meine Vorstellung: – dies ist eine Wahrheit, welche in Beziehung auf jedes lebende und erkennende Wesen gilt; wiewohl der Mensch allein sie in das reflektierte abstrakte Bewusstsein bringen kann: und tut er dies wirklich; so ist die philosophische Besonnenheit bei ihm eingetreten. Es wird ihm dann deutlich und gewiss, dass er keine Sonne kennt und keine Erde; sondern immer nur ein Auge, das eine Sonne sieht, eine Hand, die eine Erde fühlt; dass die Welt, welche ihn umgibt, nur als Vorstellung da ist, d.h. durchweg nur in Beziehung auf ein Anderes, das Vorstellende, welches er selbst ist.«[6]

»Was ist real?«, sagt Morpheus in *Matrix* zu Neo. »Wie definiert man das, Realität? Wenn es darum geht, was du fühlen, schmecken, riechen oder sehen kannst, dann ist Realität nichts weiter als elektrische Signale interpretiert von deinem Verstand.«[7] Real ist das, was auf uns wirkt und vom Verstand interpretiert wird. Das, was wir von der Realität mitbekommen, ist die Art, wie die Realität auf uns **wirkt**, also die »Wirklichkeit«.

Die moderne Hirnforschung bestätigt die Erkenntnisse der beiden ehrwürdigen Philosophen. Alles, was wir erleben, ist konstruiert, sagt der bereits erwähnte Bremer Hirnforscher Gerhard Roth.[8] Den Konstrukteur des Ganzen nennen wir einmal Gehirn. Jetzt gibt es zwei unangenehme Fragen bzw. Schlussfolgerungen: Erstens, wer bin dann ich? Und die Antwort heißt knallhart: Auch ich bin ein Konstrukt. Meine Ich- und Bewusstseinszustände werden vom Gehirn konstruiert und ich als denkendes Wesen bin ebenfalls ein Konstrukt. Diese Erkenntnis ist natürlich unangenehm und damit sind wir wieder bei den bereits zu Beginn angesprochenen Botenstoffen im Gehirn, die dafür sorgen, dass ich ein anderer werden kann, sobald andere Stoffe ausgestoßen werden. Und darüber hinaus sehe ich die Realität, abhängig von meiner Hirnchemie, auch mal positiver und mal negativer. Sobald bei einem Menschen gewisse limbische Zentren aktiviert werden, sieht dieser die Welt anders. Genau so wirken ja auch die Medikamente, (Beruhigungs-)Pillen und Antidepressiva.

6 Ebd., 31
7 Shooting Script, New York, 2002, 310
8 eine leicht verständliche Einleitung in die Thematik bietet:
   Roth, Aus Sicht des Gehirns, Suhrkamp, 2003

Bei sehr vielen Endorphinen sind wir euphorisch, bei viel zu wenigen bringen wir uns um.

Gehirne sind individuell und sie konstruieren dann die Welt, die ich wahrnehme und die Sie wahrnehmen. Dies allerdings bedeutet auch, dass es nicht *einen* Konstrukteur gibt, sondern so viele Konstrukteure wie es Menschen gibt – sieben Milliarden, wenn wir die Tiere dazu nehmen entsprechend mehr. Das heißt, jeder lebt als Konstrukt in einer individuellen Welt.

Der langen Rede kurzer Sinn: Das, was wir wahrnehmen, ist subjektiv. Wir erliegen häufig Illusionen. Und auch wenn wir Menschen die Welt gelegentlich ähnlich (falsch) sehen, heißt das nicht, dass es nicht zu Missverständnissen kommen kann. Es kann sein, dass Ihr Unternehmen eine Botschaft am Markt platziert, die aber ganz anders verstanden wird. Können Sie das ändern? Nicht immer, denn dadurch müssten Sie die Gehirne der Menschen verändern. Es bleibt Ihnen also nur übrig, sich so klar und trennscharf am Markt zu positionieren, dass es möglichst wenig Missverständnisse und Verwechslungen gibt. Und dafür müssen wir uns das Wettbewerbsumfeld anschauen, in dem Sie agieren. Und in dem leider Ihre Konkurrenz genau das Gleiche versucht wie Sie: Aufmerksamkeit auf sich zu ziehen und Ihnen dabei gleichzeitig das größtmögliche Maß an Aufmerksamkeit wegzunehmen. Und diese Gedanken führen uns direkt zum Thema der Strategie.

IN DIESEM KAPITEL HABEN SIE GELERNT, DASS …:

- … Missverständnisse eher die Regel sind als die Ausnahme.
- … diese Erkenntnis schon mehr als 2 000 Jahre alt ist.
- … der Mensch zwar die Wirklichkeit erkennt, also das, was auf ihn *wirkt*, aber nicht das Wesen der Dinge, die *Realität*.
- … die Story, die Sie erzählen, vor diesem Hintergrund umso pointierter sein muss.

3
Differ or Die – Sich durch die Strategie differenzieren

>»Wenn Sie nicht anders sind, dann seien
>Sie besser billig.«
>
>*Jack Trout*[1]

© Veit Etzold

---

1 Nach Trout: *The Power of Simplicity*, S. 56 (»If you're not
different, you better have a low price.«)

WAS SIE IN DIESEM KAPITEL ERWARTET:

Dieses Kapitel zeigt die Notwendigkeit, sich in einer überkommunizierten Welt zu differenzieren. Denn bevor Sie eine gute Story erzählen können, müssen Sie zunächst einmal Ihr Wettbewerbsumfeld kennen. Sonst kann es sein, dass Sie eine Story erzählen, die Ihr Wettbewerber schon ähnlich oder besser erzählt. Es gibt einen Einblick in die Funktionsweisen der Wettbewerbsstrategie und wie Sie sich und Ihr Unternehmen im Wettbewerb positionieren müssen, um einzigartig zu sein und dennoch genügend Geld zu verdienen.

Vor einigen Jahren erzählte mir ein guter Freund folgende Geschichte. Er war Teammitglied in einem großen Beratungsprojekt in Dubai. Eine lokale Bank sollte gegründet werden und während der Wolkenkratzer bereits in die Höhe schoss, sollte das Team der Strategieberatung, in der besagter Freund damals arbeitete, die Bank bereits auf dem Papier aufbauen, inklusive der Bilanz, der Gewinn- und Verlustrechnung, der Kapitalausstattung und der künftigen Geschäftsfelder. Der zuständige Scheich, der sozusagen der Sponsor der Unternehmung war, ließ sich vom projektleitenden Partner der Beratung alle Teammitglieder mit Namen und Lebenslauf vorstellen und nickte jedes Mal gutmütig – so lange, bis ein gewisser Maximilian, der fünfte im Bunde, an der Reihe war. Bei der Nennung des Namens »Maximilian« brach der Scheich in lautes Gelächter aus. Unsicher, wie er mit dieser Situation umgehen sollte, fragte der Partner, natürlich ohne dem Scheich zu nahezutreten, was denn an diesem Namen so komisch sei.

»We're on a big project here«, erläuterte der Scheich, fuhr sich durch den Bart und nickte gütig. »Thus, Maximilian is too small for us.«

Der Partner verstand noch immer nicht, woraufhin der Scheich seine Bedenken weiter erläuterte. »For a project of this scale, we don't need a Maxi-Million. We need a Maxi-Billion.« Alle brachen in Gelächter aus.

Selbstverständlich blieb Maximilian Teil des Teams und der Scheich und Maximilian – oder Maxibillion (also Maxi-Million oder Maxi-Milliarden), wie er ab dann genannt wurde – wurden besonders gute Freunde. Doch unabhängig von dem Wortspiel des Scheichs unterstreicht diese Geschichte eine wichtige Tatsache, die immer gilt, wann immer Sie etwas erreichen wollen: Um etwas Großes zu tun, muss man zuerst einmal groß denken. Und diese große Geschichte müssen Sie als Manager oder Unternehmen den Leuten erzählen. Hier allerdings reichen Fakten nicht aus. Die Story muss sowohl die Vernunft als auch das Gefühl ansprechen. Denn dass der Mensch kein homo oeconomicus ist, hat die jüngste Finanzkrise einmal mehr deutlich bewiesen. Da der Mensch per se nicht rational ist, ist eine Kaufentscheidung damit nicht nur von ökonomischen Faktoren wie dem Preis abhängig, sondern auch von der Emotionalität und der Dynamik einer Marke. Bleibt Ihre Markenstory auch so hängen wie die von Maxi-Billion? Die meisten Leute, die diese Geschichte hören, denken, wenn sie künftig den Namen »Maximilian« hören, sofort an die Geschichte mit dem Scheich. Und solch eine Story brauchen Sie auch. Eine packende Story, mit der es einem Unternehmen gelingt, sich besser und eindrucksvoller am Markt zu positionieren als der Wettbewerb, hilft dabei, hohe Preise und hohe Margen durchzusetzen und die ökonomische Ebene, auf der der Kunde direkte Preisvergleiche anstellt, zu überwinden. Denn Dinge haben keinen inhärenten Preis, sondern sind einzig und allein abhängig vom Verhandlungsgeschick des Verkäufers und dem Zahlungswillen (willingness to pay) des Käufers. Und je abstrakter das Produkt ist, das verkauft wird, was zum Beispiel bei vielen Bankprodukten, aber auch Beratungsleistungen gilt, umso notwendiger ist es, die virtuelle Leere von nicht-materiellen Produkten mit einer überzeugenden Story aufzuladen.

Das Wesen der Strategie

> »Strategie ist die nicht auf den ersten
> Blick erkennbare Führung eines
> Systems über einen längeren
> Zeitraum.«
>
> *Bruce D. Henderson*

Strategie ist der Weg zum Ziel. Das Wort kommt aus dem Griechischen von »Stratos = Armee« und »Agein = führen«. Ihre Strategie bestimmt also, wie Sie Ihr Ziel erreichen wollen. Der Begriff wurde (und wird) hauptsächlich im militärischen Kontext verwendet und es gibt in der Tat einige Parallelen. Die Bedeutung der Militärstrategie erklärt sich schon daraus, dass es in den letzten nahezu 3500 Jahren der aufgeschriebenen Geschichte nur 268 Jahre ohne Krieg gegeben hat. [2] Von daher war das Thema der Strategie, in diesem Falle der Militärstrategie, ständig und überall präsent. Und ist es heute noch.

»Strategie ist das, was gilt, bis du deinen ersten Schlag bekommst«, sagte Mike Tyson. Dies zeigt, dass Strategie nicht immer planbar ist. Es sei denn, Sie machen neben Ihrer Strategie auch die Ihres Wettbewerbers. Das wird dieser aber kaum zulassen. Im Gegenteil, er wird versuchen, Sie genau von der erfolgreichen Durchführung Ihrer Strategie abzuhalten. Auch Clausewitz wusste schon: »Strategie hält bis zum ersten Schuss.«

Unternehmensstrategie wäre ohne Militärstrategie nicht denkbar. Dieser martialische Duktus des Strategiebegriffs wird auch in der Unternehmenssprache weitergeführt, wenn auch nicht immer ganz korrekt. So spricht man häufig davon, einen Markt zu »erobern«, einen Wettbewerber »zu besiegen« und ein anderes Unternehmen »feindlich zu übernehmen«. Es gibt aber auch einen gravierenden Unterschied: Wirtschaft ist nicht automatisch Krieg. »Wirtschaft dient immer dem Kunden und schafft Werte«, sagt Bolko von Oetinger, Gründer der Boston Consulting Group in Deutschland, »Krieg dagegen kennt keine Kunden und vernichtet Werte. Beide haben dennoch eines gemein: Sie schätzen die gestalterische Kraft der Strategie.«[3]

---

2 Ries, Trout: *Marketing Warfare*, S. 9
3 Oetinger, *Die Fundamente der Strategie*, S. 5

Bevor Sie aber eine Strategie haben, müssen Sie sich über das Ziel im Klaren sein. Die könnte zum Beispiel heißen, dass sie einen Verlag haben, mit dem Sie den gesamten US-Buchmarkt beherrschen wollen. Die Marktbeherrschung in den USA wäre das Ziel. Die Strategie, der Weg, um dort hinzukommen, könnte sein, dass Sie entweder organisch wachsen oder dass Sie andere Verlage übernehmen. Entscheiden Sie sich dazu, andere Verlage zu übernehmen, wäre ein taktischer Schritt die Übernahme von XY Publishing House in Dallas.

Glück ist Realität minus Erwartung. Strategie ist der Weg von der gegenwärtigen Realität zum sehnlichst erwarteten Ideal, zum Ziel. Die einzelnen Schritte dahin sind Ihre Taktik. Taktische Schritte sind nicht immer auf den ersten Blick erkennbar, wie uns Bruce Henderson *oben schon* aufklärte. Warum? Um das zu erklären, bemühen wir wieder ein etwas ungewöhnliches Beispiel. Stellen Sie sich vor, Sie wollen Rockstar werden. Das ist Ihr Ziel. Anstatt jetzt aber Platten aufzunehmen, fangen Sie bei einer Unternehmensberatung an. Das ist der erste, taktische Schritt, der mit dem Ziel rechts oben in der Abbildung (siehe Abbildung 1), nämlich Rockstar zu werden, erst einmal nichts zu tun hat. In der Unternehmensberatung fangen Sie an, Medienunternehmen zu beraten. Der nächste taktische Schritt. Irgendwann wechseln Sie von der Beratung in das Medienunternehmen. Wieder ein taktischer Schritt. Und schließlich gelingt es Ihnen, den Chef der Plattenfirma des Unternehmens zu überreden, Sie zu einem neuen Rockstar zu machen. Der letzte taktische Schritt. Und der entscheidende. Alle vorherigen Schritte waren aber nötig, um Ihr Ziel – Rockstar – zu erreichen.

Vielleicht ein etwas schräges Beispiel, doch man sieht: Die Gesamtstrategie bestand aus der Gesamtheit aller taktischen Schritte, die schließlich zum Ziel führten. Nur auf den ersten Blick erkennen konnte man die Strategie und das Gesamtziel anhand von nur einem taktischen Schritt nicht. Dies ist aber auch gut so. Schießlich wollen Sie nicht, dass Ihr Wettbewerber bei jedem Schritt, den Sie tun, genau weiß, was als Nächstes kommt.

Die Strategie ist der Weg zu Ihrem Ziel. Marktführer zu werden, riesige Gewinne einzufahren, mehr Kunden zu haben als alle anderen und vieles mehr. Mit anderen Worten: Strategie ist immer der Versuch, aus einem Teil des Marktes ein Monopol zu machen. Das wird in den Sonntagsreden so klar nicht gesagt, nichts anderes aber

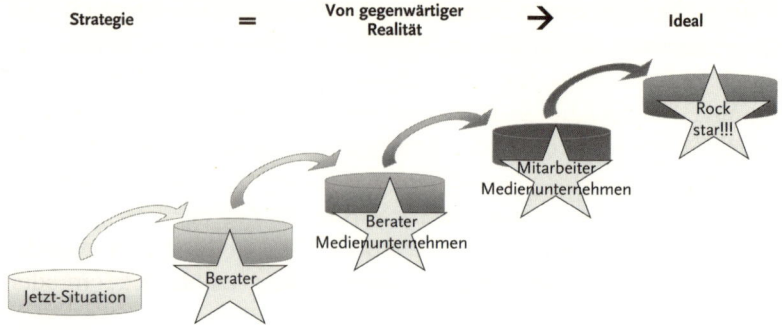

Abbildung 1: Die taktischen Schritte auf dem Weg zum Ziel
Quelle: Veit Etzold, 2013

ist Ziel jeglicher ernst gemeinter Strategie. Dummerweise gibt es dabei die bösen Wettbewerber, die genau das zu verhindern suchen. Damit ist Strategie umfassend betrachtet das Bestreben nach einer vorteilhaften Position im Wettbewerb mit einem intelligenten Gegenüber.

Jeder gegen jeden

Gefahr kann dabei von allen Seiten kommen, wie es die berühmten »Five Forces« von Michael Porter erläutern (Abbildung 2): 1) Nicht nur von den Wettbewerbern, die Ihnen in Ihrem angestammten Geschäftsbereich das Leben schwer machen. Parallel dazu können auch 2) die Kunden widerspenstig werden, weil ein anderer Anbieter günstiger, besser oder – horribile dictu – beides zusammen ist! 3) Die Lieferanten sind unzuverlässig, wollen mehr Geld oder einer von ihnen geht pleite und Sie müssen sich einen neuen suchen. 4) Es kommen neue Anbieter auf den Markt, die einiges ganz anders machen als Sie. Die Billigairlines zu Beginn des Jahrtausends, die aufgrund ihres Geschäftsmodells geringere Kosten hatten als die etablierten Airlines, sind ein solches Beispiel. Oder die Kette »Motel One«, die wir im Folgenden beschreiben werden, gegenüber den etablierten Hotels. 5) Gleichzeitig kommen sogenannte Substitute auf den Markt. Dies sind Anbieter, die eine Dienstleistung oder ein Produkt haben, das zwar nicht ein direktes Wettbewerbsprodukt von Ihrem Produkt ist, das aber das Zeug dazu hat, Ihr Produkt überflüssig zu machen. Apples iPhone ist solch ein Beispiel. Wenn man sich zum Beispiel Navigationsgeräte auf sein iPhone in bester Qualität als App herunterladen kann und diese App auch noch recht günstig ist, braucht niemand mehr Navigationsgeräte von TomTom oder wem auch immer. Die früheren Anbieter solcher Geräte haben das schmerzvoll erfahren.

Es sei denn, Sie sind Navigon-Kunde auf dem iPhone, so wie ich, und haben nach einem Update, das Sie sich Anfang 2013 runterladen (müssen, da es sonst nicht weitergeht), auf einmal nie mehr Empfang. Dann haben Sie ganz schnell wieder einen TomTom oder Ähnliches.

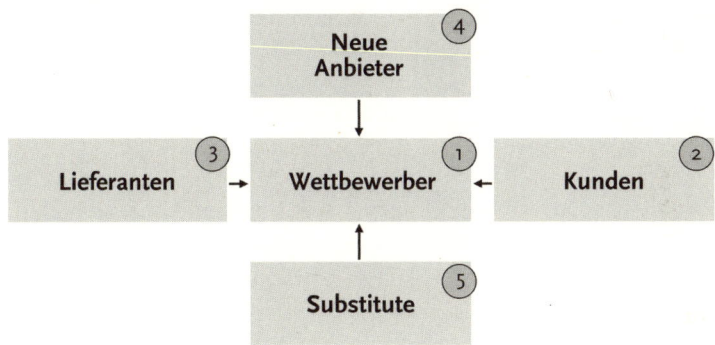

Abbildung 2: Five Forces nach Michael Porter
Quelle: Five Forces nach Michael Porter

Das war's jetzt aber? Nein, leider noch nicht. Denn es reicht nicht, dass Sie sich nur anschauen, was das Wettbewerbsumfeld macht, sondern Sie müssen zudem auch in das Unternehmen hineinhorchen, um zu schauen, ob es für die Ziele und Strategien richtig aufgestellt ist. Sie erinnern sich, wir sprachen in Kapitel 2 von den externen Faktoren als »Radar«, von den internen Faktoren als »EKG« (Abbildung 3). Interne Faktoren sind Kosten, Werttreiber, Unternehmenskultur, Mitarbeiter und zum Beispiel Innovationen. Externe Beteiligte sind die Kunden, die Gesellschaft, die Politik, der Wettbewerb, der Kapitalmarkt usw. In beide Richtungen, also sowohl nach außen als »Radar« als auch nach innen als »EKG«, müssen Sie Tendenzen und Strömungen wahrnehmen und auf diese richtig reagieren.[4]

4 siehe Ries, Trout: »The key to marketing warfare is to tailor your tactics to your competition, not to your own company«, *Marketing Warfare*, S. 10

Umfeld (Radar)	Organisation (EKG)

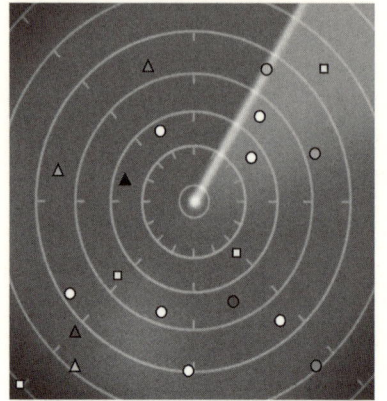 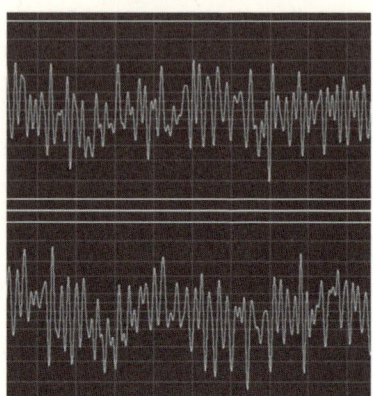

Abbildung 3: Radar und EKG des Unternehmens
Quelle: Veit Etzold, 2013, BCG

Um das strategische Umfeld besser zu verstehen, kann es helfen, sich einmal eine Liste wie die in Abbildung 4 zu machen, wo Sie ein paar Beispiele für gute und schlechte Unternehmen zusammentragen.

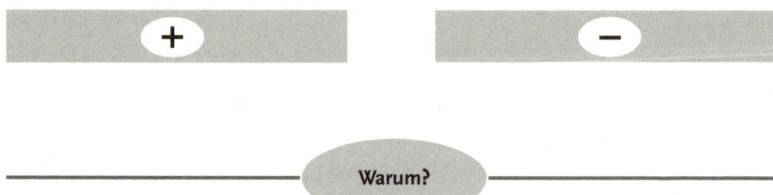

Abbildung 4: Beispiele für gute und schlechte Unternehmen
Quelle: Veit Etzold, 2013, inspiriert von Harald Hungenberg

Vielleicht diskutieren Sie mit einem Kollegen darüber, was für Merkmale die guten Unternehmen verbindet und was bei allen schlechten Unternehmen ähnlich ist. *Nomen est omen,* sagt man, ein Name kann schon ausdrücken, was passieren mag. Und bei einigen unüberlegten Fusionen, Restrukturierungen oder Strategien geben oft schon die Namen unfreiwillig Auskunft über das spätere Scheitern. So sollten im Jahr 2000 die Deutsche Börse und die Londoner Börse (London Stock Exchange) fusionieren und das gemeinsame Projekt sollte den Namen »iX« bekommen. Das war eine Abkürzung für »International Exchange«. Abgesehen davon, dass die Bedeutung dieser Abkürzung alles andere als naheliegend ist, klingt der Name selbst auch alles andere als originell. Zudem war der Name damals bereits mit einem Trademark geschützt, da es schon eine Computerzeitschrift gab, die *iX* hieß, was die beiden Börsen aber nicht groß kümmerte. Ähnlich wie die SPD im Bundestagswahlkampf 2013, als sie einfach den Slogan »Das Wir entscheidet« übernahm, der allerdings schon seit Jahren bei einer süddeutschen Zeitarbeitsfirma in Gebrauch war – was die SPD ebenso wenig interessierte wie die beiden Börsen 13 Jahre zuvor.

Als dann die Fusion bei den Börsen, wie zu erwarten, platzte, da man sich nicht auf den Sitz der Zentrale, ob Frankfurt oder London, einigen konnte, titelten die Zeitungen mit den Überschriften »Das war wohl **nIX**.« Die Drogeriekette Schlecker, die 2012 in die Insolvenz ging, hatte den reichlich dämlichen Slogan »For You. Vor Ort.« Schlecker verteidigte den Spruch mit dem »eher geringen Bildungsniveau seiner Kunden«, was das Ganze nicht besser machte. Als das Unternehmen pleiteging, titelte die *Financial Times Deutschland* noch dazu: »Vorbei.« Wer den Schaden hat, bekommt den Spott noch kostenlos dazu.[5]

Der Einzelhändler Karstadt hingegen schlitterte fast in die Insolvenz, weil er überall alles anbieten wollte. Von Damenunterwäsche bis zu Waschmaschinen und Werkzeug fand man in einem Karstadt so ziemlich alles – und das zu den horrenden Mieten, die man normalerweise in Innenstadtlagen zahlt. Alles für alle zu haben, heißt für das Unternehmen: Nichts für niemanden.

Hochgefährlich wird es also immer, wenn man alles auf einmal versucht. Wenn Sie sich einer Herzoperation unterziehen müssen und man empfiehlt Ihnen einen Chirurgen, der als der Beste in Deutschland gilt, würden Sie den nehmen? Sicher ja. Jetzt kommt ein anderer Chirurg, der wohl auch ganz gut ist, aber ebenfalls noch ein sehr guter Fußballer, Schlagzeuger und Segelflieger ist. Was halten Sie davon? Wahrscheinlich wenig. Und so ist es bei der Positionierung von Unternehmen auch. Man muss höllisch aufpassen, dass man sich nicht verzettelt, wenn man versucht, dem Kunden alles auf

5 *FTD*, 22.01.2012

einmal anzubieten. Das Resultat ist meistens, dass die Kosten wegen all der Nebenaktivitäten so hoch werden, dass das Unternehmen pleitegeht oder dass der Kunde entnervt und verwirrt die Konkurrenz aufsucht. »Wer überall verteidigen will, verteidigt nirgends«, wusste schon der Alte Fritz. Und Carl von Clausewitz empfahl, an enger Front anzugreifen, wenn man einen Durchbruch erzielen will.

Solche Trade Offs, also Abstriche, sind unabdingbar. Ikea zum Beispiel ist ein Möbelhaus für eher normal verdienende Pärchen und Familien mit Kindern. Man kann sich dort die Möbel anschauen, die Kinder in die Betreuung geben, alles gleich preisgünstig mitnehmen und zu Hause selbst aufbauen. Für Kunden mit hohen Serviceanforderungen ist Ikea daher nicht attraktiv. Muss es auch nicht, denn es hat ein klar eingegrenztes Kundensegment. Würde Ikea jetzt anfangen, ins Premiumsegment einzudringen, würde das höhere Kosten erzeugen und der Preisvorteil, der die Kunden in Scharen in das Möbel-Imperium treibt, wäre dahin.

Interessant ist, dass es einigen Institutionen, trotz vollkommen schwammiger Positionierung, dennoch gelingt, attraktiv zu sein. Ein prägnantes Beispiel dafür sind die Grünen. Vor der Energiewende hatten sie die klare »Unique Selling Proposition«, *für die Umwelt* und *gegen Kernenergie* zu sein. Nachdem Merkel sie mit der Energiewende links überholt hat, sind sie nunmehr für und gegen alles. Alles, was nicht gut klingt, wird als nicht gut bewertet. Alles, was konform klingt, ist okay. So ist man zum Beispiel »gegen die Schnüffelwirtschaft«, aber »für die Freiheit des Internets«, ebenso gegen die »Enthaarung des Körpers« und für Sport, »denn der hält fit«. Ein Rätsel bleibt, warum die Grünen trotz dieses »zu Tode Kuschelns« der Wähler und der »Verstuhlkreisung«, wie die *Zeit* schreibt[6], dennoch so erfolgreich sind. Vielleicht ist dies ein Thema für ein weiteres Buch.

Besser sein – der Wettbewerbsvorteil

Der Schlüssel dazu, um sich im Wettbewerb gegen andere Firmen durchzusetzen und den Kunden dazu zu bringen, nur Ihre Produkte zu kaufen, ist es, anders und am besten besser als Ihre Wettbewerber

---

6 *Die Zeit*: Zu lieb für diese Welt, 07.02.2013, S. 2

zu sein. »Strategie basiert auf Einzigartigkeit«, sagt Harvard-Strategie-Guru Michael Porter.[7] Das sagt sich so schön, aber wie stellt man das an?

Schauen Sie sich einfach Ihr Unternehmen an und stellen Sie sich folgende Fragen:

- Was vermarkten Sie? Einen Service, ein Produkt, ein Gefühl? Und was vermarkten Ihre direkten Wettbewerber?
- An wen vermarkten Sie? Was sind die räumlichen Abgrenzungen des Marktes, falls es welche gibt, und was sind Ihre Kundensegmente? Wiederum: Was machen Ihre Wettbewerber? Wenn die genau das Gleiche machen, haben Sie ein Problem.
- Und: Mit welchem Geschäftsmodell sind Sie am Markt aktiv? Was können Sie besonders gut? Was sind Ihre Ressourcen? Ihre Patente? Prozesse? Strukturen?

Schauen wir uns diese drei Fragen mal am Beispiel von Bayers berühmter Kopfschmerztablette Aspirin an.

- Was vermarkten Sie? Eine Tablette gegen Kopfschmerzen. Sicher schon einmal ein sehr nützliches Produkt. Vor allem, wenn der Wettbewerber noch kein vergleichbares Produkt hat oder aufgrund von Patentschutz noch kein ähnliches Produkt auf den Markt bringen darf (wir tun der Einfachheit halber mal so, als gäbe es noch keine Generika).
- An wen vermarkten Sie? An alle, die Kopfschmerzen haben, die Tablette vertragen und ein gewisses Alter haben. Könnte das jeder auf der ganzen Welt sein? Ja, könnte. Wow, ein ziemlich großer Markt!
- Mit welchem Geschäftsmodell sind Sie am Markt aktiv? Tja, und jetzt wird es kompliziert bzw. offenbar, warum so etwas wie Bayer nicht jede andere Firma kann. Sie haben riesige Forschungslabore, Produktionsstätten, einen großen Vertrieb, der zu den Kliniken geht, und natürlich haufenweise Geld. Sie müssen ja all Ihre Forscher und Mitarbeiter bezahlen, auch wenn Sie gerade mal kein Patent wie Aspirin auf den Markt bringen können oder auf die Zulassung eines anderen Patents bzw. Medikaments warten.

---

7 Porter, *Das Wesen der Strategie*, S. 5

Bayer zum Beispiel konnte mit Aspirin etwas, was andere (damals) nicht konnten. Ein *Wettbewerbsvorteil* ist daher die Fähigkeit eines Anbieters, im Vergleich zu seinen aktuellen oder potenziellen Konkurrenten nachhaltig effektiver und/oder effizienter zu sein. In unserem Pharma-Beispiel würde das heißen, dass Bayer zum Beispiel mit der gleichen Anzahl von Forschern mehr erreicht als die Wettbewerber.

Wenn das der Kunde auch so sieht bzw. wahrnimmt, entsteht auch ein Kundenvorteil. *Ein Kundenvorteil* ist daher die Fähigkeit eines Anbieters, das Problem eines Kunden aus dessen Perspektive besser zu lösen als alle anderen Wettbewerber. Es könnte also sein, dass der Kunde das Produkt mit gleicher Qualität wie beim Wettbewerber bei Ihnen billiger bekommt. Oder er bekommt das Produkt zu einem identischen Preis bei Ihnen in einer besseren Qualität. Dann wird niemals die Gefahr bestehen, dass der Kunde zur Konkurrenz abwandert.

Jetzt wissen Sie schon einmal, was Ihr Wettbewerbsvorteil ist bzw. wir hoffen, Sie haben einen. »Wenn Sie nicht besser sind, dann seien Sie besser billig«, zitierten wir schon Marketing-Guru Jack Trout. Das bedeutet, dass Sie sich entscheiden müssen: Entweder bieten Sie Top-Qualität zu einem hohen Preis an, so wie dies zum Beispiel Apple tut. Dann müssen Sie viel in Forschung und Entwicklung investieren und in Innovationen. Und Sie brauchen natürlich auch eine gute Story, um die Kunden anzulocken und dazu zu bringen, Ihre doch vergleichsweise teuren Produkte zu kaufen. Oder Sie entscheiden sich für niedrige Preise und optimieren Ihre Wertschöpfungskette derart, dass Sie günstiger sind als jede Konkurrenz. Aldi und Lidl tun das. Sie verkaufen zudem Lebensmittel, die jeder täglich braucht. In diesem Fall braucht man keine Story, die Menschen kommen von selbst in den Laden; wobei die Einfachheit bei Aldi bereits Teil einer eigenen Story ist. Was man aber braucht, ist eine exzellente Wertschöpfungskette, die jeder Manager auswendig kennt. Dies ist bei Aldi der Fall. Bei vielen anderen, die Aldi imitieren wollen, allerdings nicht. Ob Sie sich nun in punkto Qualität oder in punkto Preis differenzieren wollen, einfach ist beides nicht (Abbildung 5).

Alle Probleme sind damit noch nicht gelöst. Denn was immer Sie machen, um besser zu werden, Ihr Wettbewerber versucht genau das Gleiche.

Und was immer Sie machen, um billiger zu werden – auch da finden sich genügend Wettbewerber, die genau das Gleiche versuchen.

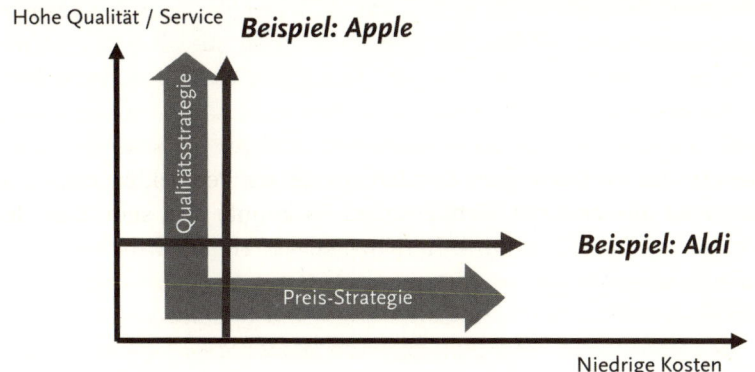

Abbildung 5: Sie können entweder besser oder billiger sein
Quelle: Veit Etzold, 2013, inspiriert von Harald Hungenberg und Martin Kupp

Man kann nur begrenzt besser werden, ohne die Preise so in die Höhe zu treiben, dass kein Kunde mehr die Produkte kauft. Und man kann nur bedingt billiger werden, da man die Kosten ansonsten derart drücken muss, dass man keine Rohstoffe mehr bekommt und (auf legale Art und Weise) keine Arbeitskräfte mehr beschäftigen kann. Michael Porter spricht dabei auch von der »Produktivitätsobergrenze«, die kaum ein Unternehmen überschreiten kann. Hinzu kommt noch, dass der Wettbewerb umso schärfer zunimmt, je mehr Unternehmen sich dieser Obergrenze annähern.[8]

Das klingt ja verdammt ungemütlich. Gibt es keinen Notausgang aus diesem Dilemma? Doch, den gibt es. Der ist aber auch nicht einfach und funktioniert nicht überall.

Chan Kim und Renée Mauborgne sprechen in ihrem Buch *Blue Ocean Strategy* von zwei verschiedenen Ozeanen, in denen Sie sich als Unternehmen tummeln können.[9] Da ist zunächst einmal der »rote Ozean«, in dem blutiger Wettbewerb herrscht und der von all den Kämpfen schon rot gefärbt ist. Hier müssen Sie im Wettbewerb mit vielen anderen entweder der Beste oder der Billigste sein, hier

8 Porter: »Das Wesen der Strategie«, S. 4
9 *Blue Ocean Strategy*, 2005

herrscht Hauen und Stechen, und hier herrscht die von Porter beschriebene »Produktivitätsobergrenze«, die allen den Spaß verdirbt.
Hier versuchen alle, sich gegenseitig zu übertrumpfen, entweder in
Sachen Qualität oder in Sachen Preis. Dann gibt es aber noch, jenseits davon, den »blauen Ozean«, in dem Sie mit ihrem Geschäftsmodell zunächst allein sind. Dies kann funktionieren, indem Sie
etwas anbieten, was die Kunden in dieser Form bei anderen Unternehmen nicht bekommen. Und zwar so, dass Sie genau das anbieten,
was der Kunde benötigt, aber zu einem geringeren Preis. Dies schaffen Sie allerdings nur, indem Sie bestimmte überflüssige Dinge, die
der Kunde gar nicht so wertschätzt, die sich aber die Konkurrenz
nach wie vor leistet, weglassen. Und damit Kosten sparen, die Sie
wieder als Ermäßigung an Ihren Kunden weitergeben.

Die überaus erfolgreiche Hotelkette »Motel One« ist ein Beispiel
für eine erfolgreiche Blue-Ocean-Strategie (und interessanterweise ist
das Logo dieser Gruppe türkis, eine Farbnuance des Blaus).

Um zu verstehen, warum Motel One so erfolgreich ist, schauen wir
uns einmal an, was Sie bei einem Hotelbesuch erwarten bzw. was Sie
wichtig oder unwichtig finden. Wenn Sie Ihre eigene Blue-Ocean-
Strategie finden wollen, können Sie sich eine ähnliche Übersicht machen. Wir gehen jetzt, der Einfachheit halber, einmal von der Hotelbranche aus.

Ein Hotel kann die folgende Ausstattung oder folgende Merkmale
haben:
• Gute Lage
• Gute Zimmer
• Ruhig
• Klimaanlage
• Fitnesscenter
• Restaurant
• Frühstück
• Tiefgarage
• Zimmerservice
• Telefon auf dem Zimmer
• Pagen am Eingang
• Günstiger Preis
Als Nächstes definieren wir zwei verschiedene Hoteltypen und su-
chen uns dabei bewusst Extreme aus. Das 5-Sterne-Hotel oder die Bil-

ligabsteige. Und schauen uns einmal an, was die beiden Kategorien so aufzuweisen haben und wie sie in unserem Anforderungskatalog abschneiden:

	5 Sterne Hotel	Billigabsteige
Gute Lage	ja	nein
Gute Zimmer	ja	nein
Ruhig	ja	nein
Klimaanlage	ja	nein
Fitnesscenter	ja	nein
Restaurant	ja	nein
Frühstück	ja	meistens
Tiefgarage	ja	nein
Zimmerservice	ja	nein
Telefon auf dem Zimmer	ja	nein
Pagen am Eingang	ja	nein
Günstiger Preis	nein	ja

Wir sehen: Das 5-Sterne-Hotel bietet alle Annehmlichkeiten, die man sich nur wünschen kann, lässt sich das aber auch fürstlich bezahlen. Es ist also Marktführer in der Qualität. Das Billighotel bietet all das nicht. Sein einziger Vorteil ist der geringe Preis. Allerdings muss man sich fragen, ob nicht auch 50 Euro pro Nacht zu viel sind, wenn man wegen Lärm, Ungeziefer auf dem Zimmer und nicht vorhandener Klimaanlage im Hochsommer die ganze Nacht kein Auge zubekommt.

Sie sehen schon, in welchem Dilemma der damalige Hotelgast steckte. Entweder war es gut und teuer oder günstig und mies. Entweder litt der Geldbeutel oder die Gesundheit. Pest oder Cholera, dazwischen gab es nichts. Doch vielleicht kann man auch das Günstige mit dem Guten verbinden?

Schauen wir einmal, wie Sie für die Hotelbranche eine Blue-Ocean-Strategie entwickeln könnten, indem wir uns zunächst anschauen, was Sie als Geschäftsreisender wichtig finden würden und was nicht. Wollen Sie denn eine gute Lage? Natürlich, Sie wollen ja nicht ewig mit dem Taxi oder mit der U-Bahn fahren, bis Sie dann endlich mal vom Bahnhof oder Flughafen in Ihrem Hotel angekommen sind.

Wollen Sie ein gutes, sauberes Zimmer? Zur Hölle, ja! Und ruhig sollte es auch sein, schließlich wollen Sie ja schlafen können. Eine Klimaanlage wollen Sie auch, schließlich hatten Sie einen harten Tag, am nächsten Morgen stehen wichtige Termine an und außerdem sind Sie im Dienst und nicht im Dschungelcamp. Fitnesscenter? Sport ist nicht schlecht, gerade auf Reisen, aber meist haben Sie eh keine Zeit dafür. Vor allem, wenn das Fitnesscenter erst um 9 Uhr aufmacht, wenn Sie schon längst wieder on the road sind, und bereits um 19 Uhr schließt, wenn Sie noch gar nicht wieder zurück sind. Ähnlich verhält es sich doch mit dem Restaurant. Haben Sie noch den Nerv, nach einem harten Arbeitstag allein im Restaurant zu sitzen und stundenlang auf einen arroganten Hotelkellner zu warten, der Ihnen dann für 80 Euro winzige Häppchen serviert? Sehen Sie! Aber noch schnell ein Sandwich und ein Bier sind trotzdem ganz nett. Das gibt es auch im Motel One, und zwar 24 Stunden am Tag. Frühstück am Morgen ist sicher ebenfalls angenehm, jedenfalls wenn es schnell geht und Sie nicht ewig nach Kaffee betteln müssen, wie der Autor dies in diversen 5-Sterne-Hotels schon erlebt hat. Die Möglichkeit, einfach an einen Kaffeeautomaten gehen zu können, reicht völlig, wenn man es eilig hat. Eine Tiefgarage ist zwar nützlich, aber da die meisten Geschäftsreisenden mit Flugzeug oder Bahn unterwegs sind, recht überflüssig. Genauso verhält es sich mit dem Zimmerservice, den Sie kaum brauchen, wenn Sie auch schnell über die Straße zu Burger King gehen können. Und ein Telefon auf dem Zimmer ist eh nur noch etwas für Menschen, die die letzten 20 Jahre im Koma gelegen haben und gerne 5 Euro pro Regionalanruf bezahlen; denn wer hat schließlich heute noch kein Handy? Und Pagen am Eingang? Wer öfter mal in 5-Sterne-Hotels war, weiß, dass diese nur auftauchen, wenn Sie mit einem winzigen Koffer kommen, den sie bequem selbst tragen können. Haben Sie einmal schweres und sperriges Gepäck, lösen sich diese Pagen mit ihren albernen Zylindern augenblicklich in Luft auf. Braucht also kein Mensch. Und der billige Preis? Wenn Ihr Arbeitgeber geizig ist oder wenn Sie auf eigene Rechnung reisen, macht es schon einen Unterschied, ob Sie 70 Euro oder 270 Euro zahlen. Ganz klar, ein niedriger Preis ist ein wichtiges Entscheidungskriterium. Schauen wir uns die Tabelle noch einmal an:

	5 Sterne Hotel	Billigabsteige	Wichtig?	Motel One
Gute Lage	ja	nein	ja	ja
Gute Zimmer	ja	nein	ja	ja
Ruhig	ja	nein	Ja	ja
Klimaanlage	ja	nein	ja	ja
Fitnesscenter	ja	nein	nein	nein
Restaurant	ja	nein	nein	nein
Frühstück	ja	meistens	ja	ja
Tiefgarage	ja	nein	nein	nein
Zimmerservice	ja	nein	nein	nein
Telefon auf dem Zimmer	ja	nein	nein	nein
Pagen am Eingang	ja	nein	nein	nein
Günstiger Preis	nein	ja	ja	ja

Motel One und ähnliche Hotels bieten also alles, was wichtig ist, und verzichten auf Dinge, die Ihnen unwichtig sind. Wenn Sie also einen niedrigen Preis wollen, müssen Sie deshalb nicht mit einem Guantanamo-Verschnitt vorliebnehmen, sondern können alle Annehmlichkeiten haben, die Sie auch in teuren Hotels finden, jedenfalls alle, die Sie brauchen. Und wenn Sie etwas extra wollen, dann zahlen Sie halt dafür. So wie in einigen Motel Ones, die für 10 Euro die Benutzung von benachbarten Fitnessstudios anbieten. Wenn Sie Sport treiben wollen bzw. Zeit dafür haben, können Sie das tun. Aber Sie bezahlen nicht von vornherein für etwas, was Sie eventuell gar nicht nutzen. Und da liegen die versteckten Kosten. Wenn man die spart, kann man diese Ersparnisse an den Kunden weiterreichen. Und bietet seinem Kunden auf diese Weise etwas, was es so noch nicht gibt. Das ist der blaue Ozean. Jedenfalls so lange, bis nicht eine andere Hotelkette ein ähnliches Konzept auf den Markt wirft. Sicher kann man sich im Wettbewerb halt nie fühlen. So wusste es schon Andy Groves, der Gründer von Intel: »Nur die Paranoiden überleben.« Aber im blauen Ozean können Sie es sich etwas länger bequem machen als im roten. Vorausgesetzt, Sie waren früh genug dort.

Wir haben viel von Positionierung, Vertrieb, Globalisierung, starken Marken und der Blue-Ocean-Strategie gesprochen. Und sicher haben Sie das ein oder andere Mal Ähnlichkeiten oder auch Diskrepanzen zu Ihrem Unternehmen gesehen. Lehnen wir uns jetzt einmal zurück und schauen wir uns einmal ein Unternehmen an, bei dem es sich um die älteste und größte Vertriebsorganisation der Welt handelt und das genau den oben genannten Herausforderungen seit 2 000 Jahren gegenübersteht: die katholische Kirche!

Nun steht es um die katholische Kirche in der westlichen Welt nicht zum Besten, jedenfalls, was Europa angeht. Schauen wir einmal, warum, und ob und wie man das ändern kann.

2000 Jahre Marktführerschaft – Was die katholische Kirche richtig und falsch gemacht hat:

»Die Pforten der Hölle sollen die Kirche nicht überwältigen«, sagte Jesus Christus persönlich. Bisher hat das ganz gut funktioniert. Doch leicht hat es die Kirche auch nicht.

Und Angriffsfläche bietet sie, wie jede große Organisation, reichlich: Es gibt das unzeitgemäße Zölibat, den, so sagt man, scheinbar daraus hervorgehenden Kindesmissbrauch, die Verrenkungen um Verhütung und Kondome und überhaupt das ganze unzeitgemäße Brimborium, das diese Institution seit 2000 Jahren durchzieht.[10]

Was die Schwäche ist, ist auch die Stärke. Denn insgesamt scheint in aller Kritik an der katholischen Kirche auch immer das Unbehagen darüber mitzuschwingen, dass es eine Institution gibt, die seit zweitausend Jahren existiert, sich relativ wenig dem Zeitgeist anpasst und dennoch über die Jahrhunderte gewachsen ist und heute so groß ist wie noch nie zuvor; auch wenn sie in ihrem Stammland, nämlich Europa, kräftig schrumpft.

Dabei sollte man nichts beschönigen: Wir haben die, in der Tat gravierenden, Missbrauchsvorwürfe von Priestern an Schutzbefohlenen, wir haben die Vatikanbank, die ständig für Skandalschlagzeilen sorgt und die mit einem verwalteten Vermögen von

---

10 Dass in der gesamten Geschichte – Beispiel Inquisition, Hexenjagd, Kriege, Meinungsmonopol – durch die Jahrhunderte auch viel Schaden durch die Kirche angerichtet wurde, soll hier nicht verschwiegen werden, ist aber für die Betrachtung der Kirche in der heutigen Zeit weniger relevant.

6 Milliarden Euro das letzte Offshore-Paradies mitten in Europa ist. Unser Vater ist hierbei nicht im Himmel, sondern *offshore*.[11] Und wir haben die Vatileaks-Affäre, die so einiges nach oben spülte, was eigentlich gar nicht publik sein oder – noch besser – gar nicht existieren sollte.

Auch spürt man gerade in Deutschland, dem Land, das auch Luther und die Kirchenspaltung hervorgebracht hat, einen latenten Hass auf alles Kirchliche, wobei die katholische Kirche immer noch den besseren Prügelknaben abgibt als die evangelische, wahrscheinlich deswegen, weil Letztere sich bereits so unscharf positioniert hat, dass sie gar nicht mehr wahrnehmbar, mithin also unsichtbar geworden ist. Doch ein Problem haben beide Kirchen: Christentum ist in Deutschland generell out. Als Jakob Augstein zum Beispiel am Ostermontag 2013 auf *Spiegel Online* von der »Jesus Alternative«[12] schrieb und der Frage nachging, was uns Jesus im Angesicht der heutigen Ungerechtigkeiten beibringen kann, schlug ihm eine Welle von Hass-Blogs und antiklerikaler Rhetorik entgegen, die ganz klar zeigte: Kirchen-Bashing ist cool. Vielleicht auch deswegen, weil sich das Werteversprechen der Kirche, die Value Proposition, so furchtbar schwer beweisen lässt und derzeit nur die negativen Aspekte sichtbar sind. Die Jünger Jesu haben ständig irgendwelche Wunder gesehen. »Seeing is believing«, hieß es damals. Heute heißt es nur noch »believing«. Und das fällt verständlicherweise schwer, wenn man niemals einen Beweis sieht, *warum* man denn etwas glauben sollte.

Doch ganz ohne Kirche geht es offenbar auch nicht: Denn die Sehnsucht nach Spiritualität ist nach wie vor vorhanden, vielleicht sogar stärker als je zuvor. Davon zeugen nicht nur die New-Age-Bewegungen und das Interesse am Spirituellen, sondern auch der Kauf von Talismanen und Glasschutzengeln von Ikea und anderen Relikten, die nur so lange gut und cool sind,

11 *FAS*: »Gott, Geld und die Macht«, 10.03.2013, S. 22/23
12 Jakob Augstein: »Die Jesus Alternative«, *Spiegel Online*, 01.04.2013, http://www.spiegel.de/politik/deutschland/ s-p-o-n-im-zweifel-links-die-jesus-alternative-a-891885.html

solange sie nichts mit der Kirche zu tun haben. Und auch wenn der Kirche gerade in Deutschland mehrheitlich Abneigung entgegenschlägt, sind die Kirchen nach einem Amoklauf an einer Schule oder einer ähnlichen Tragödie voll. Warum eigentlich? Hat sich Gott oder die Kirche durch den Amoklauf geändert? Ist sie dadurch auf einmal gut und hilfreich geworden, während sie vorher reaktionär und veraltet war? Auch hier scheint eine Sehnsucht vorhanden zu sein, von der man allerdings glaubt, dass die Kirche sie offenbar nur in derartigen Extremsituationen befriedigen kann.

Auch die Zahlen sprechen mitnichten gegen die Kirche. Sowohl die katholische Kirche als auch das Christentum per se wächst, teilweise stärker als alle anderen Religionen. Das gesamte Volk der Christenheit ist seit dem Anfang des 20. Jahrhunderts von 500 Millionen Christen auf 2,3 Milliarden Christen angewachsen. Davon gibt es 1,2 Milliarden Katholiken. Das Christentum ist damit vor dem Islam mit 1,5 Milliarden Gläubigen die größte Glaubensgemeinschaft der Welt, die katholische Kirche allein die drittgrößte.[13] Weitere Religionen wie der Hinduismus (970 Millionen) und der Buddhismus (500 Millionen) folgen erst mit einigem Abstand. Kritische Masse ist also vorhanden, genügend »Stammkunden« und »Neukunden« auch.

Und auch der Faszination der ja anscheinend so althergebrachten Rituale kann sich offenbar niemand so wirklich entziehen. Was wir einerseits ewiggestrig und unzeitgemäß finden, schauen wir uns bei Dan Brown oder in *Der Pate III* mit leuchtenden Augen an. Hier fällt auch ganz besonders auf, dass als mediale und faszinierende Inszenierung grundsätzlich die katholische Kirche herhalten muss, niemals die evangelische. Könnte es sein, dass Erstere einfach faszinierender ist? Und dass die Verantwortlichen nur daraus einfach nichts machen und eher versuchen, sich der evangelischen Kirche mehr und mehr anzunähern, um möglichst noch mehr »dem Zeitgeist zu entsprechen«?

Würde man jetzt als Unternehmensberater eine Bestandsaufnahme machen, könnte man sagen: Die Kirche, gerade die ka-

---

13 D. Barrett; T. Johnson; William Carey Library und *FAS*. S. o.

tholische, ist eine sehr wichtige und nach wie vor faszinierende Organisation, die eine in sich zerrissene Welt heute vielleicht stärker braucht als lange zuvor. Sie verkauft sich nur leider komplett unter ihren Möglichkeiten, bemüht sich ständig, das anzubieten, was man von ihr *nicht* erwartet und auch *nicht* haben will, hält ihren Kunden für viel dümmer als er ist und ist insgesamt ausgesprochen langsam, reaktiv und insgesamt sehr schlecht gemanagt. Kein Wunder, mag man sagen, wenn der Aufsichtsrat im Himmel seinen Vorstand so an der langen Leine lässt und das Durchschnittsalter des Vorstands weit jenseits der siebzig ist.

Schauen wir uns die Kirche einmal mit irdischen Augen an:

Erst einmal lässt das Kundenmanagement der Kirche sehr zu wünschen übrig. Andere Anbieter haben Programme, die Treue belohnen. Lufthansa hat Miles & More, die Bahn hat bahn comfort. Hat die Kirche so etwas auch? Nein, Sie können noch so viel Kirchensteuer zahlen und jeden Sonntag eifrig in die Messe gehen, an Festtagen wie Heiligabend sollten sie eine Stunde vorher in der Kirche sein, da diese dann voll ist mit Menschen, die sich dort sonst nur sehr selten blicken lassen. Insbesondere den sogenannten »U-Boot-Christen«, die neben Weihnachten (Ostern ist es meist leerer, da die meisten nicht mehr wissen, dass Ostern und nicht Weihnachten der höchste Feiertag der Christenheit ist) nur viermal im Leben in der Kirche auftauchen: zur Taufe, zur Firmung/Kommunion beziehungsweise Konfirmation, zur Hochzeit und zur Beerdigung. Gibt es für »treue Kunden« präferierte Plätze, wo sich die U-Boot-Christen nicht hinsetzen dürfen? Fehlanzeige, Treue wird nicht belohnt. Das wird dann meist damit begründet, dass die Kirche ja allen offenstehen soll.

Das ist bestenfalls widersprüchlich. Zum einen heißt das ja nicht, dass niemand in die Kirche darf. Es heißt nur, dass man die Stammkunden, die das Unternehmen am Leben halten, besser behandeln sollte als andere. Und zum anderen ist es frappierend, wie sich die Kirche mit diesem Gleichheits-Sozialismus selbst widerspricht. Denn die Segmentierung der Kunden in die, die gute Taten getan haben und daher nach dem Tod belohnt werden (durch den Himmel), und die, die das nicht getan haben und bestraft werden (durch Hölle und Fegefeuer), ist ja das Fundament, auf dem das Werteversprechen der Kirche ruht.

Da im Nachleben eine Segmentierung ohnehin stattfindet – es kommt ja schließlich nach der Lehre des katholischen Katechismus auch nicht jeder in den Himmel –, muss eine intelligente Segmentierung auch zu Lebzeiten kein Tabu sein.

Ist es nun schon traurig genug, dass die Stammkunden schlecht behandelt werden, lohnt es, sich anzuschauen, was mit denen passiert, die aus der Kirche austreten wollen: Sie werden nicht an die Hand genommen und, wenn es geht, behutsam zurückgeführt. Sie werden auch nicht angerufen. Nein, sie werden mit einem recht arroganten Brief belehrt und gemaßregelt. Etwa so:

»Die Erklärung des Kirchenaustritts (...) stellt als öffentlicher Akt eine willentliche und wissentliche Distanzierung von der Kirche dar und ist eine schwere Verfehlung gegenüber der kirchlichen Gemeinschaft.« Die Konsequenzen sind: Dieser Mensch darf kein Taufpate mehr sein, bekommt keine Krankensalbung mehr und wird nur unter erschwerten Bedingungen zur Trauung zugelassen.

Dann kommt noch:

»Ebenso kann Ihnen, falls Sie nicht vor dem Tod irgendein Zeichen der Reue gezeigt haben, das kirchliche Begräbnis verweigert werden.«[14]

Von der Menschenliebe des Evangeliums sieht man hier wenig, von Belehrungen mit erhobenem Zeigefinger sehr viel. Auch Telekom-Chef René Obermann, selbst Katholik, hatte schon einmal auf einer Podiumsdiskussion über Gemeinsamkeiten der Kirche und der Telekom gesprochen und klargemacht, dass man sich gegenüber austrittswilligen Gläubigen oder Kunden so nicht verhalten dürfte.

So belehrend und »von oben herab« die Kirche mit Austrittswilligen umgeht, so defensiv und unbeholfen ist sie oft, wenn es um Angriffe geht.

---

14 Aus einem Brief, den mir ein aus der Kirche Ausgetretener zeigte.

Da ist das Thema Missbrauch von Schutzbefohlenen, das das Pontifikat von Benedikt XVI überschattet hat: Ohne den Missbrauch und dessen Vertuschung in irgendeiner Weise verharmlosen oder gutheißen zu wollen, muss man doch auf drei Dinge hinweisen: Erstens liegen diese Fälle teilweise zwanzig Jahre zurück, doch es wird so getan, als wäre alles gestern geschehen. Zweitens wird bei dieser Debatte unter den Tisch gekehrt, dass statistisch die meisten Missbrauchsfälle in der Familie und dann im Sportverein geschehen – und dann erst in der Kirche, wobei hier die evangelische Kirche vor (!) der katholischen Kirche liegt. Was die unreflektierte Argumentation einer scheinbar notwendigen Kausalität zwischen Zölibat und Kindesmissbrauch erst einmal ad absurdum führt.

Und drittens hackten im Rahmen des Missbrauchsskandals gerade die politischen Gruppierungen am meisten auf Papst, Zölibat und katholischer Kirche herum, die vor einigen Jahren noch einen Gesetzesentwurf in den Bundestag einbringen wollten, der Pädophilie zu einer »normalen« sexuellen Ausrichtung erklären und ihr die Illegalität nehmen sollte.[15]

Anstatt dass die Kirche allerdings auf diese Art und Weise argumentiert, versucht man, das Ganze zu vertuschen und den Bösewicht (wir kommen in Kapitel 5 dazu) unsichtbar zu machen. Das Schlechte allerdings, das rosarot gefärbt wird, das hatten wir ja schon gelernt, führt nicht zu Wohlbefinden, sondern nur zu Zynismus.

Oft hört man, dass die Kirche »zeitgemäßer« werden muss. Doch in den neuen, »zeitgemäßen« Diskussionen, wie sie besonders die evangelische Kirche pflegt, bleibt nur wenig vom ursprünglichen Markenkern übrig, der das Unternehmen Kirche groß und stark gemacht hat.

Denn hier scheint der Mensch und seine »Seelsorge« niemals im Mittelpunkt zu stehen, stattdessen geht es immer um den

---

15 Besonders der *Spiegel* wies in letzter Zeit wiederholt auf die pädophile Vergangenheit der Grünen hin, die im Missbrauchsskandal besonders laut schrien. Die Tatsache, dass die Grünen hier im Glashaus mit Steinen werfen, hat die Kirche argumentativ aber nie ausgenutzt. Siehe: »Rosa Flieder«, *Spiegel* 22/2013, S. 46

Umweltschutz, soziale Verwerfungen, den »bösen« Kapitalismus – wobei ausgeklammert wurde, dass nur Menschen, die Geld verdienen, auch Kirchensteuer zahlen –, das »böse« China und seine Menschenrechtsverletzungen und – natürlich! – geht es gegen die »imperialistischen« Vereinigten Staaten. Man hätte genauso gut das Parteiprogramm der links stehenden Parteien lesen können. Doch braucht man aber dafür eine Kirche?

Was also ist die Kirche?

Der frühere Papst Benedikt XVI bezeichnete in seiner Zeit als Kardinal Ratzinger die Kirche einmal als riesigen Medienkonzern, der nach wie vor eine wichtige Nachricht, nämlich *Die gute Nachricht* verbreitet.

Kommunikationsguru Jack Trout stimmt ihm darin zu: Die Essenz jeder Religion ist Kommunikation.[16]

Wenn man sich überlegen sollte, was die Kirche denn eigentlich ist, so könnte man sich darauf einigen, dass sie Verkünder des Gesetzes ist. Des Gesetzes, das zur Erlösung führt. Da sie den Menschen diese Gesetze beibringt, gemeinsam mit einer kosmischen Heilsgeschichte, macht dies die Kirche zum Lehrer der Welt.

In der Tat ist die Kirche seit Jahrtausenden Lehrmeister der Menschheit gewesen:

Sie hat die Universitäten erfunden, mit Latein die erste Lingua franca um den ganzen Globus verbreitet, und ist die älteste und größte Vertriebsorganisation der Welt; mit dem Ziel, möglichst vielen Gläubigen und Nicht-Gläubigen etwas beizubringen und möglichst viele ins Himmelreich zu führen. Das war als Mission Statement zu schön (und auch zu einfach), um allzu lange Bestand zu haben.

Denn das Zweite Vatikanische Konzil rückte die Kirche wieder weg von der Position des Gesetzes. Und auch von der Lingua franca, denn Latein war auf einmal »out«. Und die Leute fragten zu Recht: Wenn ihr nicht mehr der Lehrer der Welt seid, was seid ihr dann?[17]

---

16 Trout: *Positioning*, S. 177
17 ebd.

Man hatte, um dem Zeitgeist zu gefallen, ein offensichtliches und einfaches Konzept für ein kompliziertes Konzept aufgegeben. Leider sind es die offensichtlichen Konzepte, die von den Verantwortlichen am schwersten erkannt werden. Einfachheit ist halt nicht so attraktiv wie Komplexität.

Nachdem man nun alles verkompliziert hat, möchte man dann wieder einfach werden: So wurde mit großem Brimborium die Tatsache gefeiert, dass der Papst twittert – oder twittern lässt; gleichzeitig verbunden mit der Klage, dass die neuen Medien für etwas so Großes und Komplexes wie die Kirche nur schwer einzusetzen seien. Wobei die Kirche diese Komplexität ja selbst erschaffen hat. Was für ein Blödsinn also! Gerade die kurzen und knappen »Mission Statements« des Evangeliums sind allesamt twitter-tauglich. Genau genommen hat die Kirche Twitter erfunden, denn die ersten Kurznachrichten kamen von ihr.

Worte wie »das ewige Leben«, »das Salz der Erde« und »das Licht der Welt« sind an Knappheit und Einprägsamkeit nicht zu überbieten. Und schon die gotischen Glasfenster, die man zum Beispiel im Kölner Dom bewundern kann, sind Twitter-Botschaften des Mittelalters. Allerdings noch einfacher als Twitter, denn hier werden Botschaften für Menschen übermittelt, die nicht einmal lesen können; was im Mittelalter ja häufiger der Fall war. Die Figuren auf den Glasfenstern erzählen Bibelstellen, kurz, knapp und so, dass man sie im Vorbeigehen aber auch beim Verweilen auf sich wirken lassen kann. Der »Kunde« sitzt in der Kirche, hört die Predigt und kann gleichzeitig die Glasfenster betrachten. Er bekommt den »Content« auf mehreren Kanälen verabreicht. Sage da einer, Cross Selling sei eine Erfindung der Neuzeit.

»Ich bin die Auferstehung und das Leben«, sagt Jesus Christus. »Keiner kommt zum Vater denn durch mich.« Wenn das keine twittertaugliche Botschaft ist, dann gibt es keine.

Besinnt sich die Kirche auf ihre immateriellen Vermögensgegenstände, ist sie auf dem richtigen Weg, auch wenn so etwas natürlich polarisiert: Papst Benedikt musste sich viel Kritik anhören, als er von der »Entweltlichung der Kirche« sprach und auch die Tridentinische Messe wieder zuließ. Diese ist recht alt hergebracht, natürlich auf Latein, der Priester dreht sich bei der Eucharistie nicht zum Kirchenvolk, sondern zum Altar. Zudem ist das Ganze voller Effekte, Weihrauch und Kostüme, zusammen mit Chor und Schola und insgesamt ist das Gesamtkunstwerk natürlich nicht unter anderthalb Stunden zu haben. *Da hat doch keiner Zeit, das versteht doch keiner, muss das sein, mit diesen teuren Gewändern, während die Menschen in Afrika hungern,* hört man dann häufig. Als ob es einem Hungernden in Afrika schlagartig besser ginge, wenn der Priester ab morgen im Jogginganzug herumliefe. Und voll mit jungen Leuten sind diese tridentinischen Messen, sogar in Berlin, trotzdem. Irgendetwas scheinen die Menschen ja dort zu finden, was ihnen im normalen Gottesdienst nicht geboten wird.

Mag alles sein, werden Sie sagen. Aber ist das nicht trotzdem alles altmodisch und einem modernen Menschen nicht gemäß? Vielleicht ja. Aber dafür hat die Kirche nicht-materielle Vermögensgegenstände – Intangible Assets würde man in der Unternehmensberatung sagen –, die sonst niemand hat, ganz vorne als »Dachmarke« das Kreuz, eines der prägnantesten, bekanntesten und stärksten Symbole überhaupt. Man erinnere sich nur an die Abwehrgeste mit zwei gekreuzten Fingern, die angeblich Vampire abhalten soll und die jeder automatisch macht, wenn er etwas von sich fernhalten will. Außerdem gibt es die Riten, die Psalmen und die Liturgie, die niemand sonst auf dieser Welt hat. Man muss sich fragen, ob es schlau ist, davon noch mehr über Bord zu werfen, als man es eh schon getan hat, um sie dem Zeitgeist zu opfern? Und man sollte im Auge behalten, dass die evangelische Kirche, die in vorauseilendem Gehorsam bereits ihr gesamtes »Branding« zurechtgestutzt hat und sich kaum mehr von einem Kegelverein unterscheidet, nur um dem Zeitgeist zu gefallen, in Deutschland mit viel mehr Mitgliederschwund zu kämpfen hat als die katholische Kirche. Die evangelische Kirche macht sich »modern« für Leute, die ohnehin nie in die Kirche gehen.

Die katholische Kirche ist allerdings auch kurz davor.

Doch Produkte für Kunden zu optimieren, die diese Produkte nie kaufen würden, ist schwachsinnig. Man muss sich den Wettbewerb anschauen und ein Produkt anbieten, das die anderen *nicht* anbieten und für das bei den Kunden auch Bedarf besteht.

Und nicht: sich den Wettbewerb anschauen und von dort ein Produkt kopieren, das auch dort schon nicht funktioniert hat und für das es keine Kunden gibt.

»Lasst uns Menschenfischer sein«, sagte Vertriebsvorstand Jesus Christus persönlich. Dafür muss man aber auch einen Köder haben, der die Menschen zum Anbeißen motiviert.

IN DIESEM KAPITEL HABEN SIE GELERNT, DASS ...:

- ... Sie leider (im negativen Sinne) nicht allein sind, sondern Wettbewerber genau das zu verhindern versuchen, was Sie wollen.
- ... Sie entweder sehr gut oder sehr günstig sein können, aber selten beides.
- ... Sie einen Wettbewerbsvorteil brauchen, der Sie von anderen unterscheidet.
- ... es sich lohnen kann, sich statt des umkämpften »roten« Ozeans einmal den »blauen« Ozean anzuschauen, indem man genau das anbietet, was der Kunde braucht, und auf das verzichtet, was er nicht braucht.
- ... dass Sie (im positiven Sinne) nicht allein sind, wenn Sie mit Ihrer Positionierung manchmal nicht weiterwissen. Selbst sehr alte Institutionen wie die katholische Kirche tun sich da gelegentlich schwer.

Wir haben gesehen, wie sich Unternehmen im Wettbewerbsumfeld so positionieren müssen, dass sie wahrnehmbar und differenzierbar sind. Im folgenden Kapitel werden wir uns anschauen, wie eine gute Story beginnen sollte und Sie dadurch die größtmögliche Aufmerksamkeit bekommen. Und was Sie von den Profis lernen können, die *nur* mit ihren Storys ihr Geld verdienen.

4
Alpha und Omega – Der Anfang und das Ende

> »Man hat niemals eine zweite Chance,
> Um einen ersten Eindruck zu korrigieren.«
>
> *US-Sprichwort*

© Veit Etzold

WAS SIE IN DIESEM KAPITEL ERWARTET:

Das Kapitel zeigt mehrere gute und schlechte Beispiele von berühmten ersten Sätzen in Thrillern, Geschäftsberichten oder Präsentationen. Es zeigt, wie man die Aufmerksamkeitsspanne optimal ausnutzt, insbesondere vor dem Hintergrund von verknappter Zeit durch Internet, Social Networks und E-Mail, die eben diese Aufmerksamkeitsspanne immer weiter reduzieren. Ebenso zeigt das Kapitel, insbesondere anhand von Movie Pitches, wie man das eigene Wertversprechen optimal sowie kurz und knapp kommuniziert und wie ein Mission Statement aussehen und nicht aussehen sollte. Anhand von Beispielen aus unterschiedlichen Bereichen werden die besten und schlechtesten Visionen und Missionen beleuchtet.

Gute und schlechte Storys

Viele Manager kennen das: Was immer sie auch sagen, die Worte werden ihnen von Medien und Politik im Mund rumgedreht – was meist daran liegt, dass Letztere die besseren Storys haben. Stellen Sie sich vor, Sie leiten ein Energieunternehmen, das im Rahmen der Energiewende seine Strategie neu ausgerichtet hat. Die Konzeption dieser Strategie, gemeinsam mit renommierten Beratungen, war sehr aufwändig und sehr teuer. Nur gelingt es Ihnen nicht, Ihre neue Strategie erfolgreich bei den unterschiedlichen Beteiligten, auch genannt »Stakeholdern« (Medien, Politik, Öffentlichkeit und auch Mitarbeiter), zu verkaufen. Dort gelten Sie nach wie vor als »Kernkraftdinosaurier«.

Oder Ihr Unternehmen ist an den Kapitalmarkt gegangen und Ihre Manager und Mitarbeiter müssen sich an neue Steuerungsgrößen gewöhnen, zum Beispiel EVA® oder ROCE. Wie erklären Sie Ihnen das, ohne dass jeder einschläft oder Sie nur das nachbeten, was in den Börsenprospekten steht?

Die, die Ihnen eigentlich helfen sollen, sind nicht immer eine Hilfe. Oft schafft traditionelle Werbung ein Bild des Unternehmens, das es nicht gibt, weil nicht alle Werber immer den betriebswirtschaftlichen Hintergrund des Unternehmens berücksichtigen. Auch stimmen oft Strategie und Außendarstellung nicht überein. So setzt sich mancher Konzern ehrgeizige Ziele bei der Frauenförderung, zeigt aber in seiner Werbung weiterhin das Frauenbild der 50er Jahre. So führte die Deutsche Telekom als erster – und bisher einziger – DAX-Konzern die Frauenquote ein, zeigt aber nach wie vor gerne noch DSL und Internet-Werbung, wo der Mann vor dem Laptop sitzt und die Frau ihm neugierig blöd über die Schulter schaut, als wollte sie fragen: »Darf ich auch mitspielen ...?«

Schauen wir uns erst einmal an, welche Faktoren in der Positionierung Ihrer Idee oder Ihrer Marke wichtig sind und ob die Ideen, die Sie haben oder vermarkten, überhaupt Ihnen allein gehören. Je größer etwas ist, desto mehr muss man es teilen. Und je mehr man etwas teilen muss, desto schwieriger wird es, es weiterhin trennscharf zu positionieren.

Besser der Erste als der Beste

> »Im Kampf ›Der Beste gegen den Schnellsten‹
> gewinnt normalerweise der Schnellste.«
>
> *Al Ries und Jack Trout*[1]

Der einfachste Weg, um in das Bewusstsein des Betrachters einzudringen, ist es, der Erste zu sein.

Wer war der erste Mann auf dem Mond? Neil Armstrong, wer sonst? Wer war der zweite? Das weiß niemand.

Was ist der Name des höchsten Berges auf dieser Welt? Der Mount Everest. Und der zweithöchste? Schweigen.[2]

---

1 Ries, Trout: *Marketing Warfare*, S. 172, »In the battle between first and better, first usually wins.«
2 Ries, Trout: *Positioning*, S. 20

»Die Ehe«, sagen Al Ries und Jack Trout, »funktioniert nach dem Konzept, dass der Erste zu sein besser ist, als der Beste zu sein. Und so funktioniert auch die Wirtschaft.«[3]

60 Prozent aller Entscheidungen im Supermarkt fällen wir in nur vier Sekunden, sagt Markenexperte Martin Lindstrom.[4] Warum? Weil es meistens Marken sind, die wir schon immer gekauft haben. Die also die *ersten* Marken waren, mit denen wir zu tun hatten.

Gummibärchen sind solch ein Beispiel; die nur vom Hersteller Haribo als »Goldbären« bezeichnet werden, während alle Welt nach wie vor »Gummibärchen« sagt. Wie auch immer: Alle Menschen in Deutschland wachsen mit Gummibärchen auf. Der Geschmack der Gummibärchen erinnert uns an unsere Kindheit, was dazu führt, dass sogar 50-jährige Geschäftsleute in der Business Class der Lufthansa Gummibärchen essen, weil der Verzehr der Gummibärchen sie an ihre Kindheit erinnert und daher entspannt. Die Gummibärchen waren *die* Genussmittel, die damals als erste da waren. Was die Lufthansa nicht daran hinderte, die Gummibärchen in der Business Class wieder abzuschaffen. Es gab danach Riesenproteste und dann waren die Gummibärchen wieder da.[5] Die Restaurantkette Vapiano hat das sofort verstanden. Dort gibt es beim Eingang grundsätzlich eine Schale mit Gummibärchen.

Gummibärchen hin oder her, wenn Sie mit einer Idee der Erste sind und dann genug Werbung machen, investieren und immer größer werden, ist es schwierig, Ihnen diese Position wieder wegzunehmen. Im jüngsten Marken-Ranking der *Financial Times* waren die bekanntesten Marken der Welt ausnahmslos riesige Konzerne: Apple, IBM, Google, McDonald's, Microsoft und Coca-Cola. Doch wichtig ist neben der Größe vor allem, dass all diese Unternehmen in ihrer jeweiligen Branche den Standard gesetzt haben: Apple zunächst für Personal Computer, dann aber für Innovation generell, IBM für Großrechner und IT-Beratung, Google für Suchmaschinen, McDonald's für Fast Food, Microsoft für Software und Coca-Cola für Softdrinks. Die Lehre, die Sie daraus ziehen sollten, ist die, dass Sie es

---

3 ebd. »Marriage, as a human instituti-on, depends on the concept of first being better than best. And so does business.«, S. 21

4 *FAS*: »90 Prozent von uns sind markensüchtig«, S. 43

5 ebd.

tunlichst unterlassen sollten, solche Unternehmen in ihrem Kernbereich anzugreifen. Sie können nur verlieren.[6]

Den Dingen Namen geben

Manchmal schafft man es nicht, der Erste zu sein. Doch auch als Zweiter kann man am Markt Erfolg haben, wenn der Erste bestimmte Fehler gemacht hat, die man sich selbst verkneifen sollte. Strategen sprechen hier, im Gegensatz zur »first mover advantage«, vom »second mover advantage«. Warum heißt Amerika »Amerika«, auch wenn es Kolumbus entdeckt hat?[7] Nach Kolumbus wurde ein relativ kleines Land, nämlich Kolumbien, benannt, nach demjenigen, der erst fünf Jahre nach Kolumbus in die Neue Welt kam, der ganze Kontinent. Amerigo Vespucci machte einiges richtig, während Kolumbus einiges falsch machte. Kolumbus war auf Gold aus und verkaufte seine Mission schlecht. Zudem ging er mit störrischer Hartnäckigkeit immer noch davon aus, er habe Indien entdeckt, was zwar dazu führte, dass die Ureinwohner der USA ab dann »Indianer« genannt wurden, aber viel mehr passierte nicht. Amerigo hingegen positionierte die Neue Welt als einen eigenen Kontinent und schrieb seine gesamte Reise auf, die damals als Bestseller in 40 verschiedene Sprachen übersetzt wurde.[8]

Wem gehört die Marke? Nicht dem Unternehmen

Wer einen attraktiven Partner hat, weiß: Je hübscher dieser Partner ist, desto mehr muss man Angst haben, dass sie einem nicht allein gehört. Bei starken Marken ist dies genauso. Je bekannter die Marke und desto größer die Reichweite, desto mehr muss man als Unternehmen bereit sein, sie zu teilen. Dass die Marke nicht allein dem Unternehmen gehört, musste Coca-Cola schmerzvoll erfahren. Im Jahr 1985 einigte man sich darauf, die Geschmacksrichtung leicht zu

6 *Financial Times*: »Global Brands«, 22.5.2012, S. 2

7 Möglicherweise hat es auch Leif Erikson schon viel früher entdeckt, aber der hat sich am schlechtesten von allen positioniert.

8 Siehe auch: Ries, Trout: *Positioning*, S. 25

verändern, um der Konkurrenz durch Cola-Plagiate, die angeblich »besser« schmeckten, allen voran Pepsi, Einhalt zu gebieten. »New Coke« sollte das neue Produkt heißen. »The Best just got better«, war der Werbespruch.

Das Ergebnis war unvorstellbar: Es gab in den USA Straßende-monstrationen von Tausenden von Coca-Cola-Kunden, von wütenden Briefen und Protestaktionen einmal abgesehen. Die Proteste führten so weit, dass das Topmanagement von Coca-Cola sich nicht nur ent-schuldigen, sondern die Geschmacksänderung unverzüglich zurück-nehmen und wie geprügelte Hunde vor die Presse treten musste.

Was verwunderlich wirkt, ist einfach zu erklären: Coca-Cola gehört, gerade in den USA, derart zum Haushalt dazu, dass es fast die Rolle einer »Mama« einnimmt. Möchte man dann eine neue Mama? Na-türlich nicht! Selbst Kinder, die von ihrer Mutter misshandelt wur-den, so berichten Rechtsmediziner und Kriminologen, wollen keine neue Mama, sie wollen auch nicht, dass die Mama dafür bestraft wird, sie wollen nur, dass »die Mama so etwas nicht wieder tut«. Es ist in der Evolution so angelegt, dass man nur eine Mutter hat. Dieser Zusammenhang war den Coca-Cola-Managern erst klargeworden, als es zu spät war. Von einigen Kunden wurde Coca-Cola dabei absolute Dummheit vorgeworfen: Man renne kurzfristigen Trends hinterher, ohne darauf zu achten, was mit den Kunden geschieht. Das war der erste Vorwurf.

Doch nicht alle glaubten, dass es sich nur um Achtlosigkeit und Naivität des Managements handelte. Manche vermuteten dahinter einen perfiden Schachzug: Wenn man den Leuten etwas wegnimmt, was sie lieben, und es ihnen dann gönnerhaft wieder gibt, ist die Freude daran größer, als wenn man es nie weggenommen hätte. En-dorphine und Glückshormone entstehen halt am ehesten, wenn vor dem Glück erst einmal Mangel an Glück herrscht. Dies war der zwei-te Vorwurf.

Zu den beiden Vorwürfen äußerte sich damals Coca-Cola-Chef Roberto Goizueta folgendermaßen:

Zu Vorwurf 1: So blöd sind wir nicht!

Zu Vorwurf 2: So schlau sind wir nicht!

Allein die brillante Antwort des CEO ist eine tolle Story für sich.

Wem gehört die Marke – Das Phänomen der Social Networks

Die Marke gehört nicht dem Unternehmen, sondern den Kunden. Das war schon immer so, Coca-Cola hatte das erfahren. Das mag den Unternehmen nicht gefallen, trifft aber im Zeitalter von Mitmachmarken, User Generated Content und Social Networks noch stärker zu als ohnehin schon.

»901 Millionen Menschen gefällt das – warum eigentlich?«, fragte das Magazin *Der Spiegel* im Jahr 2012 zu Facebook. Und nicht zum ersten Mal. Die einen sehen Facebook als erstes, wirklich globales Netzwerk, das grenzüberschreitend Menschen verbindet und derzeit mit ca. 900 Millionen Mitgliedern, wenn es eine Religion wäre, die weltweite Nummer drei nach Islam (1,6 Milliarden Mitglieder) und Christentum (2,3 Milliarden Mitglieder) darstellen würde. Wäre es ein Land, wäre es ebenfalls die Nummer drei, nach Indien und China.

Die anderen warnen vor einem totalen Abgleiten gerade der Jugend ins Virtuelle, die bald ohne Facebook gar nichts mehr machen könne. Belästigungen und Online-Mobbing zeigen als unangenehme Nebenwirkungen des Netzwerkes bereits von Zeit zu Zeit ihr hässliches Gesicht. Und fast alle Kritiker sehen Facebook dabei als gigantische Datensammel-Krake, die selbst dem vorherigen Orwellschen Bösewicht Google den Überwachungsrang streitig macht.

Wir hatten zu Beginn gesagt, dass der Mensch seine moderne Welt längst nicht mehr versteht und eigentlich noch immer in der Steinzeit lebt. Bei Facebook geht es wieder zurück in diese Steinzeit: Man führt ein Leben, wie es auch der Urmensch kannte: immer in Reichweite der Horde. Deswegen funktioniert Facebook auch so gut.

Das wäre alles kein Problem, wenn auf Facebook nicht so viel kommuniziert würde. Und zwar auch über Ihr Unternehmen. Und das nicht nur positiv. So wird Unternehmen mehr und mehr geraten, die Social-Network-Komponente in ihrer internen und externen Kommunikation nicht außer Acht zu lassen. Denn schließlich ist es für den Kunden durch soziale Netzwerke viel einfacher als früher geworden, die Marke des Unternehmens zu diskutieren und dabei maßgeblich zu verändern, positiv oder auch negativ. Bei Facebook ist es zwar auch noch wichtig, wie viele einen mögen, es ist aber noch wichtiger, wie viele über einen reden. Das wusste schon Oscar Wilde: »Es ist besser, dass über einen geredet wird, als dass nicht über einen geredet wird.«

Das häufig gehörte Argument »Wir sind bewusst nicht auf Facebook« ist dagegen leider keine Verteidigung. Denn es hält die Blogger und die Facebook-Community nicht davon ab, weiter und häufig auch negativ über das Unternehmen und die Marke zu kommunizieren, ohne dass das Unternehmen daran irgendetwas ändern könnte.

Den jüngsten »Shitstorm«[9], den zum Beispiel E.ON wegen seiner fragwürdigen »E wie einfach«-Werbung auf diversen Blogs über sich ergehen lassen musste und den wir uns gleich anschauen, ist ein Beispiel dafür. Wenn Sie nicht kommunizieren, dann machen es halt andere. Facebook-Abstinenz hilft einem Unternehmen daher leider nicht, andere, die auf Facebook sind, davon abzuhalten, das zu sagen, was sie sagen wollen. Die Augen zu schließen, wenn man nicht gesehen werden will, hat schon in der Kindheit nicht funktioniert – und bei Facebook und in der Social-Network-Kommunikation funktioniert es erst recht nicht. 600 000 Suchanfragen gibt es bei Google pro Minute, Facebook hat bald eine Milliarde Nutzer. Die Informationsmenge ist schier unendlich, die Aufmerksamkeitsspanne der Menschen nur noch ein Bruchteil von Sekunden. Unternehmen müssen dafür sorgen, dass ihre Story bei Nutzern der Social Networks hängen bleibt, nicht aber die Story, die Blogger oder Aktivisten über sie kommunizieren. Sie müssen sich nicht nur im Wettbewerb differenzieren, ihre Marke und ihre Story muss auch stark genug sein, um im Widerstreit mit der Social Network Community nicht verwässert zu werden, ohne die Fans des Unternehmens, die es ja auch zahlreich auf Facebook gibt, vom Mitgestalten der Marke abzuhalten.

Schaut man sich allerdings einige misslungene Werbekampagnen an, kann man sich schon fragen, ob es nicht das primäre Ziel einiger Werbeverantwortlicher sei, für die Social-Network-Gemeinschaft eine willkommene Steilvorlage für einen Angriff zu bieten.

---

9 Ein »Shitstorm« ist eine Ansammlung von negativen Kommentaren über ein Unternehmen, die von verärgerten Kunden in sozialen Netzwerken abgegeben werden und sich teilweise mit viraler Geschwindigkeit verbreiten.

Wenn der erste Eindruck nach hinten losgeht – Shitstorms und Imagedesaster

E wie ›Extrem missglückt‹

Der zu E.ON gehörende Billigstromanbieter »E wie Einfach« schaltete zu Beginn des Jahres 2012 eine Werbung, in der eine Frau sich schlaflos im Bett hin- und herwirft, während ihr Mann tief schläft. Das Ganze ist in einem eigenartigen Blauton gehalten, wie man ihn aus Horrorfilmen kennt und bei dem man glaubt, dass gleich Leatherface mit seiner Kettensäge um die Ecke kommt. Der kommt zwar nicht, aber die Frau kann trotzdem nicht einschlafen. Schließlich weckt sie ihren Mann und fragt ihn nach einem Rat. Er beugt sich zärtlich über sie – und gibt ihr eine Kopfnuss. Die Frau schläft. Oder ist bewusstlos. Und der Mann kann auch wieder schlafen. »Ist doch ganz einfach«, kommentiert die Stimme aus dem Off.[10]

Nachdem die Werbung »live« ging, brach ein Shitstorm aus, bei dem viele entrüstete Kunden ankündigten, ihren Anschluss zu kündigen, und viele hofften, dass die Kampagne dem Unternehmen »hoffentlich gewaltig schaden würde«.

Dass man diese Werbung als gewaltverherrlichend, machomäßig und frauenverachtend hinstellen kann, sollte jedem halbwegs normalen Menschen – mit Ausnahme der Werbezuständigen für diesen Spot – sofort einleuchten. Was mich allerdings an dieser Story am meisten wundert, ist die Assoziation des Ausschaltens in Verbindung mit einem Stromanbieter. Woran würde man bei einem K.o. wie in dieser Werbung als Erstes denken? An eine Lampe, die angeht, oder an eine Lampe, die ausgeht? Abgesehen davon, dass diese Werbung alles tut, um ein immer größer werdendes Kundensegment, nämlich die Frauen, zu vergraulen, ist das Dümmste an diesem Spot die Verbindung, die man sofort zwischen *Knock-out* und *Black-out* ziehen kann. Und das deutsche Wort für Black-out ist: Stromausfall. Den hatten die Erfinder dieser Werbung, wie es aussieht, auch.

---

10 http://www.youtube.com/watch?v=Za97fXI9eiM

Vom Kranich zum Pechvogel

Auch die Lufthansa trat zielsicher in diverse Fettnäpfchen. Allein schon wer die neue »Nonstop You«-Werbung sieht, mag sich wundern, wie die Airline dort mit Selbstverständlichkeiten Werbung macht, die bei anderen Airlines schon längst gang und gäbe sind: zum Beispiel dass man im Taxi einchecken kann und dass man in der Business Class jetzt – trara!!! – seinen Sitz in ein flaches Bett verwandeln kann. Dabei war die Lufthansa eine der letzten Airlines, die solche Sitze in der Business Class schwerfällig und widerwillig einführte, nachdem man als Passagier in der Economy Class, die von Jahr zu Jahr enger wird, froh sein muss, wenn man nicht an einer Thrombose zu Tode kommt. Zudem geschah die überfällige Aufrüstung auch nur, da Fluglinien wie Emirates und Singapore Airlines, die solche Sitze schon seit geraumer Zeit hatten, dem Kranich immer mehr Kunden abspenstig gemacht haben.[11]

Schon deswegen lässt Lufthansa den Eindruck entstehen, noch in der Vergangenheit hängen geblieben zu sein. Doch was diesen Eindruck noch verfestigte, war eine Kampagne für eine Partnerkarte, die ebenfalls einen »Shitstorm« im Internet auslöste.

Dabei bekamen die männlichen Inhaber einer Miles-and-More-Kreditkarte einen fingierten Brief von ihrer Frau (siehe Abbildung 6). Darin bittet besagte Frau ihren »lieben Schatz« um eine Partnerkarte. Unterschrieben wird der Brief reichlich nichtssagend von »deine special woman«, was schon einmal nach Escort-Service klingt. Und dass man sich an Anglizismen ohnehin die Finger verbrennen kann, ist bei den Werbeverantwortlichen der Lufthansa offenbar noch nicht angekommen. Beispiele gibt es genügend: das Motto der Drogeriekette Douglas »Come in and find out« übersetzten die meisten Befragten mit »Kommen Sie rein und finden Sie raus«, was die Kunden offenbar wörtlich nahmen. Das »Powered by Emotion« von SAT1

---

11 Der Fairness halber gegenüber Lufthansa muss auch erwähnt werden, dass Fluglinien wie Emirates in Steuerparadiesen beheimatet sind, kaum Rohstoffkosten haben, da dort Öl günstiger als Wasser ist, und von ihren Regierungen gehätschelt werden, während der deutsche Staat alles versucht, um mit Luftverkehrsabgabe und immer neuen Kosten möglichst alle deutschen Fluglinien abzuschaffen.

wurde von den meisten Befragten mit dem Dritte-Reich-Motto »Kraft durch Freude« übersetzt.

Unsere Dame im Lufthansa-Spot nutzt also auch Anglizismen und bettelt bei ihrem Schatz um eine dieser Partnerkarten, weil diese »tolle Überraschungsaktionen« biete und die Frau dann auch auf wichtige Events eingeladen wird. Der Subtext ist: Nur der Mann ist wichtig, die Frau würde allein niemals auf solche Events eingeladen werden, und wenn, dann nur als »Begleitblondchen« ihres viel wichtigeren Gatten. Und die Klammer, die das Ganze umschließt, ist: Eine Frau muss um eine Partnerkreditkarte betteln, da sie selber gar nicht erst eine Kreditkarte hat oder bekommt. Warum auch? Der Mann zahlt ja schließlich alles. Die Frau bettelt im Brief unterdessen weiter nach der Karte, da diese auch ein Abonnement einer Frauenzeitschrift bietet. »Du weißt doch, wie gerne ich in solchen Magazinen stöbere.« Klar, dass Dummchen Frau nur Modezeitschriften liest und für ein solches Abo auch noch ihren Mann um Erlaubnis bitten muss. Und auch klar, dass die Frau allein so wenig verdient, dass sie nicht einmal die 80 Euro für ein Jahresabo der *Vogue* übrig hat. Wobei jeder, der die *Vogue* kennt und den Film *Der Teufel trägt Prada* gesehen hat, weiß, dass in der *Vogue* nur die teuersten Prêt-à-porter-Kleider zu sehen sind, von denen sich Blondchen mit dem kargen Haushaltsgeld, das sie von ihrem 50er Jahre Gatten bekommt, nicht einmal eines in drei Jahren leisten könnte.

Selbstverständlich ist der Brief mit der Hand geschrieben – die Frau hat natürlich keinen Computer, Laptop oder Drucker, wie auch, sie hat ja auch keine Kreditkarte, um sich einen zu kaufen. Und mit devotem Unterton muss sie ihren Partner bitten, doch mit ihm Meilen mitsammeln zu dürfen, so wie der Außenseiter damals die coolen Typen auf dem Spielplatz fragen musste, ob er mitspielen darf.

Die Briefe gingen von der Lufthansa an die Kunden. Nur die männlichen Kunden. Und dann knallte es gewaltig.[12] Der Lufthansa wurde in zahlreichen Blogs ein Frauenbild der 50er Jahre vorgeworfen, eine klassische Story, in der der Mann erfolgreich ist, seine Sekretärin heiratet und als Einziger das Geld verdient. Dass heute die meisten Frauen eine eigene Kreditkarte haben, bevor sie irgendeinen

12 http://www.focus.de/digital/internet/shitstorm-auf-face-
book-und-twitter-aufstand-gegen-lufthansa-wegen-sexisti-
scher-werbung_aid_771420.html

Mann kennenlernen, wird ausgeblendet, ebenso die Tatsache, dass mittlerweile mehr Frauen als Männer ihr Studium abschließen. Wer mit erfolgreichen Frauen spricht oder sich Beziehungsstatistiken anschaut, sieht, dass deren Problem eher ist, einen passenden Mann kennenzulernen, der mit ihnen gleichziehen kann und nicht arbeitslos ist. Schulstatistiken zeigen, dass gerade Frauen sich in der Schule anstrengen, während Jungs sich Onlinepornos anschauen oder Medal of Honor spielen, dann durch die Prüfungen rasseln, die Schule abbrechen, auf die schiefe Bahn geraten und im Gefängnis landen. Wer also könnte, demografisch gesehen, das neue Kundensegment sein, dass sich Lufthansa-Flüge leisten kann und daher auch Kreditkarten braucht? Eigene Karten, keine Partnerkarten? Erraten, die Frauen!

Die Lufthansa fabriziert mit dieser Kampagne nicht nur eine saublöde 50er Jahre Story, sie verprellt sich auch noch ihre besten und zahlungskräftigsten künftigen Kunden. Da muss man sich doch fragen, ob die einst so stolze Airline vor dem Hintergrund all ihrer Spar- und Restrukturierungsprogramme nicht schon genug Probleme hätte, als dass sie sich mit hohem Werbebudget noch weitere Probleme schaffen muss.

Nachtrag: Trotz Shitstorm scheint die Lufthansa nicht lernfähig zu sein. Zum Zeitpunkt des Schreibens dieses Buches, im April 2013, gibt es eine Lufthansa-Werbung mit einem Kind, das mit einem Eis am Strand herumläuft. Überschrift: *Sonne für Mama, Sparen für Papa, Stracciatella für mich.* Auch hier ist die Botschaft klar: Dummchen Mama liegt nur in der Sonne, während der hart (und allein) arbeitende Papa den Urlaub bezahlt und froh ist, dass er sparen kann. Wie er das mit der teuren Lufthansa macht, wo doch Ryanair & Co. alle billiger sind, ist wohl nicht nur mir ein Rätsel. Das heißt übrigens nicht, dass ich gegen die Rolle der traditionellen Familie bin. Die Werbung zeigt nur eine Rollenverteilung zwischen Mann und Frau, die es entweder nicht mehr gibt oder die derzeit sehr stark in der Auflösung begriffen ist. Was diese Werbung entweder unglaubhaft oder naiv erscheinen lässt. Und möchte man sich Leuten anvertrauen, die man für naiv hält; im Besonderen, wenn sie ein Flugzeug steuern?

Mehrere Eltern und Kindergärtnerinnen erzählten mir übrigens, dass Kinder meistens kein Stracciatella-Eis mögen, da es zu bitter ist. Aber vielleicht hat das legendäre Urlaubsland, das nur die Lufthansa

Lieber Schatz,

das Gefühl, das Wichtigste in deinem Leben zu sein, ist für mich wunderschön. Uns verbinden so viele unvergessliche Augenblicke. Dabei hast du immer wieder ein gutes Gespür dafür, wie du mir eine Freude machen kannst.

Nun habe ich eine kleine Bitte: Es gibt eine Woman's Special Partnerkarte zu deiner Miles & More Kreditkarte, die echte Vorteile bietet. Ich werde damit sogar auf exklusive Events eingeladen und nehme an tollen Überraschungsaktionen teil.

Und das Beste: Ich bekomme ein 2-Jahres-Zeitschriftenabo der VOGUE, myself oder Architectural Digest geschenkt! Du weißt doch, wie gerne ich in solchen Magazinen stöbere ...

Selbstverständlich möchte ich mit meiner Kreditkarte auch Meilen sammeln, so wie du, die wir dann gemeinsam in eine schöne Reise – vielleicht nach Paris – einlösen!

Ich würde mich unheimlich freuen, wenn du diese Partnerkarte für mich beantragst: www.womans-card.de

Tausend Dank

Deine Special Woman

Abbildung 6: »Schenkst du mir eine Partnerkarte?«
Quelle: http://www.focus.de/digital/internet/shitstorm-auf-facebook-und-twitter-aufstand-gegen-lufthansa-wegen-sexistischer-werbung_aid_771420.html

anfliegt und wo man Sonne, Sparen und Eis bekommt, eine spezielle Stracciatella-Sorte, die auch Kindern schmeckt. Wenn man zum Eisessen in den Urlaub fliegen muss, wie es diese Vorzeigefamilie wohl tut, dann muss es wohl am Eis liegen. Und an der Fluggesellschaft natürlich.

Je alberner die Werbung, desto eher gibt es Nachahmer, die man sich nicht wünscht. So wie die Greenpeace-Persiflage zu Lufthansa à la »Langes Wochenende. Kurz das Klima killen. Einfach so« den nervigen Lufthansa-Werbe-Dreiklang aufnimmt. Man beachte dort auch die Umwandlung des Claims »Nonstop You« in »Nonstop CO_2«.

Die Magie des Anfangs

»Jedem Anfang wohnt ein Zauber inne«, schreibt Hermann Hesse in seinem berühmten Gedicht *Stufen*. Dieser Zauber will sich bei einigen Beispielen nicht so recht einstellen und wird eher zum Schauder. Wir haben gesehen, wie man es nicht machen sollte und wie man einen ersten Eindruck gehörig zerstören kann. Schauen wir uns jetzt an, wie man es machen könnte.

»Ich bin das A und das O, spricht Gott der Herr«, lesen wir in der Offenbarung, dem letzten Kapitel des neuen Testaments.[13] Alpha und Omega sind im griechischen Alphabet die ersten und letzten Buchstaben. Und wenn A und O von höchster Stelle so prominent benannt werden, muss etwas dran sein. Fangen wir an mit dem Anfang, denn wenn Sie Ihre Idee und Ihre Story nicht mit einem guten Aufhänger zu Beginn versehen, werden Ihre Zuhörer kaum mit der Zeit aufmerksamer werden, wenn sie schon zu Beginn gelangweilt sind.

KISS, so sagt man im angelsächsischen Raum, »keep it simple and stupid«. Denn Zeit ist eine Ressource, die immer kostbarer wird. Möchte man also seine Botschaft an den Empfänger bringen, sollte man sich dafür nicht allzu viel Zeit lassen.

Dies gilt nicht nur für ein »punchy intro« in Ihrer PowerPoint-Präsentation, sondern auch in Ihrer Argumentation allgemein: Gerade die Kommunikation zu Beginn ist am wichtigsten. 70 Prozent des In-

---

[13] Offenbarung, 1,8

halts einer Präsentation zum Beispiel werden in den ersten 10 Minuten abgespeichert, nur 20 Prozent in den letzten 10 Minuten. Das heißt 100 Prozent wird ohnehin meist nicht aufgenommen, nur zu Beginn ist das Aufmerksamkeitsniveau noch um einiges stärker. Das »A« ist also um einiges wichtiger als das »O« und wir werden uns daher auch in diesem Kapitel verstärkt mit der »Magie des Anfangs« befassen.

Zudem ist nicht nur aller Anfang schwer. Oft ist auch der Rezipient Ihrer Story gegenüber erst einmal negativ eingestellt, weil das, was Sie wollen, damit zu tun haben kann, dass es ihn erst einmal Geld oder Zeit oder beides kostet. Sie kennen das sicher auch: Wenn Sie eine Idee haben, müssen Sie sich dafür erst einmal Gehör verschaffen. Und wann immer das passiert, werden Sie aus tausenden Kehlen den Chor hören, warum denn genau diese Idee mit Sicherheit nicht funktionieren wird – als jemand, der sich irgendwann entschloss, einen Thriller zu schreiben und diesen auch erfolgreich zu veröffentlichen, kann ich davon ein Lied singen. Interessanterweise halten es viele Leute für besser, gar nichts zu machen, anstatt selbst zu handeln und dann neidisch zu sein, wenn jemand anderes mit seiner Idee Erfolg hatte. So sind Innovatoren zwar in Sonntagsreden gerne zitiert, in der Wirklichkeit aber ungern gesehen, da sie den etablierten Mief gehörig durcheinanderwirbeln und mit eisigem Wind durchlüften. Sprüche, die Ideengeber ausbremsen sollen, gibt es zahlreich: »Alles, was erfunden werden kann, wurde erfunden«, wusste das US-Patentamt bereits im 19. Jahrhundert zu vermelden. Ebenso wurde das Auto von Kaiser Wilhelm als Modeerscheinung gesehen, das bald wieder abgelöst werde. »Das Auto ist eine Nebenerscheinung. Das Pferd wird Transportmittel bleiben«, so der alte Kaiser. Henry Ford hingegen wusste schon, dass Innovationen immer aus der Peripherie kommen und nicht aus dem etablierten Mief: »Hätte ich gemacht, was die Leute wollen, hätte ich ein schnelleres Pferd gebaut«, so Ford. Und der Volksmund weiß auch, dass irgendjemand das Wasser entdeckt haben muss. »Es war nur mit Sicherheit kein Fisch.«

Elevator Pitch

Der Mensch ist ein Gewohnheitstier, der das Bekannte mag und das Neue und Unbekannte meidet. Wenn Sie Ihre Idee also unterbringen wollen, müssen Sie oft mit bestimmten Leuten, wir nennen sie einmal »Torhüter«, verhandeln und diese in kurzer Zeit von Ihrem Projekt überzeugen. Das sind Menschen, die dem Projekt erst einmal skeptisch gegenüberstehen. Da muss der erste Schlag sitzen. »Der Wurm muss dem Fisch schmecken, nicht dem Angler«, ist ein altes Sprichwort. Aber wer kauft die Würmer? Der Angler und nicht der Fisch. Also müssen Sie auch an den Angler denken und sich ständig vor Augen führen, dass je wichtiger eine Person ist, desto größer die Wahrscheinlichkeit, dass diese Person Tausende von Vorschlägen pro Woche zu hören bekommt. »You never get a second chance to change a first impression«, sagt man im Management. Eine besonders beliebte Interviewaufgabe bei Unternehmensberatungen ist, wie man einem Vorstandsvorsitzenden ein Projekt beschreiben würde, das man gerade leitet, wenn man ihn zufällig im Fahrstuhl trifft (Elevator Pitch). Und das Potenzial ist immens: Otis, der weltweit führende Hersteller von Aufzügen, schätzt, dass Fahrstühle alle 72 Stunden das Äquivalent von 28 Prozent der Weltbevölkerung tragen. Das sind fast 3 Milliarden Menschen, die alle 72 Stunden transportiert werden.[14] Da fährt also einiges an potenziellen Gesprächspartnern herum.

Was allerdings im Fahrstuhl gelten soll, gilt bei der Unternehmenskommunikation noch lange nicht. Oft ist nicht nur der erste Satz einer Imagebroschüre oder eines Mission Statements derart langweilig, austauschbar und nichtssagend, dass man diese Machwerke getrost als nicht-verschreibungspflichtige Schlafmittel bezeichnen kann, sondern auch viele sogenannte Elevator Pitches sind völlig beliebig und austauschbar.

Nun haben wir einige erfolgreiche und weniger erfolgreiche Werbebotschaften gesehen, die mit teilweise hohen Budgets lanciert wurden. Doch auch die Kernaussage der Werbung reduziert sich meistens auf einen oder mehrere Sätze. Und an diesem »Killer Claim« beißen sich Werber seit Jahrzehnten die Zähne aus.

---

14 Faust: *Pitch Yourself*, S. 23

Der verflixte erste Satz

Wie kann man es machen? Papst Johannes Paul II. wurde einmal gefragt, ob er in einem Satz sagen könne, was die Kirche sei. In Anbetracht der 2000-jährigen Geschichte des Christentums und der sicherlich Millionen von Bänden umfassenden Literatur über diese Institution, scheint es fast unmöglich, so etwas Riesiges und Altes in einem einzigen Satz zusammenzufassen. Die Tendenz der Kirche zur Komplexität haben wir ja auch schon kennengelernt. Johannes Paul II. brauchte allerdings nur ein Wort: *Erlösung*.

Je nachdem, an welchen Gott man glaubt oder ob man überhaupt glaubt, kann man hier zustimmen oder widersprechen, doch eines muss man dem früheren »Eiligen Vater« und Medienpapst lassen: Eindeutiger, knapper und dennoch umfassender kann man eine Value Proposition nicht formulieren.

Eine der traurigsten Kurzgeschichten hat nur drei Wörter und kommt angeblich von Hemingway:

Babykleidung zu verkaufen. Nie getragen ...

Sie werden mir zustimmen, dass diese paar Worte mehr Tragik und Dramatik haben als so mancher 800-Seiten-Roman oder Drei-Stunden-Kinofilm.

Sie können natürlich auch Bilder benutzen, wenn Sie etwas deutlich machen wollen. Um zu zeigen, dass Papierherstellung nicht immer nachhaltig ist und dabei viel Wasser verbraucht wird, können Sie ein DIN-A4-Blatt hochhalten. Und daneben einen 10-Liter-Eimer Wasser; denn genau so viel Wasser wird für ein DIN-A4-Blatt verbraucht. Kurt Beck verglich die politische Parteienlandschaft mit Äpfeln und kam, wenig überraschend, zu dem Schluss, dass rote Äpfel, die ja der Farbe seiner SPD entsprächen, am besten schmecken würden. Gelbe Äpfel seien mehlig, grüne unreif und schwarze ungenießbar. Das mag man politisch anders sehen, aber die Greifbarkeit und Relevanz dieser Metapher bleibt viel stärker hängen als lange, politische Monologe über Fokuswähler, Wahlprogramme und parteiliche Differenzen.

Doch gehen wir einmal davon aus, dass Sie nur Wörter zur Verfügung haben und mit wenigen Sätzen Ihren Pitch auf den Weg zum

Betrachter oder Hörer bringen müssen. Was liegt also näher, als sich die Meister dieses Fachs einmal anzuschauen:

>>Leonardo Vitra roch brennendes Fleisch.<<

Dies ist der Anfang eines weltbekannten Bestsellers. Und während man sich zu diesem Zeitpunkt noch fragen kann, ob besagter Signor Vitra vielleicht auf einer Grillparty ist, klärt der zweite Satz alles auf und macht mehr als deutlich, dass auf den Leser jetzt harte Kost zukommt:

>>Sein eigenes.<<[15]

Wenn Sie den Anfang von Dan Browns *Illumnati*, denn darum handelt es sich hier, einmal mit den ersten Sätzen von typischen Unternehmensberichten oder dem ersten Slide einer PowerPoint-Präsentation vergleichen, dann fällt Ihnen sicher auf, dass nicht nur die gesamte Story von Dan Brown mehr fesselt als der besagte Unternehmensbericht, sondern dass es Dan Brown gelingt, schon mit den ersten zwei Sätzen, die nur aus sieben Wörtern bestehen, gleich zu Beginn das gesamte Genre und den gesamten >>Härtegrad<< des Buches zu definieren. Der Leser weiß ab dann, was ihm geboten wird. Er will mehr. Er will weiterlesen, er will wissen, was mit Leonardo Vitra passiert und wenn kein Wunder geschieht, hat ihr Unternehmensreport, den der Leser auch lesen sollte, um vielleicht Ihre Produkte zu ordern oder Ihre Aktien zu kaufen, dabei sehr schlechte Karten. Oder mit anderen Worten: Dan Brown hat sich gegenüber dem Wettbewerb hervorragend positioniert und differenziert.[16]

>>Soll ich nun genauso wie Dan Brown schreiben? Das kann man doch nicht vergleichen!<<, fragen Sie jetzt sicher. >>Wir sind doch ein seriöses Unternehmen.<<

Antwort 1: >>Nein. Schon aus dem Grund, weil Sie es wahrscheinlich gar nicht können, denn wenn es leicht wäre, Millionenbestseller zu schreiben, würde niemand mehr in der Kanalisation arbeiten. Aber: Es ist auch nicht unmöglich. Und Sie sollen auch keinen zweiten Dan Brown schreiben, Sie sollen nur lernen, sich und Ihr Unternehmen ein wenig dynamischer und einzigartiger darzustellen.<<

15 Quelle: *Illuminati*, S. 5
16 siehe auch: Etzold, *Manager Magazin*: >>Geschäftsberichte mit Spannung aufladen<<, http://www.manager-magazin.de/unternehmen/artikel/0,2828,815761,00.html

Antwort 2: »Natürlich sind Sie seriös. Wenn der Kunde bei Ihnen den Eindruck hat, er hätte es mit fabulierenden Spinnern zu tun, wird er Ihre Produkte auch nicht kaufen. Also, seriös sollten Sie bleiben. Aber etwas weniger langweilig könnten Sie werden. Denn beides muss sich nicht ausschließen.«

»Am Anfang schuf Gott Himmel und Erde«, ist der Beginn des Alten Testaments. Und das ist ja einmal eine klare Ansage![17]

Auf sehr martialische und grausame Weise beginnt das Epos *Ilias* und mit diesem Werk, das vor 3000 Jahren irgendwo in den Felsenlandschaften der anatolischen Küste entstand. Die *Ilias* ist das erste Epos des griechischen Dichters Homer, der mit der *Odyssee* noch einmal nachlegte. Es geht aber nicht gerade friedlich zur Sache bei der Belagerung von Troja, von der die *Ilias* handelt, und das wird vom großen Meister auch gleich in den ersten Sätzen deutlich gemacht:

Singe, Göttin, den Zorn des Peleiaden Achilleus,
Der zum Verhängnis unendliches Leid schuf den Archaiern
Und die Seelen so vieler gewaltiger Helden zum Hades sandte,
Aber sie selbst zum Raub den Hunden gewährte
Und den Vögeln zum Fraß ...[18]

Zurück von den Klassikern zu den zwei ersten Sätzen, die vieles versprechen und vieles offenlassen. Simon Beckett macht dies in *Kalte Asche* ähnlich. Zwei Sätze, der erste noch harmlos, der zweite mit klarer Kante.

»Mit der richtigen Temperatur brennt alles.«

So weit, so richtig.
Und dann:

»Holz, Kleidung, Menschen.«[19]

Verstanden, Mr. Beckett, wir haben es hier also nicht mit einem Sachbuch über Müllverbrennungsanlagen zu tun.

Ein erster Satz kann auch eine bestimmte Atmosphäre einfangen, die stilprägend für das gesamte Buch ist:

17 Genesis, 1,1
18 Homer: *Ilias*, übersetzt von Hans Rupé, München, 1997,
S. 55
19 Quelle: Beckett: *Kalte Asche*

»Die Abteilung für Verhaltensforschung, die beim FBI für Serien-
morde zuständig ist, befindet sich halb unter der Erde, im un-
tersten Geschoss der Academy in Quantico.«[20]

Das lesen wir in Thomas Harris' *Schweigen der Lämmer.*

Passend zum Täterkreis ist das Gebäude halb in der Erde vergra-
ben wie ein Sarg und ähnlich düster sind die Themen, mit denen sich
diese Institution befasst.

Cody McFadyen's Thriller *Die Blutlinie* beginnt mit folgenden Worten:

»Ich habe einen meiner Träume. Insgesamt sind es nur drei;
zwei sind wunderschön, der dritte ist voller Gewalt. Alle drei lassen mich zitternd allein zurück.«[21]

Und wie kombiniert man die menschliche Existenz mit dem Drama
des Todes, natürlich wieder nur in zwei Sätzen? Cody MacFadyen
macht es in *Das Böse in uns* mit Bravour vor.

»Das Sterben ist eine einsame Sache.«

Es hätte wohl niemand etwas anderes gedacht. Dass aber auch bei
Cody McFadyen, trotz aller Gewalt und Schrecken, die philosophische Reflektion nicht zu kurz kommt, beweist sofort der zweite Satz
des Buches:

»Das Leben aber auch.«

Unabhängig davon, ob solche Bücher jetzt Ihr bevorzugtes Genre
sind – und ich werde im weiteren Verlauf noch erklären, warum ich
gerade Beispiele aus der Rubrik »Thriller« genommen habe –, haben
Sie möglicherweise solche Sätze schon öfter gelesen und fanden sie
dann auch spannend. Die Sätze haben Sie bewogen, mit Begeisterung weiterzulesen, eine Begeisterung, die sich bei den Präsentationen Ihres Unternehmens oder den Management Reports nicht so
recht einstellen will. Warum auch? Der erste Satz des Halbjahresbe-
richts 2011 der Commerzbank lautet:

20 Thomas Harris: *Das Schweigen der Lämmer*, München,
    1988, S. 7
21 Cody McFadyen: *Die Blutlinie*, S. 11

»Das erste Halbjahr 2011 war von unterschiedlichsten Entwicklungen geprägt.«

Ach, gut dass Sie das sagen. Wir dachten schon, es wäre auch 2011 jeden Tag überall auf der Welt genau das Gleiche passiert, so wie 2010.

Die Deutsche Bank sagt in etwa dasselbe, bringt aber immerhin ein klein wenig Dramatik hinein:

»Im zweiten Quartal wurden die wirtschaftlichen Rahmenbedingungen schwieriger.«

Das klingt allerdings auch so, als würde Simon Beckett im ersten Satz schreiben: »Ab der zweiten Hälfte des Buches wird das Buch noch etwas grausiger.« Spannung und Drama garantiert. Oder eher nicht.

Dass man allerdings auch über scheinbar trockene Dinge wie Banken sehr grafisch und eindrucksvoll schreiben kann, beweist das Lex-Column der britischen *Financial Times*, dessen Autor offenbar bei H. P. Lovecraft in die Lehre gegangen ist. So lasen wir zu Beginn des Jahres 2009:

»The ghost of Dresdner Bank has reached out in Germany from beyond the grave, almost dragging its buyer Commerzbank into the afterlife with it. Instead it has thrust Commerzbank into the chill embrace of Angela Merkel's government.«

Wer denkt hier nicht an Gothic Horror? Doch der Autor bietet noch etwas mehr »Financial Gothic«:

»Commerzbank's recapitalisation, or rather that of the rotting corpse of Dresdner within it, adds to the recent stream of dire economic German news.«

Die Dresdner Bank als »verwesende Leiche« zu bezeichnen ist nicht nett, und ob es richtig ist, können die Wirtschaftsprüfer und Beraterheerscharen, die die Integration begleitet haben, besser beurteilen. Einprägsam ist es allemal.

Mission Impossible – Mission und Vision Statement

»Wer Visionen hat, sollte zum Arzt gehen«, sagte Altkanzler Helmut Schmidt. John Rock von General Motors fasst die Entstehung eines Mission Statements so zusammen:

> »Ein paar Leute nehmen ihre Krawatten ab, gehen für drei Tage in einen Hotel-Konferenzraum, schreiben ein paar Worte auf ein Blatt Papier und machen dann ihre Arbeit genauso wie vorher weiter.«[22]

Aber was ist eigentlich eine Mission? Die *Mission* stellt klar, warum man existiert, und kommt von dem lateinischen *mittere,* was so viel wie schicken, werfen und gehen lassen bedeutet. Auch das Wort »Messe« in »Heilige Messe« kommt daher. Am Ende des Gottesdienstes sagt der Priester auf Lateinisch *Ita missae est – Geht, Ihr seid ausgesandt.* Was wieder einmal zeigt, dass man von der katholischen Kirche als größter und ältester Vertriebsorganisation der Welt einiges lernen kann.

Bei Unternehmen ist die Mission ein Leitbild und damit eine schriftliche Erklärung einer Organisation über ihr Selbstverständnis und ihre Grundprinzipien. Nach innen soll ein Leitbild Orientierung geben und somit motivierend für die Organisation als Ganzes und die einzelnen Mitglieder wirken. Nach außen, zur Öffentlichkeit, den Kunden und Aktionären soll es deutlich machen, wofür eine Organisation steht. So sagt es die Web-Plattform Wikipedia.[23]

Die *Vision* hingegen zeigt, wo man hin will, und leitet sich vom lateinischen *visio* ab, was so viel wie Anblick oder Erscheinung heißt. Die Vision zeigt, wie das Unternehmen gerne sein will, und ist daher meist auf die Zukunft bezogen.

Wenn man als Unternehmen also weiß, was einen differenziert, dann sollte es ja nicht so schwierig sein, diese Information und dieses Alleinstellungsmerkmal in ein Mission Statement zu gießen. Für die Unternehmen scheint das aber schwieriger zu sein als man denken sollte.

---

[22] General Manager John Rock, GM Oldsmobile Division
über Mission Statements nach Trout, *The Power of Simplicity,* S. 85
[23] http://de.wikipedia.org/wiki/Unternehmensleitbild

Wer den Begriff »Volvo« hört, denkt heute nach wie vor an Sicherheit. Ist Sicherheit fürs Fahren wichtig? Oder anders gefragt: Möchten Sie nach einem Unfall gerne unverletzt sein, auch wenn das Fahrzeug nur noch Schrott ist, oder möchten Sie gerne als querschnittsgelähmte Mischung aus Autoarmaturen und Fleisch aufwachen? Nein?

Okay, Sicherheit ist für Autos und deren Fahrer ein wichtiges Kriterium. Wenn man diesen (guten) Ruf hat, sollte man ihn nutzen. Macht Volvo das? Natürlich nicht.

Das Mission Statement klingt so:

By creating value for our customers, we create value for our share holders.

Aha. Indem wir Wert für die Kunden schaffen, schaffen wir Wert für die Aktionäre. Schaffen wir Wert durch Sicherheit für die Kunden? Davon ist kein Sterbenswort zu hören.

We use our expertise to create transport-related products and services of superior quality, safety and environmental care for demanding customers in selected segments.
We work with energy, passion and respect for the individual.[24]

Spezifiziert wird das auch nicht mehr. Es ist von »transport related products« die Rede, was von der Schubkarre bis zum Flugzeug so ziemlich alles sein kann und dann – ganz klein – kurz von »Sicherheit« (»safety«). Abgeschlossen wird das Ganze mit dem üblichen Motivations-Kauderwelsch aus Energie, Leidenschaft, Respekt etc.

Gut funktioniert hat das offenbar nicht. Nachdem Volvo lange Zeit unter den Fittichen von Ford war und in der Wirtschaftskrise 2008 und 2009 arg gebeutelt wurde, wurde das Unternehmen 2010 an den chinesischen Autohersteller Geely verkauft.[25]

Wie kommt es also, dass Mission Statements oft so nichtssagend sind und alles dafür tun, um das Alleinstellungsmerkmal des Unternehmens zu verschweigen? Vielleicht liegt es daran, dass normalerweise eher betriebsblinde Manager so ein Statement erfinden und der Kunde, um den es ja geht, von dem ganzen Prozess so weit fern-

24 http://www3.volvo.com/investors/fin-rep/ar00/eng/2000inbrief/the_volvo_group_s_m.html
25 http://www.faz.net/aktuell/ wirtschaft/unternehmen/geely-unter schreibt-volvo-kaufvertrag-fuer-volvo-soll-china-zweiter-heimat markt-werden-1953079.html

gehalten wird wie der Teufel vom Weihwasser. Oder das Ganze wird gleich von Corporate Communications in die Hand genommen, die gemeinhin nicht für die Öffentlichkeit und schon gar nicht für den Kunden kommunizieren, sondern nur für den CEO. Der Kunde bezahlt zwar am Ende alles, aber der CEO bezahlt Corporate Communications oder jedenfalls kommt das so in dieser Abteilung an.

Normalerweise geschieht das Aufsetzen eines Mission Statements in vier Phasen:[26]

- **Phase 1:** Wir definieren die Zukunft. Was man nicht kann. Denn wir haben keine Kristallkugel. Und wenn wir die Zukunft unseres Unternehmens definieren wollen, müssen wir die unserer Wettbewerber gleich mit definieren, ansonsten ist die Gefahr groß, dass wir etwas anbieten, was es schon billiger oder besser (oder beides) gibt.
- **Phase 2:** Wir bilden eine »Mission Statement Taskforce«. Das heißt, wir reißen Leute, die in ihrem Bereich gut sind, aber im Erstellen von Statements nicht gut sind, aus ihrem Job und verplempern so die Zeit wertvoller Leute und damit das Geld des Unternehmens.
- **Phase 3:** Wir setzen uns in einem riesigen Team zusammen, jeder ist aufgefordert, etwas beizutragen, wir brainstormen und haben am Ende ein ewig langes Mission Statement, das jeden Teil des Unternehmens berücksichtigt, überhaupt nicht mehr trennscharf das Unternehmen differenziert und mit dem jeder ein bisschen, aber keiner ganz glücklich ist.
- **Phase 4:** Das finale Statement wird fünffarbig mit Hochglanz ausgedruckt und auf einem großen Firmenevent kommuniziert. Dann wird es an alle Wände gehängt, neben anderen Hinweisen wie den Öffnungszeiten der Kantine und dem Hinweis auf das Rauchverbot im Haus, damit die Mitarbeiter es ignorieren können.

Schauen wir uns einmal ein paar typische Mission Statements an:

At XY, we work to help people and businesses throughout the world to realize their full potential. This is our mission. Everything we do reflects this mission and the values that make it possible.

26 mehr dazu in Trout, *The Power of Simplicity*. S. 88

Wer könnte XY sein? So ziemlich jeder. Eine Beratung, eine Business School, eine Anwaltskanzlei oder eigentlich alles, was so herumspringt. Wer ist es?

Microsoft!

Womit ist Microsoft groß geworden? Mit Software. Wird Software irgendwo erwähnt? Nein!

Zweites Beispiel:

> We strive to be the acknowledged global leader and preferred partner in helping our clients succeed in the world's rapidly evolving financial markets.

Am Anfang steht reichlich pseudo-globales Management-Kauderwelsch mit »leader«, »global«, »preferred«. Dass es sich um die Finanzmärkte handelt, wird erst ganz am Ende des Satzes gesagt, wenn der Leser schon längst eingeschlafen ist. Würde jemand bei diesem Statement sofort an die »Bank of New York« denken? Wahrscheinlich nicht. Und dabei könnte man so schön mit dem Lokalkolorit von New York und ihrer Position als Finanzplatz Nummer eins arbeiten. Aber warum Einfachheit zulassen, wenn Komplexität so viel beeindruckender ist?

Es geht aber auch anders: Knapper und besser.

> To make people happy.

Wir wollen Menschen glücklich machen. Das behaupten alle Unternehmen, aber wer schon einmal 40 Minuten in einer Warteschleife eines Callcenters mit einem Sprachcomputer zu tun hatte, der weiß, dass den meisten Unternehmen nur das Gegenteil gelingt. Wirklich zutrauen würde man das nur wenigen Unternehmen. Hier ist es Disney. Und denen glaubt man es.

Im späteren Verlauf werden wir auch vom Helden und Schurken sprechen. Nachweislich sind Unternehmen besser, die ein klares Feindbild haben, also einen Wettbewerber, gegen den sie sich positionieren. So sagte Nike in den 6oer Jahren von sich:

> To crush Adidas.

Ähnlich verhält es sich mit der Softdrink-Brause 7up, die sich in den 7oer Jahren als »Un-Cola« bezeichnete. Coca Cola selbst nannte sich, in Abgrenzung zu ihrer Kopie Pepsi »The real thing«. Zu der Inszenierung eines Wettbewerbers als Schurken werden wir in Kapitel 5 noch detailliert kommen.

John F. Kennedy sprach, als er das Budget für die Mondlandung genehmigt haben wollte, nicht von den »Chancen interplanetarer Raumfahrt und den strategisch langfristigen Dimensionen dieser Investition«. Er sagte nicht: »Wir müssen uns dem strategischen Segment der Weltraumfahrt widmen und die Technologie und die Antriebsmechanismen entwickeln, die es uns erlauben, interplanetare Mobilität zu ermöglichen ...«

Er sagte einfach: »*Ich möchte einen Mann auf den Mond und sicher wieder zurückbringen.*«

Der Mann und der Mond. Das war seit der Renaissance ein beliebtes Bild. Und doch passten beide nicht zusammen. Denn der Mann oder Mensch war auf der Erde. Von dort aus sah er den Mond. Aber er war nicht dort. Und wenn er doch dort wäre? Dann müsste man in jedem Fall dafür sorgen, dass er auch zurückkommt. Darum auch der wichtige Nebensatz: »... und sicher wieder zurückbringen.«

Wohl in keiner anderen Branche ist es so wichtig, kurz und knapp zu kommunizieren, wie in der Filmbranche. Sogenannte »Movie Pitches« entscheiden darüber, ob Millionensummen für Filmproduktionen bewilligt werden, oder ob das Drehbuch im Mülleimer landet. Hunderte von Millionen werden teilweise aufgrund eines einzigen Satzes durchgewinkt. So bekam der Film *Speed* den Zuschlag, als man ihn als »*Stirb langsam im Bus*« pitchte.

Als Dan O'Bannon gemeinsam mit dem Regisseur Ridley Scott sein Skript für *Alien* an diverse Produzenten verkaufen wollte, wollte keiner so recht verstehen, was für einen Film denn genau Scott da drehen wollte. Ein böses und feindliches außerirdisches Wesen? Das kannte man nicht. Man kannte die Weltraum-Muppetshow à la Star Wars und man kannte die multikulti »Alle Aliens tolerieren einander«-Koalitionsvereinbarung von Star Trek. Aber richtig düstere und bösartige Wesen vom Schlage eines Aliens gab es in beiden Filmen nicht. O'Bannon redete daher auch nicht von einer »äußerst gefährlichen Kreatur, die allem Leben feindlich gegenübersteht«. Er sagte nicht: »Ein innovativer und unheimlicher Meilenstein des Science-Fiction-Genres, in dem eine nahezu unbesiegbare Kreatur ihr Unwesen treibt und ...« In einem genialen Moment, ebenfalls in einem Fahrstuhl, beschrieb er das Alien einfach als »*den weißen Hai im Weltraum*«.

Das saß. Und der Produzent biss an. Wohl kein Film hatte eine solche regelrechte Panik vor dem Meer ausgelöst und so viele Strandbars und Hotels in die Pleite getrieben wie Stephen Spielbergs Thriller *Der weiße Hai*. Das Ganze in den Weltraum zu verfrachten, wo man auch noch allein mit einem solchen Monstrum war, klang vielversprechend. Passend dazu war der Claim des Films dann auch: »Im Weltraum hört dich niemand schreien.«

Es ist wichtig, nutzlose Genauigkeit zu vermeiden und gerade durch Weglassen die Aufmerksamkeit und die Neugier zu steigern. Auch in meinem letzten Thriller *Final Cut* haben wir lange überlegt, wie solch ein Pitch für den Klappentext aussehen könnte. Heraus kam Folgendes:

Du hast 438 Freunde auf Facebook.
Und einen Feind.
Die Freunde sind virtuell.
Der Feind ist real.
Er wird dich suchen, er wird dich finden, er wird dich töten.
Du hast 438 Freunde auf Facebook. Und keiner wird etwas merken.

Der unheimliche Aspekt in diesem Pitch ist die Tatsache, dass Facebook und alles, was mit dem Internet zu tun hat, sehr beliebig und virtuell sein kann. Bis man an den Falschen gerät. Dann kann es sehr real und konkret werden. Allerdings auf unerfreuliche Weise. In diesem Krimi nutzt ein computerversierter Serienmörder Social-Network-Plattformen, insbesondere Facebook, um seine zukünftigen Opfer auszuwählen, bevor er sich ihnen mit falscher Identität nähert, ihre Kontaktdaten und Adresse herausbekommt und sie schließlich umbringt. Auch darüber, dass keiner der Toten vermisst wird, hat sich der Killer, der sich *Der Namenlose* nennt, Gedanken gemacht. Er führt einfach die digitale Existenz seiner Opfer bei Facebook selber weiter. So dass alle Freunde denken, ihre Facebook-Freunde wären noch gesund und munter, weil sie emsig weiter posten. Dass es der Killer ist, der da postet, merken die meisten erst, wenn es zu spät ist.

Während meines MBA-Studiums an der IESE Business School brachte ein russischer Mitstudent die ewige Frage zwischen kommerziellem Erfolg und ethischem Wohlverhalten in einem einzigen Satz sehr gut auf den Punkt. Das Ganze wirkt noch besser, wenn Sie sich

den Satz mit russischem Akzent vorstellen: »Es gibt nur zwei Möglichkeiten im Business: Du kannst entweder gut essen oder gut schlafen.«

Wie rede ich mich um Kopf und Kragen?

»Was dein schlimmster Feind nicht
wissen darf, sag auch deinem besten
Freund nicht.«

Arabisches Sprichwort

Man sagt, dass wir zwei Ohren, aber nur einen Mund haben. Was bedeutet, dass es manchmal besser sein kann, weniger zu sagen und
den anderen »kommen zu lassen«. Kommunikation ist wie Grillen:
Zu viel macht das Fleisch zu Schuhleder, zu wenig bringt einen auf
die Intensivstation.

In der Kommunikation ist es allerdings oft gefährlicher, zu viel zu
sagen als zu wenig. Denn wenn Sie etwas Großes am Laufen haben,
behalten Sie es für sich und spielen Sie den unscheinbaren Blöd-
mann, der gerade mal wieder nichts macht. Ehrlichkeit ist eine
stumpfe Waffe, die mehr zerschlägt als dass sie schneidet. Auch die,
die scheinbar interessiert sind und den guten Freund mimen, warten
nur darauf, entweder Ihre Idee zu kopieren oder Ihre Idee scheitern
zu sehen – und Sie dabei am Boden zu sehen. Denn Löwen töten aus
Hunger, aber Menschen töten aus Spaß.

Es ist gefährlicher, etwas Dummes zu sagen, als etwas Dummes zu
tun, wusste schon Kardinal de Retz am Hofe des Sonnenkönigs in
Paris. Hemingway sprach vom »Eisberg-Prinzip«, bei dem man gerade so viel zeigt, dass man interessant bleibt, ohne seine gesamte Munition sofort zu verschießen. »Gib nur 10 Prozent von dem preis, was
du weißt«, sagt man bei den Jesuiten – und die gibt es seit mehr als
500 Jahren.

Auch gefährlich sind Negativwörter. Denn dabei bleibt nicht die
Verneinung hängen, sondern das negative Wort an sich. Die Natur
mag kein Vakuum, wie wir schon sagten, und für Verneinungen
stehen keine Bilder zur Verfügung. »*Problemlos*« ist solch ein Wort.
Was hängen bleibt, ist das Problem. »Das kann nicht schaden«, ist

ein weiteres Beispiel. Der Schaden bleibt hängen. Ebenso »das ist nicht schwer« oder »das werden sie nicht bereuen«. Es scheint doch alles schwerer zu sein als gedacht und bereuen wird man es sicher auch.

Ein befreundeter Journalist erzählte mir einmal von einem Workshop, wo unterschiedlichen Teilnehmern diverse Details zu Merkels Krisenmanagement in der Euro-Krise erklärt wurden. Zwischen all diesen Details wurde darauf hingewiesen, dass die Bundeskanzlerin **keinen** *dicken Hintern* habe. Als danach die Teilnehmer gefragt wurden, an welches Detail sie sich am besten erinnern könnten, war die einhellige Antwort: *Merkel* **hat** *einen dicken Hintern.*

Zu viele Informationen erschlagen und lenken ab. »Fachidiot schlägt Kunden tot«, sagt man im Strukturvertrieb von Versicherungen. Zu viele Details lenken auch ab. Wir erinnern uns an »Der weiße Hai im Weltraum«. Hier gibt es gar kein überflüssiges Detail. Man muss nicht »Der **gefährliche** weiße Hai« sagen, denn er *ist* gefährlich, sonst wäre er kein weißer Hai. Sie wollen keine Bohrmaschine verkaufen, sondern ein Loch in der Wand.

Abgesehen davon, dass zu viel Information verwirrt, birgt das Verkünden von mehr oder weniger großen Plänen immer die Gefahr, dass jemand dadurch Ihre Pläne kennenlernt und in der Lage ist, sie entweder zu seinem Vorteil zu kopieren oder zu Ihrem Nachteil zu durchkreuzen. Damit steckt die größte Gefahr im Herausposaunen selbst. Indem Sie von etwas reden, was es noch nicht gibt, verfestigen Sie es in der virtuellen Welt der Sprache – und dort bleibt es dann auch und wird niemals die Realität erblicken. Durch das Herausposaunen riskieren Sie eine gefährliche Frühgeburt Ihres Plans, die dessen Heranreifen ernsthaft gefährden kann – Ihr Plan stirbt noch im Mutterleib. Auch wenn es verlockend sein kann, in vertrauter Runde über große Visionen zu sprechen: Für diese 15 Minuten der Berühmtheit und den staunenden Blick von irgendwelchen Erstsemestern, die mit am Tisch sitzen, zahlen Sie einen hohen Preis. Besser, Sie investieren diese Zeit darin, Ihre Gesamtstrategie zu definieren, Ihre Pläne voranzutreiben und die richtigen Netzwerke zu knüpfen – und überlassen das Herausposaunen von großen Plänen den Spinnern, den Träumern und den Trotteln. Und denken Sie an den schönen Satz von Leonardo da Vinci:

Wenn der Mond voll ist, öffnet sich die Auster gänzlich, und wenn die Krabbe es bemerkt, steckt sie irgendeinen Stein oder Splitter in sie. Und die Auster kann sich nicht mehr schließen, worauf die Krabbe sie verspeist. So geschieht es dem, der das Maul aufreißt und sein Geheimnis preisgibt, und so dem indirekten Hörer zum Opfer fällt.[27]

Das Falsche zu sagen ist auch in der Unternehmenswelt kein neues Phänomen. Jeder kennt die Kommunikationspanne des damaligen Vorstandssprechers der Deutschen Bank, Rolf E. Breuer, der 2002 in einem Interview sagte, dass »die Finanzbranche nicht bereit sei, der Kirch-Gruppe weitere Kredite zu geben«. Was eigentlich nur eine nüchterne Bestandsaufnahme war, die der Wahrheit entsprach, wurde für die Kirch-Gruppe zum Todesstoß. Denn das Wort der Deutschen Bank hatte Gewicht und galt als Sprachrohr der gesamten deutschen Finanzbranche. Der Text, den man hörte, war nicht: »Ich, Rolf Breuer, lese, dass die Banken keine Kredite mehr geben wollen.« Der Text, wie er von Kirchs Anwälten und auch von großen Teilen der Öffentlichkeit interpretiert wurde, lautete: »Ich, Rolf Breuer alias Mister Deutsche Bank sage, dass die Banken keine Kredite geben werden. Weil ich es sage, wird es so sein.« Breuer wird sicher den Tag bis heute verfluchen, da der Gerichtsprozess um die Insolvenz der Kirch-Gruppe und die mögliche Mitschuld der Deutschen Bank und Breuer daran bis heute läuft, wir mittlerweile von Klagesummen in dreistelliger Millionenhöhe sprechen und der Prozess Breuer, wenn alles schiefläuft, selbst seines Privatvermögens berauben kann.

Carly Fiorina von Hewlett Packard gelang es 2000, ein Jahr vor Breuers missglücktem Interview, mit einigen falschen Sätzen 13 Milliarden Dollar Börsenwert in kürzester Zeit zu zerstören. HP hatte gerade Compaq übernommen, doch die Wall Street wollte den Sinn dieser Fusion nicht so recht kaufen und sah vor allem so gut wie gar keine Synergien, die ja bei Fusionen und Übernahmen immer ausschlaggebend sind. Ein Jahr später, am 04. September 2001, fragte Lou Dobbs von CNN Fiorina, warum denn überhaupt die Übernahme notwendig sei. Sie sagte:

---

27 Nach Robert Greene: *Power*, S. 35

Jede der beiden Firmen (HP und Compaq) macht ähnliche technologische Entscheidungen.

→ Heißt: Wir sind ziemlich ähnlich.

Jede der beiden Firmen nutzt Intel Chips als Plattform.

→ Wir sind schon wieder ähnlich.

Wir haben ähnliche Organisationsmuster.

→ Nochmal ähnlich.

Unsere Kulturen sind ähnlich, besonders was die Ingenieure und den Innovations-Geist angeht.

→ Kommentar erübrigt sich.

Wir haben ähnliche Wertschöpfungsketten und Marketingstrategien.

→ Schon wieder fast Deckungsgleichheit bzw. das Wort »ähnlich«.[28]

Was Carly Fiorina sagen wollte, war, dass HP und Compaq gut zusammenpassen und deswegen ein natürlicher »Fit« sind, ähnlich wie ein Mann und eine Frau, die als Paar gut zusammenpassen würden, weil sie ähnliche Interessen haben. Was aber bei CNN und bei der WallStreet ankam, war die Aussage, dass beide Geschäftsmodelle derart ähnlich seien, dass es so gut wie gar keine Synergien geben werde. Ähnlich wie es bei Mann und Frau auch deswegen viele Synergien gibt, weil beide nun einmal biologisch unterschiedlich sind. Diese Synergien, so der Subtext von Fiorina, gäbe es bei der Fusion nicht. Was bedeutete, dass man, aufgrund dieser Redundanzen, massenhaft Mitarbeiter würde feuern müssen und damit gigantische Restrukturierungskosten anhäufen würde. Genau das ist auch nach der Fusion geschehen.

---

28 auf Englisch: »Then what we saw was, each company making similar technology decisions. Both companies have signed up for the Itanium platform with Intel. We've also made some similar organizational moves. Both companies have organized themselves in similar ways about how to go to market and in product development. And we have cultures that have a lot in common, particularly around engineering discipline and a spirit of invention and innovation.« Nach Denning, *The Leader's Guide to Storytelling*, S. 80

Werbung, die hängen bleibt I – Die EDS-Story

Wie kann man etwas als einzigartig und sexy positionieren, wenn dieses Etwas eigentlich nicht sexy ist? Zum Beispiel IT-Consulting? Denn eigentlich ist IT-Consulting eine trockene Sache. Die IT-Berater gehen in ein Unternehmen, optimieren die Software, führen SAP ein, bündeln die IT-Infrastruktur und dergleichen mehr. Wenn Sie IT-Berater sind und Ihre Oma Sie fragt, was Sie eigentlich den ganzen Tag machen, wird es Ihnen schwerfallen, das Ganze in ein paar Sätzen knackig und am besten auch noch sexy zu beschreiben.

Muss IT-Consulting also langweilig und unsexy sein? Das hat sich auch der IT-Anbieter EDS (Electronic Data Systems) gefragt und hatte im Jahr 2000, während des Superbowls in den USA, seine berühmte »Cat Herders – Katzenhüter«-Werbung geschaltet (Abbildung 7). Warum »Cat Herders«? Kann man überhaupt Katzen hüten? Katzen machen schließlich, was sie wollen. Genauso ist es bei großen und komplexen Mengen an Daten, bei denen es auch höchst kompliziert sein kann, dafür zu sorgen, dass diese dorthin gehen, wo man sie hinhaben will. Daher sagt man im kalifornischen Silicon Valley auch, wenn man diese Komplexität in Computerthemen thematisieren will: »It's like herding cats« – »es ist wie Katzen hüten«. Und genau das passiert im Werbespot, den man auch auf Youtube im Internet sehen kann.[29]

Untermalt von heroischer Musik sieht man Cowboys in der Prärie, die diesen Job – sichtlich stolz – bereits seit Generationen machen. Einige haben zerkratzte Gesichter, andere müssen wegen der Katzenhaare niesen, wieder andere müssen die Katzen von den Bäumen holen. Aber jeder versichert, er würde niemals etwas anderes tun wollen. »Es ist nicht leicht«, heißt es in dem Spot. »Aber wenn du eine Herde nach Hause bringst, und du weißt, du hast keine einzige verloren, dann ist das ein Gefühl wie kein anderes auf der Welt.« Erst dann folgt das Logo von EDS und die Erklärung: »Genau genommen ist es das, was wir machen. Wir bringen Informationen, Ideen und

---

29 http://www.youtube.com/watch?v=m_MaJDK3VNE, zuletzt angeschaut am 06. Februar 2013; wer keine Lust auf Werbung vor dem Spot hat, sollte ihn auch hier finden: http://theinspirationroom.com/daily/2005/cat-herders-herding-cats/

Technologien zusammen, und bringen sie dazu, dahin zu gehen, wo Sie sie haben wollen.« Darunter kann sich jeder etwas vorstellen.

Der Spot hat einen siebenstelligen Betrag gekostet, aber er war sehr erfolgreich. Neben diversen Werbepreisen bescherte er EDS im Folgejahr ein Umsatzwachstum von fünf Prozent.

Abbildung 7: EDS Werbung »Cat Herders« *Quelle:* Youtube

Werbung, die hängen bleibt II – Microsoft Xbox

Als Microsoft im Jahr 2001 seine neue Spielekonsole Xbox vorstellte, erschien das nicht allzu kreativ. Schließlich gab es schon die Playstation ebenso wie die Konsole Sega von Nintendo. Was Microsoft machte, war nichts weiter als eine klassische Rückwärtsintegration, ein Geschäftsfeld zu starten, in dem andere Wettbewerber schon viel weiter waren und in dem vielleicht gar kein Blumentopf zu gewinnen war. Es kam jedoch anders. Und vielleicht lag dies auch an einer von vielen als skandalös empfundenen Werbung, die im Jahre 2002 lief und die man auch heute noch bei Youtube anschauen kann (Abbildung 8).[30]

In dem höchst surrealen Spot sieht man eine Frau bei der Entbindung. Auf einmal fliegt das Baby dann geschossartig aus dem Mutterleib heraus aus dem Fenster des Krankenhauses. Während es mit hoher Geschwindigkeit durch Städte und Landschaften saust, altert es zusehends. Es wird dann zum Jungen, ist dann ein Mann und schließlich ein Greis. Passend dazu nimmt die Flughöhe rapide ab und der alte Mann landet schließlich scheppernd in einem Grab.

30 http://www.youtube.com/watch?v=TrVTH5R-INw, zuletzt angeschaut am 06. Februar 2013

Man hat nur gelebt, um zu sterben. Wir haben die trostlose Existenz, wie sie Hirnforscher definieren, schon in Kapitel 1 kennengelernt. Kurz darauf erscheint das Logo der Xbox und die Konsequenz, die man aus diesem nihilistischen Spot ziehen kann: »Live is short. Play more. – Das Leben ist kurz. Spiele mehr.«

Schwangere Frauen machten laut ihren Unmut kund und Microsoft sah sich schließlich gezwungen, die Werbung aus dem Fernsehprogramm zu nehmen.[31] Doch genügend Aufmerksamkeit für die Xbox hatte Microsoft mit dieser *Geburt-Leben-Tod-und-das-alles-in-Zeitraffer*-Story allemal auf sich gezogen.

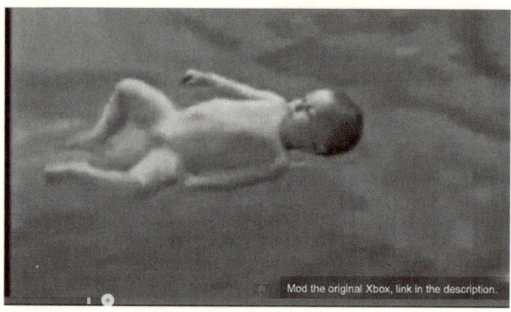

Abbildung 8: *From the womb to the tomb:* Microsoft Xbox Werbung: »Life is short. Play more.« *Quelle:* Youtube

In diesem Kapitel haben wir gesehen, wie man einen ersten Eindruck gründlich versauen kann, was für die ersten Sätze richtig ist und wie man es richtigmachen kann.

Kommen wir jetzt zu den Personen, ohne die keine Story funktionieren würde. Kommen wir zum Helden. Und zu der Person, die jeder Held braucht: der Schurke.

31 siehe auch: BBC: Shocking Xbox advert banned, 6.6.2002,
    http://news.bbc.co.uk/2/hi/entertainment/2028725.stm

IN DIESEM KAPITEL HABEN SIE GELERNT, DASS ...:

- ... man am besten gleich zu Beginn überzeugt, da ansonsten die Gefahr groß ist, gar nicht mehr zu überzeugen (Be quick or be dead).
- ... die Aufmerksamkeitspanne immer kürzer wird und man entsprechend pointiert sein muss.
- ... die Marke durch Social Networks und Blogs immer weiter aufgeweicht wird und deshalb eine klare Story für eine trennscharfe Positionierung noch wichtiger ist.
- ... Thriller-Autoren in diesen Aspekten häufig besser sind als Unternehmens-Kommunikatoren, da die Ersten mit ihren Worten auch Geld verdienen müssen, Letztere nicht.
- ... zu viel Details schaden; siehe »Der weiße Hai im Weltraum«.

5
Held und Schurke

»Die Suche nach einem Helden beginnt
mit dem, was jeder Held braucht: einen
Schurken.«

Mission Impossible, Part II[1]

© Veit Etzold

1 Paramount Pictures, 2000

WAS SIE IN DIESEM KAPITEL ERWARTET:

Jede Story braucht einen Helden, der die Höhen und Tiefen durchschreitet. Und ebenso braucht jeder Held einen Schurken. Das Kapitel zeigt, dass ein Held, zum Beispiel der CEO, ein Individuum sein muss. Und dass sich ein abstraktes Konstrukt wie eine Firma nur schwer als Held eignet. Ebenso zeigt es, dass Firmen, die einen klaren Schurken – also einen Wettbewerber – als Feindbild haben, zufriedenere Mitarbeiter haben und zudem noch erfolgreicher sind.

Die Toiletten-Story von *Reservoir Dogs*

In Quentin Tarantinos Erstling *Reservoir Dogs* von 1992 soll sich Fred als Undercover-Cop in einen Ring von Diamantenräubern einschleusen. Dabei hören wir zwischen Freddy und Holdaway folgenden Dialog:

> HOLDAWAY: Hast du die Klo-Geschichte verwendet?
> FREDDY: Was ist denn die Klo-Geschichte?
> HOLDAWAY: Das ist eine Szene, Mann, präg sie dir ein.
> FREDDY: Aber warum soll ich die auswendig lernen?
> HOLDAWAY: Ein verdeckter Ermittler muss wie Marlon Brando sein. Du musst ein fabelhafter Schauspieler sein und dabei ganz natürlich wirken. So natürlich, als ob du dazu gehörst. Und wehe, du bist ein schlechter Schauspieler. Denn schlechte Schauspieler überleben in diesem Geschäft nicht lange. Wenn du kein super Schauspieler bist, bist du ein schlechter Schauspieler. Und ein schlechter Schauspieler zu sein, ist verdammt gefährlich in diesem Job.
> FREDDY: Was ist das hier?
> HOLDAWAY: Das ist eine amüsante Geschichte über ein Drogengeschäft.

FREDDY: Was?

HOLDAWAY: Eine witzige Geschichte, die dir passiert ist, als du ein Ding gedreht hast.

FREDDY: Ist das dein Ernst? Ich soll mir das alles hier merken? Das sind ja mehr als vier eng beschriebene Seiten!

HOLDAWAY: Stell dir vor, das Ganze wäre ein Witz. Du prägst dir den Ablauf und die Pointe ein und dichtest den Rest dazu! Du kannst doch Witze erzählen?

FREDDY: Nicht so gut.

HOLDAWAY: Das Wichtigste, woran du dich erinnern musst, sind die Einzelheiten. Einzelheiten machen die Geschichte erst glaubhaft. Diese Geschichte spielt auf dem Herrenklo im Bahnhof. Also solltest du auch in der Lage sein, das Klo zu beschreiben. Zum Beispiel, ob es da Papierhandtücher gibt oder einen Händetrockner. Du solltest wissen, ob die Scheißhäuser Türen haben oder nicht. Und du solltest auch wissen, ob es da Flüssigseife gibt oder die rosafarbene Granulatscheiße, die an den Schulen gerne verwendet wird. Du musst wissen, ob es da heißes Wasser gibt. Und ob es da stinkt. Weil irgend so ein ekelhafter mieser Abschaum von einem Schleimscheißer seinen Dünnschiss da überall verteilt hat. Du musst einfach alles über dieses Herrenklo wissen. Du musst dir diese Einzelheiten so eintrichtern, dass du sie förmlich vor dir siehst. Und während du das tust, musst du daran denken, dass diese Geschichte von dir handelt.

Was passiert hier? Fred ist ein Undercover-Agent der Polizei, der sich in einen Ring von Diamantenhändlern einschmuggeln soll. Um dabei möglichst glaubwürdig und als »echter Verbrecher« zu wirken, muss er sich eine Story ausdenken. Eine Story über die Übergabe einer Heroin-Lieferung, die auf einer öffentlichen Toilette spielt und bei der Fred beinahe der Polizei in die Hände gefallen wäre. Daher die pedantische Ausschmückung der Toilette durch Freds Schauspielcoach Holdaway. Als Fred am Ende den Gangstern, in deren Mitte er sich hineinschmuggeln soll, die Szene erzählt, wirkt er dadurch viel glaubwürdiger als hätte er stattdessen eine Art Lebenslauf mit seinen »Dingern, die er gedreht hat« vorgelegt.

Viele verwechseln Details mit Gründlichkeit und eine Präsentation wird nicht unbedingt besser, wenn Sie auf allen Details herumreiten.

Doch in diesem Fall zeigen die greifbaren (und riechbaren) Details der Toilette, dass Fred tatsächlich dort gewesen ist. Deswegen, weil der Betrachter diese Bilder vor sich sieht. Und sobald man ein Bild imaginär vor sich sieht (wir erinnern uns an Kapitel 2 zum Thema Wahrnehmung und Illusion), glaubt ein Teil des Gehirns auch, es tatsächlich vor sich zu sehen. Durch die Bilder wird das Geschehen, obwohl es nur im Kopf stattfindet und, wie hier, komplett erlogen ist, näher an die Realität herangezogen und wirkt dadurch glaubhafter. Vor diesen Details baut sich das Bedrohungsszenario der Story auf – die Polizei, die Fred beinahe erwischt hätte – und inszeniert Fred als echten Verbrecher, der schon manche kritische Situation erlebt und erfolgreich überstanden hat.

Warum ist das wichtig? Weil Sie in Ihrem Berufsalltag ebenfalls Kompetenz ausstrahlen müssen. Weil Sie Vorgesetzten und Kollegen zeigen müssen, dass Sie für einen bestimmten Job besser geeignet sind als andere. Und dafür brauchen Sie Beweise. Geschichten. Oder, wie man neudeutsch sagt: *War Stories*. Die Toiletten-Geschichte aus *Reservoir Dogs* ist eine solche War Story. Solche Storys zeigen, dass der, der sie erzählt, schon manchen Sturm überstanden hat. Und dabei gehen diese Geschichten nach genau dem Muster vor, das jede gute Story benötigt: einen Helden, einen Schurken und ein Happy End.

Schauen wir uns an, wie eine fiktive Geschichte entwickelt wird.

Aus der Giftküche des Schreibens

Vor mehr als 2 000 Jahren sagte schon Aristoteles in seiner Poetik, dass eine Story einen Anfang, einen Mittelteil und ein Ende haben sollte. In Thrillern gibt es dabei noch häufig die sogenannte »Cliffhanger-Technik«, die besonders von Dan Brown in *Sakrileg* meisterhaft angewendet wird.[2] Im ersten Handlungsstrang, hier der Prolog, sehen wir Jacques Saunière, den Kurator des Louvre, der sich in einer sehr misslichen Situation befindet. Das Ende des Kapitels lässt offen, wie es weitergeht. Das folgende Kapitel, Kapitel 1, wechselt zum zweiten Handlungsstrang, zu Robert Langdon, der auch in Paris ist. Das Kapitel endet mit einer rätselhaften Information, die auch mit Sau-

---

2 Bergisch Gladbach, 2006

nière zu tun hat und bei der der Leser wissen will, wie das geschehen konnte. Bevor dies dem Leser gesagt wird, springt die Handlung in Kapitel 2 allerdings zum dritten Handlungsstrang, zum unheimlichen Albino-Mönch Silas, der sich am Ende des Kapitels selbst kasteit. Auch hier will der Leser wissen, warum er dies tut und welche Rolle dieser unheimliche Charakter noch spielen wird. Dies wird allerdings in Kapitel 2 nicht erklärt. In Kapitel 3 dann treffen wir endlich Robert Langdon wieder und auch die anderen Rätsel werden nacheinander gelöst; allerdings nicht ohne an jedem weiteren Kapitelende neue Rätsel aufzuwerfen und wieder zu einem anderen Handlungsstrang zu springen.

Diese Cliffhanger-Technik sorgt dafür, dass die Handlung spannend und dramatisch ist und der Leser das Buch nicht aus der Hand legen kann, das Buch also ein »Pageturner« wird.

Spannung und Dramatik sollte es auch bei Präsentationen beim Kunden geben, wenn zum Beispiel eine Unternehmensberatung einer Bank erklären will, warum gerade sie die richtige für das kommende Projekt ist. Seltsamerweise wird genau auf diese Dramatik – wer spricht wann? wer sagt was? wie eröffnen wir am Anfang, nach der Pause etc. und wie sorgen wir für Spannung und Neugier, analog zur Pageturner-Technik – sehr wenig Wert gelegt. Das Team sitzt zwar normalerweise am Vortag der Präsentation bis tief in die Nacht an irgendeiner Backup-Folie, die der Kunde ohnehin nie zu sehen bekommt, aber die ausgesprochen wichtige Frage, nach welcher Dramatik die Präsentation aufgeteilt sein soll, wird, wenn überhaupt, kurz vorher im Taxi besprochen.

Nach Aristoteles sollte die Geschichte komplexe Charaktere haben sowie einen Plot, in dem sich das Glück wendet und der Leser zudem etwas lernen kann. Hierbei sollten die Geschehnisse nach dem sogenannten »Ordnungsprinzip« verknüpft sein. So sagt der Meister selbst: »Es macht nämlich einen großen Unterschied, ob ein Ereignis durch ein anderes erfolgt oder bloß nach einem anderen.«[3] Erinnern wir uns an den Satz zu Beginn: »Der König stirbt und die Königin stirbt.« Klingt irgendwie langweilig. Nach dem Ordnungsprinzip müsste der Satz lauten: »Der König stirbt und die Königin stirbt aus Trauer.« Da ist jetzt sehr viel mehr Drama drin. Daran hat sich in

---

3 Aristoteles, *Poetik*

zwei Jahrtausenden nicht viel geändert. Und es ist unwahrscheinlich, dass sich in den nächsten 10 bis 30 Jahren, die Ihre Karriere noch dauern wird, allzu viel daran ändern wird.

Auch heutige Größen wie Stephen King, Dan Brown oder Thomas Harris arbeiten nicht anders. Wenn man damit beginnt, einen Thriller zu schreiben, wie ich es auch tue, braucht man eine Übersicht aller Figuren, die ich normalerweise in Excel anlege. »Menschen lesen am besten über Menschen«, sagt man bei der *BILD Zeitung*. Was ist also das Wichtigste in einem Plot? Der Mensch! Beziehungsweise die Figuren!

Figurenübersicht? Schön, werden Sie sagen. Aber Excel? Manch ein Schöngeist mag sich dabei schütteln, wie man als kreativer Autor mit so etwas Technischem wie Excel arbeiten kann. Gerade in Deutschland wird noch immer das Klischee vom von der Muse geküssten Autoren geträumt, der in seiner Klause sitzt, ständig inspiriert ist und nach 10 Jahren endlich sein Opus magnum raushaut. Dieser Gedanke ist sehr romantisch, aber, wie fast alles Romantische, nicht realistisch. Denn ein Thriller, der die Massen erreichen soll, muss strukturiert sein. Eine Story, mit der Sie etwas bewegen wollen, muss es auch. Und für strukturierte Tabellen gibt es halt nichts Besseres als Excel. In diese Excel-Tabelle kommen die Namen der Figuren, ihr Alter, ihre Größe, was sie antreibt, wovor sie sich fürchten und was sie im Verlauf der Handlung erreichen wollen oder werden. Mit anderen Worten: Wenn Sie zum Beispiel eine Präsentation anfertigen und sich über das Storyboarding Gedanken machen oder wenn Sie in einem Excel-Sheet die nächsten Schritte für Ihr Projekt dokumentieren oder planen, arbeiten Sie gar nicht so anders wie ein Thriller-Autor; jedenfalls nicht allzu viel anders als ich (Abbildung 9).

Wenn Sie in Ihrem Berufsalltag mit unterschiedlichen Menschen zu tun haben, die entweder für oder gegen Sie sind, hilft es, ebenfalls ein solches Psychogramm für diese Figuren anzufertigen. Wir werden im nächsten Kapitel (Kapitel 6) noch darauf eingehen, wie eine solche Karte mit allen Beteiligten, eine »Stakeholder Map« aussehen kann.

Als Nächstes überlege ich mir, was in den einzelnen Kapiteln passiert (Abbildung 10). Da Menschen, wie bereits gesagt, am liebsten von anderen Menschen lesen, heißt dies, in einem Roman oder Thriller normalerweise zu zeigen, welcher Mensch welchen anderen

		Die Guten	
Name	Sarah	Vincent	Winterfeld	Dr. v. Weinstein	Hermann
Geschlecht	weiblich	männlich			
Alter		31	32		
Größe	171 cm	176 cm			
Herkunft	deutsch	deutsch			
Figur	sportlich	schlank, etwas unbeholfen			
Haarfarbe und Form	dunkelblond, halblang	dunkelbraun, kurz			
körperlicher Zustand	fit, Kampfsport	könnte mehr Sport machen			
Schichtzugehörigkeit	Mittel	Oberschicht (Eltern)			
		Studium (Anglistik, Kunstgeschichte, Philosophie) in Berlin und London, Promotion Kunstgeschichte, dabei Studienaufenthalt in Rom		Etwas CSI-Atmosphäre reinbringen, Grusel, Thriller, analytische Intelligenz, medizinischer Ansatz	Rechte Hand von Winterfeld bringt miefige, »Tatort«-deutsche Atmosphäre in die Handlung
Ausbildung, **Funktion** bei Nebenfiguren	Polizeiausbildung, Studium			Funktion	
Beruf	Anwärterin Kripo im gehobenen Dienst	Doktorand mit Stipendium			
Religion	keine	Protestantisch, wie Eltern			
Beziehung	zu Vincent (eingefroren)	zu Sarah (eingefroren)			
	Die etwas Übergenaue	Der etwas Vertrottelte			

Physiologisch

Abbildung 9: Die Figuren: Was ist ihr Hintergrund, was treibt sie an, wovor fürchten sie sich?
Quelle: Veit Etzold, 2013

Menschen trifft und was für mögliche Konflikte es dabei gibt. Was sind die Konsequenzen der unterschiedlichen Begegnungen für die jeweilige Szene und für das Große, Ganze des Plots?

Am Ende läuft alles auf die Held- und Schurke-Frage hinaus: Was möchte mein Protagonist, also mein Held, erreichen, um sein Leben wieder in Ordnung zu bekommen? Wunsch und Begierde sind das Lebenselixier einer Story. Dies kann ein Trauma in der Kindheit sein, eine unerfüllte Begierde, der Wunsch, es allen einmal zu zeigen, oder ganz einfach das, wonach die meisten Menschen suchen: nach Liebe, Glück und Geld. Falls das zu platt ist, sollte der Held einfach nach Anerkennung suchen. Nach der sucht nämlich jeder Mensch. Der große Philosoph Hans Blumenberg sagte so schön, dass der Mensch ein »gewollt werden wollendes Wesen« ist. Gebraucht zu werden, geliebt zu werden, anerkannt zu werden ist für die meisten Menschen das Wichtigste. Dass, wie jüngst geschehen, die Bundeswehrsoldaten sauer sind, wenn der Verteidigungsminister sagt, sie sollten nicht immer nach Anerkennung gieren, ist vor diesem Hintergrund sehr verständlich.[4] Bleiben wir kurz bei der Bundeswehr: Was machen diese Herren und inzwischen auch Damen? Nur um 22 Uhr Zapfenstreich und die Bettlaken glattziehen wie früher? Nein, mittlerweile geht es auch um Leben und Tod. Und wer für eine Sache sein Leben riskiert, hat in jedem Fall Anerkennung verdient und darf diese auch einfordern. Die Gefahr, in die man sich begibt und die man am Ende meistert, ist daher auch ein elementarer Bestandteil des Thrillers. Es wäre langweilig, ginge das alles locker flockig vonstatten. Wo immer ein Held ist, da muss auch ein Schurke sein, der unseren Helden genau davon abhält. Die Frage ist also: Was hält meinen Protagonisten davon ab, sein Ziel zu erreichen? Das muss nicht unbedingt ein feuerspuckender Unhold sein. Auch Zweifel, Angst und Verwirrung können mögliche Antagonisten sein. Oder die Gesellschaft, der Ort, die Zeit, und für ein Unternehmen der Wettbewerber, die Aufsichtsbehörde oder aufsässige Kunden.

Menschen tragen ihre Erinnerungen als Teile von Storys zusammen. Es beginnt mit einem Wunsch, den man erreichen will, den Hindernissen, die diesen Wunsch blockieren, und dem Kampf gegen diese Hindernisse. Was auch erklärt, warum wir uns Storys

4 http://www.dradio.de/aktuell/2022727/

KAP	Kurzhandlung	Blick	TAG	England	CET	New York	Alter Mann (AM)	Stuart Hill (SH)	Nemesis (NM)	Vincent (VI)	Sarah (SA)	Hermann
Teil 1												
Somnia												
0 Prolog	AM	Freitag, 29.12.2006					Alter Mann schaut nach draußen					
1 Hill und Nemesis	SH	Montag, 01.01.2007	00:00	01:00	19:00			Nemesis verführt Hill und tötet ihn	Nemesis verführt Hill und tötet ihn			
2 Marcus, Anruf durch Headhunter	MW	Montag, 01.01.2007	00:00	01:00	19:00							
3 Vincent auf Potsdamer Platz	VI	Montag, 01.01.2007	00:30	01:30	19:30					Vincent mit Freunden am Potsdamer Platz		
4 Sarah im Taxi	SA	Montag, 01.01.2007	06:30	07:30	01:30						Sarah wird von Winterfeld zum Pariser Platz beordert	
5 Paul Territo auf seiner Party in New York. Steht an Fenster auf Party »König des Internets«	AT	Montag, 01.01.2007	07:00	08:00	02:00							

Abbildung 10: Excel als Plot-Werkzeug: Was passiert wann? Wer trifft wen?
Quelle: Veit Etzold, 2013

sehr viel einfacher merken können, Listen mit Bullet Points allerdings nicht.[5]

Die Geschichte beginnt damit, dass das Leben schön ist. Man kommt zur Arbeit, wie jeden Tag, und plötzlich passiert etwas. Neo lebt als Computerhacker in der Matrix, bis er im gleichnamigen Film von Morpheus erfährt, dass die Matrix eine riesige Illusion ist. Bilbo Beutlin und auch sein Neffe Frodo Beutlin leben ein beschauliches Leben, bevor sie, beide Male von Gandalf, auf ungemütliche Abenteuer geschickt werden.

Auch in der Unternehmenswelt gibt es solche Wendepunkte: Ihr Boss stirbt an einer Herzattacke und plötzlich müssen Sie den Job übernehmen. Ein großer Kunde droht damit, das Unternehmen zu verlassen, und Sie müssen sofort reagieren. Es sind diese Konflikte und Dramen, die einen reinen Bericht zu einer Story werden lassen und die dafür sorgen, dass die Story beim Zuhörer hängen bleibt.

Rolf Schmidt Holtz, der frühere CEO von Sony Music, erzählte mir die Geschichte, dass eigentlich jemand anderes Vorstandschef von Sony Music werden sollte, dieser Mann allerdings in den Weihnachtstagen beim Joggen tot zusammenbrach. Also erhielt Schmidt Holtz vom damaligen Bertelsmann-Chef Thomas Middelhoff am zweiten Weihnachtstag den Anruf, dass er CEO von Sony Music werden sollte. Sony Music gehörte damals zur Bertelsmann Plattenfirma BMG. Schmidt Holtz kannte das Plattengeschäft nicht sonderlich gut und sprach damals nur wenig Englisch. Genau das, was die Mitarbeiter bei Sony Music in New York für eine nicht sonderlich gelungene Kombination für deren künftigen Chef hielten. Doch Schmidt Holtz sagte nach einigem Nachdenken zu, und nach diversen Anfangsschwierigkeiten nahm der Tanker Sony Music an Fahrt auf und erzielte die höchsten Gewinne in seiner Geschichte. Nach den Regeln des Storytellings ist dies eine klassische Geschichte im Stil von *Der Herr der Ringe*: Der Held lebt in seiner beschaulichen Umgebung, aus der er herausgerissen wird, muss schwere Abenteuer bestehen und es endet schließlich mit einem Happy End.

---

5 Siehe auch: McKee, Storytelling, that moves people, Juni 2003, S. 52: »...beginning with a personal desire, a life objective, and then portraying the struggle against the forces that block that desire. Stories are how we remember; we tend to forget lists and bullet points.«

Sie könnten eine mögliche Geschichte auf zweierlei Weise erzählen:

Ich habe in der Firma XY als Trainee begonnen. Nach zwei Jahren wurde ich Teamleiter. Nochmal zwei Jahre später wurde ich Assistent des Vertriebsdirektors in Singapur. Nach noch einmal zwei Jahren habe ich den Vertrieb in Singapur geleitet. Und nach noch einmal anderthalb Jahren bin ich jetzt der Asien-Chef der Firma.

So weit, so gut. Das klingt beeindruckend, was der junge Kollege für eine Karriere gemacht hat, aber reißt uns das irgendwie mit? Nein. Man denkt entweder, das ist alles glatt und langweilig gelaufen, oder, was noch schlimmer ist, man glaubt, dem jungen Schnösel wäre alles in den Schoß gefallen.

Mit etwas mehr Drama und einem Antagonisten könnte die Geschichte so aussehen:

Ich war Trainee bei XY. Kurz bevor wir eine wichtige Kundenpräsentation hatten, wurde mein Teamleiter überraschend krank. Das war eine von diesen üblen Tropenkrankheiten und es war klar, dass er nicht so schnell auf die Beine kommen würde. Also musste ich einspringen. Ein Sprung ins kalte Wasser. Auf einmal war ich Teamleiter. Obwohl das gar nicht so geplant war.

Einige Zeit verging. Eines Abends trank ich mit ein paar Kollegen ein paar Bier zu viel. Am Morgen danach ging's mir ziemlich schlecht. Aber es war genau der Morgen, als der Anruf kam. Es war mein Boss, der Vertriebsleiter in Singapur. Er sagte mir, er würde nach Shanghai gehen, um die Asien-Aktivitäten des Konzerns zu leiten. Ich wollte eigentlich gerade nach Europa zurück und fragte mich, was das wohl für mich bedeuten würde, da sprach mein Boss schon weiter: Er würde mich gut kennen, meinte er, und fragte dann, ob ich mir vorstellen könnte, seinen Job in Singapur zu übernehmen. Das war schon ein bisschen viel. Ich mochte ja den Sprung ins kalte Wasser. Aber Eiswasser muss es dann auch nicht sein. So einigte ich mich mit ihm, dass ich für ihn für die letzten vier Wochen, die er noch in Singapur war, als Assistent arbeiten würde, um dann seinen Job zu übernehmen. Ich flog noch am gleichen Tag nach Singapur. Ziemlich verkatert, muss ich sagen. Aber nach den vier Wochen übernahm ich seinen Job. Es war nicht einfach, aber es funktionierte. Nach anderthalb Jahren rief mich mein früherer Boss wieder an. Diesmal hatte ich keinen Kater. Er ging zurück nach Frankfurt. Aber die Stelle in Shanghai, die Position des Leiters Asien, die wäre jetzt wieder frei. Und ob ich mir nicht vorstellen könnte ...

Auf diese Weise ist es viel einfacher möglich, sich in den Protagonisten hineinzuversetzen, seine Unsicherheit, seine Angst, aber auch seine Freude, wenn alles klappt, mitzuerleben. Der Betrachter fiebert und freut sich mit. Und die Geschichte unseres Helden bleibt viel länger hängen.

Eine Anmerkung: Mit einem Happy End enden eigentlich alle Geschichten, insbesondere Erfolgsgeschichten. Der Grund ist, dass es keine Bücher von Nicht-Erfolgreichen gibt und keine Ratgeber, wie man erfolglos wird, auch wenn das sicher eine lohnende Lektüre wäre, um gewisse Fehler nicht zu machen. In jedem Fall braucht Ihre Story ein Happy End, denn ein Ende à la »Und die Firma ging pleite und alle wurden entlassen; wir haben ja eh gewusst, dass aus diesem Saftladen nichts mehr wird« wird mit Ausnahme einiger gehässiger Blogger niemanden motivieren. Wichtig ist nur, dass die Geschichte auch einen oder mehrere Wendepunkte hat, in denen es ungemütlich wird, und die der Held dann aber im letzten Moment meistert. Geht es für den Helden zunächst nicht so gut aus, bekommt er positives Mitleid und alle fiebern mit ihm mit. Schafft er es am Ende, sein Ziel zu erreichen, freuen sich alle mit ihm und es gibt kaum Neid und Missgunst. Die gäbe es aber, wenn alles so aussehen würde, als ob es für den Helden ganz einfach gewesen wäre.

Nehmen wir also mit: Gute Storys passieren nicht einfach, ebenso wenig wie Autoren wie Ken Follett vom Genius geküsst werden und dann auf einmal eine große Idee haben. Gute Storys werden entwickelt, man könnte sagen »designed«, und dahinter steht in jedem Fall harte Arbeit, wie es auch Albert Zuckermann, der Agent von Ken Follett in seinem Buch *Bestseller* sagt.[6]

Oft sagen Führungskräfte vor einer Ansprache: »Mir wird schon irgendwas einfallen.« Dies ist hochgradig leichtsinnig, denn erstens fällt einem nicht einfach so irgendetwas ein und zweitens ist Business wie Comedy: Es geht häufig um das Timing. Wenn das nicht da

6 Zuckermann, 2000

ist, kommen wichtige Aspekte nicht an. Und darauf kann man sich vorbereiten. Genau das geschieht aber häufig nicht. Wie gesagt, bei Beratungen habe ich es oft beobachtet, dass vor einer Proposal-Präsentation am Vorabend bis 3 Uhr morgens noch an irgendwelchen Backup-Folien gefeilt wird, die wahrscheinlich ohnehin kein Kunde zu sehen bekommt, dass aber die Reihenfolge, wer wann spricht und wie man die Präsentation einteilt, wenn überhaupt, kurz vorher auf der Fahrt zum Kunden hastig im Taxi besprochen wird.

Wenn ich einen Thriller schreibe, überlege ich mir zunächst in einem Satz mit weniger als 15 Wörtern, was der Haupt-Pitch, also der USP, des Thrillers ist. Bei meinem ersten Thriller *Das Große Tier* war dies »Wall Street trifft da Vinci Code«. Bei *Final Cut* war es »Ein Killer, der über das Internet seine Opfer findet«. Dann schreibt man die Handlung auf einer DIN-A4-Seite auf. Nicht mehr. Diese Handlung teilt man dann in drei Teile. Dies tat schon Aristoteles. »Ganz ist, was Anfang, Mitte und Ende besitzt«, sagt der Meister.[7] Im Thriller endet Akt 1 für den Helden im Desaster. Akt 2 ebenso. Idealerweise wird der Held im ersten und noch mehr im zweiten Akt mit seiner größten Angst konfrontiert, die in Akt 1 und 2 noch über ihn siegt. Akt 3 schließlich ist ein noch größeres Desaster, das der Held aber in letzter Minute verhindert, was nicht nur das Problem löst, sondern auch dem Helden das Leben rettet und was schließlich zum Happy End führt. Wichtig ist, dass Dinge, die schon im ersten Akt auftauchen, und zwar so, dass sie für den Leser als wichtig erscheinen, spätestens in Akt 3 wieder eine Rolle spielen; sonst fühlt sich der Leser verschaukelt. Das sagte schon Tschechow: »Wenn im ersten Akt eine Pistole an der Wand hängt, dann muss mit ihr im dritten Akt geschossen werden.«[8] Daraufhin folgt die schon oben gezeigte Excel-Tabelle, ebenso wie die Kapitelübersicht. Daraus erstelle ich dann ein Szenenexposé, in dem jedes Kapitel in 2-3 Sätzen beschrieben wird. Und daraus entstehen dann die einzelnen Kapitel. Und schließlich das fertige Buch.

Wenn alles gut geht, ist es beim Genre Thriller nicht nur für den Leser, sondern auch für den Autor spannend. Ich könnte jetzt zum Beispiel keine »E Literatur« (E für ernsthaft) schreiben, in dem 50 Seiten lang irgendein Herr X eine Kuckucksuhr beobachtet. In Thril-

---

7 Aristoteles, *Poetik*, 2000
8 Nach Schütte, *Die Kunst des Drehbuchlesens*, S. 94

lern ist immer Dynamik, sowohl was die inneren Seelenzustände als auch die äußere Action angeht. Es ist das Ticken der Bombe, und das sorgt für Spannung.

Held und CEO

Ist Ihnen etwas aufgefallen? Es ist immer von *dem Helden* (oder *der Heldin*) die Rede, aber selten von *den Helden*. Warum? Der Held ist immer ein Individuum! **Eine Firma, und das können wir nicht fett genug schreiben, kann kein Held sein.** SIE KANN KEIN HELD SEIN! Eine Firma ist eine Organisation. Aber mit wem zittern wir in Büchern und Kinofilmen mit? Mit einem Helden, einem Menschen, einem Individuum! Warum? Weil wir selbst, trotz aller Kollektivierungsversuche und Teamgeist-Rituale nun einmal Individuen sind und wahrscheinlich, abhängig davon, wie schnell Genetik und Biochemie sind, noch eine Weile bleiben werden. Bilbo allein muss mit den Zwergen das Abenteuer suchen und nicht ein »Team aus Hobbits«. Natürlich gibt es das Team der Zwerge im Hobbit, die aber ganz klar als Gruppe auftreten und deren einzelne Mitglieder längst nicht so prägnant herausragen wie Bilbo oder Gandalf. Bilbo ist der Held und der Leser liest die Geschichte durch die Augen und Ohren Bilbos. Was auch gar nicht anders geht, denn man kann sich als Individuum nicht wie ein Team fühlen, es sei denn, man leidet an einer extremen Form von dissoziativer Persönlichkeitsspaltung, aber das sollte bei Managern eher die Ausnahme sein und qualifiziert einen auch nicht gerade für einen Beruf als Führungskraft. Auch Clarice Starling, und nicht das FBI, muss in *Das Schweigen der Lämmer* vor Hannibal Lecter einen Seelenstriptease durchführen.

»Firmen sollten aufhören, ständig von Teamwork zu reden und die Leute stattdessen allein arbeiten lassen«, schlug jünst Lucy Kellaway in der *Financial Times* vor.[9]

Die Werbung hat das seit Langem begriffen, selbst die deutsche Werbung, obwohl die ja nicht in dem Ruf steht, besonders innovativ und »sticky« zu sein.

---

9 Lucy Kellaway, *FT.* 02. Februar 2012

Kennen Sie noch Meister Propper? Na sicher! Und Clementine? Na klar! Was ist mit Herrn Kaiser? Das war doch der von der Hamburg Mannheimer? Richtig! Ronald McDonald? Natürlich. Und an wen denken wir bei Marlboro-Zigaretten, obwohl es fast kaum mehr Zigarettenwerbung gibt? Natürlich, an den Marlboro-Mann! Erinnert sich aber noch irgendjemand an die Namen der Personen in Zahnpasta-Werbungen, wo immer ein weißgekleideter Arzt aus einer Gruppe anderer Ärzte hervortrat und in einem seltsamen Labor, das jedem James-Bond-Bösewicht Ehre erweisen würde, sagt: »Wir von der XY-Forschung haben eine Substanz entwickelt, die nicht nur Karies vorbeugt, sondern auch Parodontose verhindert ...« Wissen Sie noch, wer das war? Nein. Müssen Sie auch nicht. Denn wahrscheinlich haben diese Personen auch gar keine Namen und sind nur eine gesichtslose Masse. Aber Meister Propper, Clementine – so albern sie sein mag – und Herr Kaiser sind Individuen. Die Zahnärzte aus dem James-Bond-Bösewicht-Labor sind es nicht.

Warum schreibe ich das? Weil es für Sie als Manager eines Unternehmens wichtig ist! Weil Unternehmen mit einer geradezu autistischen Manier ständig von Teams sprechen. Wir machen alles im Team, hört man dann. Wir brainstormen zusammen, konzeptionieren zusammen, gehen zusammen Essen und wahrscheinlich auch zusammen aufs Klo oder ins Bett. Warum wird das gemacht?

Der große Bankier John Pierpont Morgan sagte, dass es für alles zwei Gründe gibt: einen guten Grund und einen wahren Grund. Der gute Grund ist, dass »Teamwork« gut klingt. Alle werden »mitgenommen«, es geht demokratisch zu, jeder kann und soll etwas beitragen und weiteres Blabla aus der Leadership-Mottenkiste. Der wahre Grund ist ein anderer: weil man in Teams zum Beispiel so etwas Tolles wie Meetings abhalten kann. Meetings entbinden einen davon, die Arbeit zu erledigen, und man fühlt sich als Teilnehmer wichtig. Je mehr Teilnehmer dabei sind – und Meetings haben ja eine virale Tendenz zum Wachstum der Teilnehmerzahl –, umso mehr Teilnehmer fühlen sich wichtig und das ist doch ein schönes Gefühl. Auch wenn die Arbeit nicht fertig wird. Ebenso verwischen Teams Verantwortlichkeiten. Wo alle schuld sind, ist keiner schuld. Der Umkehrschluss trifft allerdings auch zu: Wo alle etwas Gutes getan haben, ragt keiner heraus. Kann sich der Mensch auf der Straße ein ganzes Team merken? Nein! Kann er sich einen Jürgen Schrempp, Steve Jobs oder

Josef Ackermann merken? Ja! Warum? Weil es Individuen sind. Wer prägnant und anhand von Storys kommunizieren möchte, muss Individuen ins Rennen schicken. Er kann ja, wenn es sein Gewissen beruhigt, weiterhin im Hintergrund Teams arbeiten lassen, die den Tag damit verbringen, Vorstandsvorlagen auszudrucken, die Bubble-Größe und Farbe in Präsentationen mit 10 Leuten abzustimmen und sich ansonsten den ganzen Tag PowerPoint-Folien gegenseitig zuzuschicken, aber ins Rampenlicht muss eine Person. Und nicht mehr!

CEO-Geschichten

Als Boss sind Sie das Gesicht der Firma. Sie sind die Firma. Und deswegen haben Sie auch mehr Verantwortung. Und bekommen mehr Geld. Warum? Weil Sie, wenn etwas schiefläuft, ein viel größeres Zerstörungspotenzial haben. Wenn einer Ihrer Mitarbeiter Mist baut, verliert er seinen Job. Aber wenn Sie Mist bauen, verlieren 3 000 Menschen ihren Job.

CEOs sollten Helden sein. Das Problem der heutigen CEOs ist allerdings, dass sie, wie *Die Zeit* es so schön formulierte, keine Alphamännchen, sondern Beta-Buben sind. Sie alle leben gesund, sind glatt rasiert, tippen ihre Mails selbst, fliegen Economy und laufen Marathon.[10] Die Storys der großen CEOs der Wirtschaftsgeschichte sind allerdings die von Querköpfen und Individuen. Von Bill Hewlett, dem Gründer von Hewlett Packard ist überliefert, dass er den Vorratsraum, in dem sich Büromaterial befand und der ständig abgeschlossen war, mit dem Bolzenschneider öffnete und seinen Mitarbeitern drohte, »diese Tür niemals mehr zu verschließen«. Jeder sollte einfach an Material herankommen, wahrscheinlich weil Bill wusste, dass das ständige Buchführen über Büroklammern und Notizblöcke viel teurer war als der gelegentliche Diebstahl durch einen Mitarbeiter.

Von Allianz-Urgestein Henning Schulte Nölle ist folgende Maxime überliefert, die er seinen Mitarbeitern sagte: »Jeder muss morgens mit einer Frage ins Büro fahren: Wie kann man aus diesem Saftladen

---

10 *Die Zeit*: »Die Super Männchen«, Kerstin Bund, Uwe Jean Heuser, 28. Juni 2012, S. 25

etwas Vernünftiges machen?«[11] Wie Psychologen feststellten, können sich Menschen nicht mehr als sieben Dinge auf einmal merken. Zu große Komplexität und Auswahl führen eher zur Zurückhaltung und Ratlosigkeit als zu einer größeren Gestaltungsfreiheit. Mit dieser Aussage Schulte Nölles kann jeder etwas anfangen. Es wird nichts beschönigt und jeder Mitarbeiter ist Teil der Story, aus dem »Saftladen« noch etwas Gutes zu machen, also alles zu einem Happy End zu führen.

Wie man es schlecht machen kann und durch falsche Kommunikation die ganze Firma verunsichert und schließlich als CEO achtkantig rausfliegt, zeigte Leo Apotheker von Hewlett Packard im Jahre 2011: Mal wollte er das PC-Geschäft, also das Urgeschäft der Firma, verkaufen. Dann wieder doch nicht. Dann wollte er, in Reaktion auf Apples durchschlagenden Erfolg mit dem iPad, auch in den Tablet Markt einsteigen. Dann wieder doch nicht. Und so weiter, bis Apotheker schließlich vom Aufsichtsrat gefeuert wurde, allerdings nicht ohne eine astronomisch hohe Abfindung zu kassieren, was seine Sympathie nicht gerade weiter erhöhte.

Jack Welch, der legendäre CEO von General Electric, verglich GE oft mit einem Gemischtwarenladen und wies immer auf die Notwendigkeit guter Storys hin. Nicht nur erzählte er die Ursprünge von GE, die bis zu Thomas Eddison und der Erfindung der Glühbirne zurückgingen, sondern er sagte auch, dass man als Führungskraft »ständig und hartnäckig immer die gleichen Storys erzählen müsse«. Recht hat er. Was der Mensch einmal gehört hat, vergisst er schnell wieder. Was er mehrfach hört, bleibt irgendwann hängen. Vor allem, wenn es »sticky« ist. Welch sagte, man dürfte als CEO keine Scheu haben, »relentless and boring« zu sein, also als Führungskraft mit großer Ausdauer immer die gleiche Geschichte erzählen.

Was passiert in einer heiligen Messe in der katholischen Kirche? Immer das gleiche Ritual. Seit 2000 Jahren. Funktioniert das? Aber ja. Auch wenn die Kirche mit Krisen zu kämpfen hat, sie existiert seit 2000 Jahren und hat mehr als eine Milliarde Mitglieder. Vielleicht steckt wirklich der Heilige Geist dahinter, dann erübrigt sich jede Diskussion über die Legitimation der Kirche. Falls nicht, scheint die Kirche, trotz aller Fehlschläge, einiges richtig zu machen. Ein Aspekt

---

11 In *FAZ*: »Henning Schulte Nölle 70 Jahre«, 25.08.2012,
    S. 14

ist die Wiederholung. Ein anderer Aspekt ist der Held. In diesem Fall
Jesus Christus. Auch der muss leiden, bevor es ein Happy End gibt.
    Michael Dell, der Gründer von Dell Computer, sammelte als Kind
Briefmarken. Als er sich die Magazine über einige Wochen lang an-
schaute, merkte er, dass die Preise von Briefmarken stiegen. Daraufhin änderte der junge Dell sein Geschäftsmodell. Er sammelte nicht
mehr, sondern er kaufte einigen Jungen in der Nachbarschaft deren
Briefmarken für wenig Geld ab. Dann gab er eine Annonce zu »Dell's
Stamps« im *Linn's Stamp Journal* auf, tippte einen 12-seitigen Katalog
seiner Briefmarken und verschickte ihn an alle möglichen Briefmar-
kensammler. Zu Michaels Überraschung verdiente er damit 2000
Dollar, was damals und besonders für einen Teenager sehr viel Geld
war. Daraus, so Dell, lernte er zwei Dinge: Wenn man eine gute Idee
hat, lohnt es sich, dafür hart zu arbeiten. Und wenn man viel verdienen will, sollte man den Zwischenhändler umgehen. Beides machte
er später noch einmal: bei Dell.
    Bill Gates gelang der Big Bang für seine Firma Microsoft, als er
IBM in den frühen 80er Jahren dazu überredete, die neue Serie von
Personal Computern mit MS-DOS (Microsoft Disc Operating System) auszustatten. Anstatt sich allerdings großartig Gedanken über
das System und dessen Programmierung zu machen, setzten Bill
Gates und Co-Gründer Paul Allen alles daran, den IBM-Managern ihr
System, das noch gar nicht fertig programmiert war, so gut es ging zu
verkaufen. Dies gelang. IBM erklärte sich einverstanden. Dies führte
dann allerdings sofort zu einem Luxusproblem: Microsoft hatte, als
IBM dem Deal dann endlich zustimmte, kein Operating System. Zufällig kannte Bill Gates einen Computer Nerd, der gerade ein eigenes
Betriebssystem namens »QDOS«(Quick and Dirty Operating System) programmiert hatte. Microsoft kaufte ihm das System für
40000 Dollar ab, benannte es in MS-DOS um und verkaufte es an
IBM für den 100-fachen Preis.
Auch wenn man über die Management-Ethik dieses Vorgangs strei-
ten kann, zeigt er doch, dass der Fokus auf Vertrieb und Kommunikation in diesem Stadium mehr half als das stumpfe Brüten über Pro-
gramm-Codes.[12] Bezogen auf die eingangs erwähnten Berater ver-

---

12 siehe dazu auch: Re-storying and
visualizing the changing entrepre-
neurial identities of Bill Gates and
Richard Branson, David Boje and
Robert Smith, Culture and Organiza-
tion, Vol. 16, 4.12.2010, 317

wendete Gates nicht viel Zeit auf das Finetunen um 3 Uhr morgens, sondern er bereitete die Story für den Verkauf vor. Auch wenn es das Verkaufsobjekt noch gar nicht gab.

Diese Vertriebsorientierung und Angriffslust haben Microsoft zu dem Milliarden-IT-Giganten gemacht, der er seit mehr als 20 Jahren ist und der – allen Todesbekundungen zum Trotz – nach wie vor einer der umsatz- und profitstärksten Konzerne der Welt ist; getreu dem alten Motto von Dschingis Khan: »Es reicht nicht, dass ich gewinne. Alle anderen müssen verlieren.«

CEOs müssen, wir sagten es schon, keine glattgebügelten Verwalter von der Stange sein. Ein klares Beispiel für eine eigene Art von Leadership, wie sie in keinem Management-Handbuch auftaucht, bietet auch Walter Elias Disney. Der Erfinder von Mickey Mouse und Donald Duck und damit den Lieblingen von nahezu Milliarden von Kindern, war privat und als Manager alles andere als umgänglich. Häufig verhielt er sich neurotisch, manisch und meist auch tyrannisch und führte strenge Verhaltensregeln in seinen Studios ein. So wurde zum Beispiel jeder, der in Gegenwart eines Mitglieds des anderen Geschlechts fluchte, auf der Stelle gefeuert. Auch verbot er allen männlichen Mitarbeitern von Disney, einen Bart zu tragen, obwohl der Meister selbst einen Schnurrbart trug. Ebenso war er ein glühender Verfechter von McCarthys Kampagne gegen den Kommunismus, was ihn bei der kreativen und traditionell eher linken Elite in Kalifornien nicht unbedingt beliebt machte.

Man mag sich wundern, wie es einem solch schwierigen und schwer zugänglichen Mann gelungen ist, ständig die besten und kreativsten Menschen um sich zu scharen, die für ihn ihr Bestes gaben, für ihn Figuren erfanden, die zeitlos sind und dadurch schließlich ein globales Multi-Milliarden-Dollar-Unternehmen aufzubauen, das seinen Namen trägt.

»Sein Ansatz und sein Einfluss waren universell und längst nicht nur auf die USA bezogen«, sagte Präsident Eisenhower auf Disneys Beerdigung. »Denn er ließ eine Saite erklingen, die es in allen Menschen gibt. Wir werden seinesgleichen so schnell nicht wiedersehen.«[13]

---

13 »His appeal and influence were universal, not restricted to his land alone, for he touched a common chord in all humanity. We shall not soon see his like again.«

Denn Leadership heißt nicht, nur die Soft Skills zu beherrschen, die auf den Business Schools gelehrt werden. Im positiven Sinne »besessen« zu sein von den Ideen, die man vorantreiben will, kann Mitarbeiter mehr motivieren als jede blutleere Brainstorming Session oder bürokratische Upward-Feedback-Rituale.

Auch aus Fehlern kann man eine gute CEO-Story machen: Der Fehler, den man einmal macht, macht einen stärker, damit man ihn – idealerweise – nicht mehr macht. So kann man Fehler auch als firmeneigenes Trainingsprogramm bezeichnen, was Mitarbeiter künftig dagegen wappnet, noch gravierendere Fehler zu machen. Wegen eines Fehlers einen Mitarbeiter zu feuern, ist daher äußerst ungeschickt.

Von Lou Gerstner, dem früheren CEO von IBM, ist bekannt, dass er einen Mitarbeiter, der gerade 500 000 Dollar versenkt hatte, nicht feuerte mit der Begründung: »Ich habe gerade 500 000 Dollar in diesen Mitarbeiter investiert. Davon will ich doch profitieren, nicht die Konkurrenz.« Wer Fehler am eigenen Leib spürt, wird sie in Zukunft vermeiden. Im kalifornischen Silicon Valley, der Heimat von Innovationsgiganten wie Apple, Google und Facebook, gilt es als schick, besser gleich mit einem verbesserungswürdigen Prototyp loszulegen und das Finetuning später zu machen, anstatt lange theoretisch herumzuknobeln. Ebenso gilt es als cool, wenigstens ein bis zwei Unternehmen auch einmal gegen die Wand gefahren zu haben.

Training und Simulationen mögen die Realität nachbilden, doch »Lernen durch Schmerzen« ist der nachhaltigste Lernerfolg. Ebenso sollte jeder eine zweite Chance bekommen, um einen eventuellen Fehler wieder gutzumachen. Jeder Fehler eines Mitarbeiters ist eine Investition des Unternehmens in diesen Mitarbeiter.

Von Virgin-Gründer Richard Branson sagte ein Lehrer schon früher: »Richard werde entweder Millionär werden oder im Gefängnis landen.«

Eine Institution ist der Schatten eines Mannes, nicht umgekehrt. Jeff Bezoz, Gründer von Amazon, hatte den Mut, etwas anzugehen, was alle anderen für völlig unmöglich hielten – den pünktlichen und preiswerten Versand nahezu aller Bücher – und mittlerweile auch anderer Waren – dieser Welt. »Unmöglich, niemals profitabel, Wahnsinn«, das waren die Äußerungen des Zweifels, mit denen Bezoz überhäuft wurde.

All diese CEO-Helden mussten Widerstände und Widersacher ertragen, am meisten in Form von Zweifeln, Gegenargumenten und Neinsagern. Das dümmste Gegenargument der Neinsager ist auch gleichzeitig das stärkste Totschlagargument: »Dafür gibt es keinen Markt!«

Dieses selten dumme Argument muss man sich noch einmal auf der Zunge zergehen lassen: Dafür gibt es keinen Markt. Nein, natürlich nicht! Oder, ja, denn wie sollte es auch sonst sein? In einigen Gegenden Afrikas zum Beispiel läuft niemand mit Schuhen herum. Ist dies nun ein attraktiver Markt – niemand trägt Schuhe, also braucht jeder Schuhe – oder ein unattraktiver Markt – niemand trägt Schuhe, also kauft auch keiner welche?

Das, was existiert, zum Maßstab für das Kommende zu machen, ist häufig zu kurz gedacht. Wenn ein innovatives Produkt auf den Markt kommt, gibt es dafür selbstverständlich keinen Markt – wie sollte man sonst ein neues Produkt für eben diesen neuen Markt erschaffen? Als Steve Jobs gefragt wurde, wie viel Marktforschung denn Apple für das iPad gemacht habe, ein Gerät, das den Tablet-PCs zuzuordnen ist und von denen bereits Microsoft und Hewlett Packard Jahre zuvor erfolglos einige angeboten hatten und das als Zwitter zwischen iPhone und Laptop vielleicht gar keiner braucht, sagte er: »So etwas Dämliches wie Marktforschung machen wir nicht. Was unsere Kunden brauchen, entscheiden nicht unsere Kunden, sondern wir.« »He knew what consumers wanted before they did«, urteilte dann auch die *Washington Post* zum Tod des Innovationsgenies Steve Jobs am 05. Oktober 2011.[14]

Manchmal hilft es auch, einfach nur so zu tun, als würde man das machen, was man machen soll, um dann doch das zu machen, was man ohnehin machen wollte, gemäß dem Zitat von John Townley Junior: *Agree, nod and then do what the fuck you wanna do anyway.*

Vom großen Michelangelo ist überliefert, dass seinem Patron Soderini die Nase der David-Statue, die Michelangelo für den Platz vor dem Palazzo Vecchio anfertigte, zu groß war. Michelangelo wusste, dass Soderini unrecht hatte, doch stieg er bereitwillig auf das Gerüst, klopfte mit dem Hammer auf den Meißel und ließ dabei ein wenig Staub aus der Hand rieseln, ohne an der Nase tatsächlich etwas zu

14 Quelle: *Washington Post*, 06.10.2011, S. 1

ändern. Soderini aber überzeugte die Prozedur und Michelangelo hatte durch eine einfache Handlung das Problem gelöst, anstatt sich in zahllosen Argumenten um Kopf und Kragen zu reden.

Leider gibt es aus Deutschland so gut wie gar keine Storys von Innovationen und Rebellen, sieht man mal von den zahlreichen Internet-Start-ups in Berlin ab. Der einzige Konzern von Weltrang, der hier in den letzten 30 Jahren gegründet wurde, ist SAP. Und das war's.

Die unterschiedlichen Rollen eines Helden

Schauen wir uns die möglichen Heldenrollen an, die auch ein CEO annehmen kann, dann gibt es folgende Archetypen:

Den **Rebellen**, der sich gegen die Autorität auflehnt. Neo in *Matrix* ist eine solche Figur, auch wenn er von Morpheus in diese Richtung geschubst wird.

Eine Organisation in Frage stellen oder nachhaltig verändern kann man meist nur dann, wenn man nicht Teil dieses Apparats ist. Dass heutzutage in Unternehmen mehr und mehr »Querdenker« eingestellt werden, die »über den Tellerrand blicken können«, passt sehr gut zu dieser Erkenntnis. (Jedenfalls wird das in Sonntagsreden behauptet, ansonsten ist Querdenken meist nur erlaubt, wenn der direkte Vorgesetzte in die gleiche Richtung querdenkt und das Ganze kein Budget verbraucht.) Fakt ist trotz allem: Unternehmen, die einmal erfolgreich waren, werden nur vordergründig vom Wettbewerb oder den widrigen Umständen von ihrer Position oder gar dem Markt verdrängt; in den meisten Fällen liegt der Grund in der Unfähigkeit zur Selbstkritik und Erneuerung von innen heraus.

Dinge kritisch zu hinterfragen hat immer einen Hauch von Rebellentum und Aufsässigkeit.

Als weiteren Typus gibt es die **Mama**, die für Sicherheit sorgt. Dies ist, bei einem männlichen Helden, oft eine Frauenfigur, in die sich der Held sogar verliebt; oder sie sich in ihn. Trinity in *Matrix* versorgt Neo, bevor und nachdem er in der Matrix angekommen ist, und verliebt sich schließlich auch in ihn. Rittersagen sind voll von holden Prinzessinnen, die die verwundeten Ritter auf ihren Schlössern umsorgen und gesundpflegen – und die nicht mit den bösen Feen und schwarzen Hexen verwechselt werden dürfen. Negativ kann die Mama schnell zur »Glucke« ausarten, die alles »totsitzt« und niemanden sonst nach oben kommen lässt. Bundeskanzlerin Angela Merkel wurde von diversen politischen Magazinen diese Fähigkeit zugeschrieben.

Dann gibt es den **Helden**, der das Böse bekämpft. Dies kann ein klassischer Hau-Drauf-Held wie Herkules sein oder Conan der Barbar, ein listiger Held wie Odysseus, oder ein völlig unterschätzter Held wie Bilbo Beutlin in *Der kleine Hobbit*.

Zum Helden gehört auch ein **Mentor**, der dem Helden aus der schwierigen Situation hilft (in die er ihn aber zunächst einmal hereingebracht hat). Der Mentor steht dem Helden zur Seite, löst aber auch Probleme, die es ohne ihn nicht gäbe. Er bringt seinen Schützling also erst einmal in die bedrohlichen Situationen, in die er ohne ihn gar nicht gekommen wäre. Ohne Morpheus wäre Neo nicht in der Matrix gelandet und bräuchte dessen Belehrungen und Geschichtsstunden über Matrix und Realität nicht. Ohne Gandalf hätten weder Bilbo noch Frodo das Auenland verlassen. Und ohne Obiwan wäre Luke Skywalker vielleicht einfach auf dem Planeten Tatuin geblieben, anstatt langwierige Familienforschung nach seinem Vater zu betreiben – und dabei böse überrascht zu werden.

Und schließlich gibt es noch den **Underdog**, der immer unterschätzt wird. Er kommt meist etwas abgerissen und unorganisiert daher, hat aber alle Zuschauer auf seiner Seite, weil er eben kein perfekter Held ist, sondern all die Schwächen hat, die der normale Zuschauer auch hat, aber trotzdem am Ende als lachender Sieger übrig bleibt. Bruce Willis in den *Die Hard*-Filmen ist eine solche Figur oder Ben Stiller als verzweifelter Single-Mann auf der Pirsch in *Verrückt nach Mary*. Es kann sehr lohnend sein, die Firma als Underdog zu positionieren: Laut einer Studie in der Zeitschrift *Entrepreneur* haben mehr als 70 Prozent aller Manager Sympathie mit dem Underdog.[15]

»Als wir kleiner waren, waren wir der Underdog, der Herausforderer«, hatte David Glass, früherer Weltchef von Walmart einst gesagt.

---

[15] Nach einer Umfrage unter Managern identifizieren sich 71 Prozent der Manager mit dem Underdog, der erst Hindernisse überwinden musste, um ans Ziel zu gelangen. Dies nennt man »Underdog Effekt«. In Wang, 2012, S. 72

»Aber wenn du Nummer eins bist, bist du nicht länger der Held. Dann bist du die Zielscheibe.«

Vorsicht vor Superstar-CEOs

Nun sollte man Helden-CEOs allerdings nicht mit teuer eingekauften PR-Profis verwechseln, die nur noch vor der Kamera stehen und ihren Job nicht mehr machen. Handelt es sich nicht gerade um ein Unternehmen, das ständig im Rampenlicht stehen muss, muss sich der CEO ohnehin am allermeisten *nach innen* positionieren, um seine Mitarbeiter mitzunehmen. Marc Sachon, Professor für Operations Management an der IESE, erzählte mir einmal seine Theorie, dass Presseartikel und Talkshow-Auftritte des CEOs häufig negativ mit dem Aktienkurs korrelieren.

In der Studie *Superstar CEOs*[16] analysierten Ulrike Malmendier und Geoffrey Tate die Gefahr, als mittelmäßiges Unternehmen prominente CEOs einzustellen und dann zu hoffen, dass diese aufgrund ihres Glamour-Faktors das Unternehmen retten. Dabei werden zum Beispiel Ex-Daimler-Vorstand Eckhard Cordes und Ex-McKinsey-Deutschland-Chef Jürgen Kluge bei Haniel bzw. Metro erwähnt, die leider nicht den erwünschten Erfolg brachten. Auch der glamouröse Thomas Middelhoff konnte Karstadt Quelle nicht retten. Diese CEOs, so die Studie, verbringen mehr Zeit dabei, Bücher zu schreiben, in Talkshows aufzutreten, Pressekonferenzen zu halten und sich in Davos sehen zu lassen, als dass sie das Unternehmen voranbringen – was nichts daran ändert, dass sie zunächst einmal für sehr hohe Gehälter und »Signing Bonuses« eingekauft werden. Vorsicht wäre dabei auch bei Sheryl Sandberg, dem weiblichen COO von Facebook, angebracht, die ebenfalls gerade ein Buch (*Lean In*) über ihre persönliche Erfolgsstrategie geschrieben hat. Die Autoren gehen nicht so weit, mediale Hyperaktivität eines CEO als klares Verkaufssignal für die jeweilige Aktie des Unternehmens zu interpretieren, zeigen

---

16 Ulrike Malmendier, Geoffrey Tate: *Superstar CEOs*,
Working Paper, National Bureau of Economic Research,
Cambridge MA, Juni 2008, http://www.nber.org/papers/
w14140.pdf?new_window=1

aber, dass Superstars, die sich selbst inszenieren können, meist nicht geeignet sind, einem strauchelnden Unternehmen zu helfen, da sie zu viel mit ihrer Selbstinszenierung beschäftigt sind, die dem Unternehmen in dieser Situation aber herzlich wenig hilft. Sie haben es lediglich in einem Gebiet zur Meisterschaft gebracht und das ist die Selbstinszenierung.

Geht es allerdings darum, ein behäbiges Unternehmen auf Trab zu bringen, dann kann ein wenig Showbusiness nicht schaden. Ein gutes Beispiel ist Jack Welch, der General Electric gehörig auf Kurs brachte.

Perfekt ist die Inszenierung eines Unternehmens, wenn man es mit einer Figur assoziiert. General Electric ist der gute Bürger, Coca-Cola und Aldi sind Familienmitglieder, ebenso wie Volkswagen. Apple ist der intellektuelle Rebell und hat sich jahrelang erfolgreich als Underdog positioniert und damit sehr großen Erfolg gehabt, wie wir im Folgenden noch sehen werden. Ronald McDonald ist der kinderliebende Clown, der allerdings durch Stephen Kings Thriller *ES* und den bösen Clown »Pennywise« einige Federn lassen musste.

Der gegenwärtige Krimiboom lässt sich übrigens auch mit der Verehrung von Underdogs begründen, denn oft sind die Hauptfiguren dort einzuordnen. Und interessanterweise sind auch bei den ganz harten Thrillern à la Cody McFadyen und Chris Carter fast 80 Prozent der Leser Frauen, die sich im realen Leben ausgesprochen nett und friedlich verhalten.

Ich kann mir das so erklären, dass Seelenzustände und innere Konflikte per se interessant sind. Ein weiterer Aspekt ist der Tod. Der Tod ist in unserer Gesellschaft ausgelagert worden und ich denke, die meisten Menschen haben noch nie eine Leiche gesehen, jedenfalls nicht außerhalb von *CSI*, *Crossing Jordan* und so weiter. Ebenso verlieren die Religionen in Europa immer weiter an Einfluss, was auch eine Beschäftigung mit einer möglichen Existenz nach dem Tod ausschließt. Der Tod wird also auf allen Ebenen verdrängt. Und wie das mit den verdrängten Dingen nun einmal so ist, die man an der Haustür abgewiesen hat, kommen sie durch die Hintertür im Deckmantel der Subkultur wieder herein.

Je mehr der Tod von unserer glatten, politisch korrekten Lifestyle-Gesellschaft zur Persona non grata erklärt wird, desto mehr lässt er sich als Underdog feiern.

Was Storys ausmacht: ein Held und ein Schurke

Damals im Religionsunterricht sagte ein Teilnehmer, dass die Welt recht langweilig geworden wäre, wenn Adam und Eva nicht in den Apfel gebissen hätten. Auch wenn der Pastor diese Erkenntnis nicht unbedingt teilte, ist ein geruhsamer Garten Eden, in dem sich alle wohlfühlen, sicher nicht das Setting für packende Storys. Und die Schlange, oder Satan, waren in diesem Fall die Regisseure, die in die große Geschichte des Alten Testaments das hereingebracht haben, was jede gute Story braucht: Drama und Konflikt. Und, gemäß der Heilslehre, die die Bibel vertritt, am Ende ein Happy End.

Und so wie jede Story einen Held braucht, der die Höhen und Tiefen durchschreitet, so braucht jeder Held einen Schurken. Kein Adam und keine Eva ohne den Teufel, kein Luke Skywalker ohne Darth Vader. Manchmal ist der Schurke so stark und originell, dass er fast selbst zum Helden wird, wie Fritz Langs berühmter »Dr. Mabuse«.

Wir erwähnten schon, dass gute Geschichten einen Protagonisten brauchen und dass ein Team oder ein komplexes Gebilde wie eine Firma meist nicht zum Protagonisten taugt. Clarice Starling, nicht *das FBI,* muss sich vor Hannibal Lecter seelisch ausziehen, um den Frauenmörder Buffalo Bill in *Das Schweigen der Lämmer* zu jagen. Genauso haben auch erfolgreiche Unternehmen ihren Helden, Microsoft hat Bill Gates, Apple hat Steve Jobs, Google hat Larry Page, Facebook hat Mark Zuckerberg. Natürlich haben es inhabergeführte Unternehmen hier einfacher als von Managern geführte Großunternehmen. Doch die Herausforderung ist die gleiche. Der Held muss einer Gefahr, einer Herausforderung gegenüberstehen und dies ist der Antagonist, der Gegner, der Schurke. Denn wenn im Unternehmen alles glatt und einfach läuft, ist die Story dieses Unternehmens langweilig. Konsequenterweise ist die Gattung »Thriller« – eine harte, drastische Handlung mit Happy End – damit auch die am besten geeignete Story-Gattung, um Ideen dynamisch, dramatisch und am Ende dennoch siegreich darzustellen.

Die dunkle Seite

Fangen wir einmal mit drei Geschichten an: Im Zweiten Weltkrieg schickte die Royal Air Force täglich Bomber über den Ärmelkanal. Viele der Piloten richteten eine Menge Schaden an, doch viele kehrten auch nicht zurück. Um künftig weniger Opfer unter den Piloten zu haben, beschloss die britische Luftwaffe, die Maschinen besser zu panzern. Die Frage war nur, wo? Die Antwort schien einfach: Man untersuchte die Maschinen nach den Stellen, an denen sich die meisten Einschusslöcher fanden. Hier wurde dann Extra-Panzerung angebracht. Klingt logisch, oder? Ist es aber nicht. Denn die Maschinen wurden dadurch nicht sicherer und es kehrte immer noch die gleiche prozentuale Anzahl an Piloten nicht zurück. Wie konnte das sein? Man mutmaßte, dass die Extra-Panzerung die Maschinen schwerer machte und sie dadurch schlechter zu manövrieren waren. Doch war das der Grund? Nein. Vielleicht machte die Extra-Panzerung die Maschinen schwerer. Sie machte sie aber auf alle Fälle nicht sicherer. Warum? Weil hier ein klassischer Denkfehler vorlag. Weil die Maschinen und die Piloten trotz der Einschüsse an diesen Stellen zurückgekehrt waren – ansonsten hätten die Ingenieure der Luftwaffe sie ja gar nicht untersuchen können. Die Maschinen, die an anderen, empfindlicheren Stellen getroffen wurden, kehrten nicht zurück. Und diese Stellen, die niemand kannte, wurden auch nicht mit mehr Panzerung verstärkt. Die Maschinen blieben unsicher. Und weitere Piloten starben.[17] Der wahre Antagonist blieb unbemerkt.

Kommen wir zu einer weiteren Geschichte mit zwei Jungen. Einer von ihnen war als Kind sehr unsicher und hatte keine Freunde. Er glaubte, dass seine Nase viel zu groß sei und wäre am liebsten unsichtbar gewesen. Seine Mutter sagte, dass er vor allem Angst hatte und sich unter dem Bett versteckte, wenn die Zweige der Bäume bei einem Sturm gegen die Fenster schlugen. Dieser Junge hieß Steven. Steven Spielberg.

Dann gab es einen Jungen, der mit 12 Jahren zu einem Psychologen geschickt wurde, da er sehr scheu und still war. Er hatte auch keine Freunde und zog es vor, im Keller des elterlichen Hauses in ver-

---

17 Mehr dazu unter *FAZ*: »Auf die Verlierer kommt es an«, 07.10.2012, S. 40

schiedenen Lexika zu blättern. Und er hatte panische Angst vor dem College Ball, da er fürchtete, von einer Frau einen Korb zu bekommen. Als er sich dann endlich getraut hatte, ein Mädchen anzusprechen, ob sie seine Begleitung für den Ball sein wolle, gab diese Dame ihm einen Korb – was den Jungen in tiefste Verzweiflung stürzte. Dieser Junge war William Gates. Heute besser als Bill Gates bekannt.

Diese Geschichten zeigen zweierlei. Es lohnt sich, sich auch die Verlierer anzuschauen. Normalerweise werden nur die Gewinner untersucht. Was dazu führt, dass zwar die Faktoren, die zum Erfolg führen, in den Himmel gelobt werden, auch wenn sie nur mit einer verschwindend geringen Wahrscheinlichkeit eintreffen. Dass aber auch die anderen Faktoren, die das Risiko beherbergen, übersehen werden. Genauso wichtig ist es aber, sich auch die Faktoren anzuschauen, die den Erfolg reduzieren können. Und das wird viel seltener gemacht.

Und es lohnt sich, die dunkle Seite, die Seiten der Angst, des Misserfolgs und der Unsicherheit zu studieren und zu zeigen, wie man diese Faktoren besiegt und am Ende stärker daraus hervorgeht. Wie Steven Spielberg und Bill Gates. Denn das Unerfreuliche ist Teil der Realität und Teil des menschlichen Strebens. Und die Ereignisse, die uns stark machen, kommen von der dunklen Seite. Nur wenn wir Hindernisse überwinden, werden Endorphine ausgeschüttet. Wenn wir das Schlechte und das Unerfreuliche verschweigen, wird die Story nicht glaubhaft.

Wahrscheinlich haben Sie auch schon häufiger festgestellt, dass es für Sie als Führungskraft meist nicht funktioniert, den Mitarbeitern eine rosige Realität vorzuspielen. Normalerweise ist die Organisation, gerade was schlechte Nachrichten angeht, viel weiter als der Vorstand; schon allein aus dem Grund, da die Mitarbeiter die schlechten Nachrichten bereits aus der Zeitung kennen, lange bevor die verschnörkelten und beschwichtigenden E-Mails von Corporate Communications in ihren Inboxen landen. Auch die Bürger Deutschlands wissen bereits, dass durch die Euro-Krise ein Großteil ihres Geldes auf Nimmerwiedersehen verschwinden wird und dass es auch keine Rente gibt. Die Einzigen, die das noch verdrängen, sind die Politiker; zum einen, weil sie eh in einer eigenen Welt leben, die mit der Realität nichts zu tun hat, und weil schon seit Jahrzehnten dieselben für die EU und die Eurozone zuständig sind, sodass gar kein frischer

Wind von außen zugelassen wird. Die, die den Wagen gegen die Wand gefahren haben, sind die, denen man vertrauen soll, ihn wieder flott zu machen. So denken alle gleich und so soll es auch sein. »Group Think« oder »Gruppendruck« nennen das Soziologen. Zum anderen, weil sie Angst davor haben, den Menschen die unschöne Wahrheit zu sagen. Doch das ist falsch. Stephen King wurde einmal kritisiert, dass er ein Kinderbuch empfahl, in dem eine Katze wegläuft und nicht mehr wiederkommt. Dazu sagte er, dass man Kindern nun einmal beibringen müsse, dass Katzen manchmal nicht wiederkommen. So sei nun einmal die Realität. Und er sagte, dass Kinder mit schlechten Nachrichten sehr viel besser umgehen können, als Erwachsene oft meinen. Bei Firmen und Mitarbeitern ist es genauso.

Filme können zur Inspiration einige lohnende Beispiele geben, wie man in einer Krise überzeugend kommuniziert und trotzdem nicht in Leichenbittermiene verfällt.

Im Film *Braveheart* muss William Wallace, gespielt von Mel Gibson, die Schotten überzeugen, gegen die Engländer zu kämpfen, deren Armee größer und besser ausgestattet ist. Er behauptet dabei gar nicht erst, dass alles gut enden könnte.

»Wir könnten sterben«, sagte einer der Schotten.

Das wird von Wallace nicht abgestritten. »Kämpft und ihr könntet sterben«, sagt er. »Flieht, und ihr könntet leben.«

Dann wendet er einen rhetorischen Kunstgriff an und erzählt die Geschichte der Schotten von ihrem Ende her. Gesetzt den Fall, alle würden fliehen, wie würden diese Schotten am Ende des Lebens auf ihr Leben zurückblicken? Würden sie nicht bereuen, dass sie nichts getan haben, als sie es konnten, auch wenn die Gefahr bestand, dabei zu sterben?

»Kämpft und ihr könntet sterben«, sagt er. »Flieht, und ihr könntet leben. Und wenn ihr dann eines Tages alt und schwach in euren Betten liegt, wärt ihr dann nicht bereit, jeden Tag von dann bis zum heutigen Tage einzutauschen, um noch einmal hier stehen zu können und ihnen zuzurufen: Ja, sie mögen uns unser Leben nehmen. Aber niemals unsere Freiheit!«

Wallace versucht gar nicht erst, die schlechte Realität schönzureden. Er konterkariert sie jedoch mit etwas, das noch viel schlechter erscheint: Am Ende des Lebens das Gefühl zu haben, nicht das getan zu haben, was man tun sollte. Wir sagten es schon: Die Natur – und auch der Mensch – mag kein Vakuum und es ist immer schlimmer, zu bereuen, etwas nicht getan zu haben, als zu bereuen, etwas getan zu haben. Wallace konfrontiert die Schotten mit einem »Unhappy End«, das in der Zukunft liegen könnte, und zeigt ihnen, was sie tun müssen, um am Ende ein Happy End herbeizuführen, auch wenn es schmerzvoll und für viele tödlich sein könnte.

In *An jedem verdammten Sonntag* von Oliver Stone muss Al Pacino als Fußballmanager Tony D'Amato seine Mannschaft, die kurz vor dem endgültigen Abstieg steht, vor dem finalen Match mental aufbauen. Auch hier wird nichts beschönigt. »Ich weiß nicht, wie ich es euch sagen soll, Männer«, beginnt D'Amato. »In drei Minuten beginnt die größte Schlacht unserer Profilaufbahn. Heute wird sich alles entscheiden. Entweder bestehen wir als ein Team, oder wir zerbrechen ... Wir stecken knöcheltief in der Scheiße, Männer.« Und macht gleichzeitig klar, dass er der Letzte ist, der für die Spieler ein gutes Vorbild sein kann. Er, der sein gesamtes Vermögen verplempert und jeden Menschen, der ihn in seinem Leben geliebt hat, vertrieben hat. Und dann macht er aus dem nächsten Spiel eine greifbare Story, die dem Wort »Teamgeist« eine neue – und glaubhafte – Dimension gibt: Jeder muss alles für den anderen tun, weil er genau weiß, dass der andere das für ihn auch tun würde. Jeder muss sich um die Kleinigkeiten kümmern, aus denen etwas Großes werden kann. »Für ein paar Zentimeter zerreißen wir uns selbst und jeden, der dazugehört, in Stücke. ... Weil wir wissen, wenn wir all diese Zentimeter zusammenzählen«, so D'Amato, »dann ergibt das am Ende den verdammten Unterschied zwischen Gewinnen und Verlieren.« Und schließt dann ab: »Entweder wir gewinnen als Team, oder wir sterben als Individuen. So einfach ist das. Das ist Football.« Das Team entbindet er damit nicht von der Verantwortung des Einzelnen. Sondern nur durch den Einsatz des Einzelnen kann das Team gewinnen, und nur im Team gewinnt auch der Einzelne, weil nicht jeder nur für sich, sondern auch für den anderen kämpft.

Für die Spieler wird der einzelne Einsatz auf diese Weise greifbar. Und es wird dennoch klar, dass einer allein diese Leistung nicht bringen kann, dass nur all die Zentimeter aller Individuen die Gesamtleistung erbringt, die zum Sieg der Mannschaft führen – was im Film als Happy End natürlich auch passiert.

Während also viele Unternehmensteams nur dazu da sind, um Verantwortlichkeiten verschwimmen zu lassen, wird hier durch die »Zentimeter-Metapher« deutlich gemacht, was jeder beitragen muss. Oliver Kahn sagte mir einmal in einem Gespräch auf dem BCG Brand Club im Jahr 2009, dass im Fußball die Mannschaft das Spiel gewinnt, dass aber die Spieler die Tore schießen. Besser hat Al Pacino das auch nicht zusammengefasst.

Der Schurke in Ihrer Präsentation

Unternehmen, die einen Wettbewerber als Schurken definieren, haben motiviertere Mitarbeiter und sind auch erfolgreicher. Ich selbst habe in meinen Jahren bei der Boston Consulting Group seit dem ersten Tag gesehen, wie man versucht hat, den größeren Mitbewerber McKinsey zum Schurken zu machen. BCG war immer der gute Luke Skywalker, McKinsey war so etwas wie Darth Vader. Die Story der »guten Kreativen von BCG« und »der bösen Technokraten von McKinsey« schaffte es sogar in die Top-Medien und sämtliche Recruiting-Beilagen großer Zeitungen. McKinsey-Berater, mit denen ich gesprochen habe, bestätigen mir, dass der Kreativ-Nimbus BCG nach wie vor hilft, gute Mitarbeiter zu finden und McKinsey im Bewerbungsprozess auszustechen, auch wenn man McKinsey im Moment attestieren muss, mit seinen Investitionen im Bereich Beratung, Weiterbildung und neuen Geschäftsmodellen klar der kreativere Berater von beiden zu sein.

Auch in Präsentationen oder Verkaufsprospekten können Sie eine Held/Schurke-Story aufbauen. Nehmen wir als Beispiel erst einmal eine »langweilige« Präsentation. Ein Start-up aus der Pharma-Branche braucht frisches Kapital und will neue Investoren ins Boot holen. Sie könnten jetzt folgendermaßen argumentieren:

- *Wir haben ein Mittel gegen Herzattacken erfunden.* Gut, die Info muss sein.
- *Der Markt ist sehr attraktiv.* Es wäre die erste Firma, die Geld will und die behauptet, dass ihr Markt nicht attraktiv wäre.
- *Die Ärzte und Krankenhäuser wollen das Mittel auch kaufen.* Auch hier würde niemand behaupten, dass irgendwer irgendetwas, das die Firma anbietet, *nicht* kaufen will.

- *Mit den Gewinnen, die wir damit in den nächsten drei Jahren einfahren, können wir die Entwicklungskosten komplett decken.* Klingt auch gut.
- *Unser Aktienpreis wird um 100 Prozent steigen.* Klar, warum nicht gleich 200 Prozent?
- *Die Zukunftsaussichten sind fantastisch!* Was sollten sie sonst sein? Übermorgen schlagen wir Gott k. o.!

Keiner der Private-Equity-, Venture-Capital-Leute oder Investment-banker würde irgendetwas anderes erwarten. Es wäre das erste Unternehmen, das in einer solchen Präsentation nicht sagen würde, dass es in den nächsten Jahren fantastische Gewinne macht. Oder haben Sie schon einmal gehört, dass jemand, der sein Unternehmen verkaufen will, sagt: *Kaufen Sie! Wir werden die nächsten 10 Jahre nur Verluste machen!* Perfekt sieht daher alles aus, was dort präsentiert wird, denn schlechte Nachrichten wären nicht sehr verkaufsfördernd. Doch gibt es eine emotionale Bindung zum Firmengründer? Gibt es eine Story, die einen Held, einen Bösewicht und ein Happy End hat? Und wo der Investor das Gefühl bekommt, er müsste auch Teil dieser Erfolgsstory sein? Gibt es irgendetwas, an das sich die Private-Equity-Leute, Hedgefonds-Manager und Investmentbanker, wenn sie im Flieger zurück nach London sitzen, erinnern, jenseits der Hochglanz-folien und der Excel Sheets? Eher nicht.

So könnte eine spannende Story aussehen (und vielleicht haben Sie auch schon gemerkt, dass im Wort »equity story« auch das Wort »story« steckt).

- *Mein Vater starb an einem Herzinfarkt.* Dies zeigt eine klare Motivation, warum der Gründer Medizin studiert und das Start-up aufgebaut hat. Die Natur selbst, die ihm seinen Vater genommen hatte, war sozusagen der erste Bösewicht, den er besiegen wollte.
- *Ich habe dieses Start-up gegründet, damit so etwas kommenden Generationen nicht mehr passiert. Wir haben Tag und Nacht gearbeitet, um das Mittel zu entwickeln.* Die Jungs zeigen Drive und Taten-drang. Das wollen Investoren sehen.
- *Doch dann kamen neue Gegner: Geldmangel! Und das Gesundheits-ministerium und die Aufsichtsbehörden.* Die Natur war nicht der einzige Gegner. Die junge Firma und der Gründer müssen beweisen, dass sie auch andere »Schurken« besiegen können.

- *Wir mussten schnell genug sein, das Mittel zu entwickeln, die Genehmigung zu bekommen und gleichzeitig nicht insolvent zu werden.* Jetzt ist alles auf des Messers Schneide. Und alle sind gespannt, wie es weitergeht.
- *Und??? Wir haben es geschafft! Wir haben das Mittel entwickelt und schon 50 Millionen Euro damit eingenommen.* Happy End. Aber noch besser könnte es werden, wenn der Investor einsteigt, dann haben alle mehr davon.
- Wollen Sie mitmachen?

Solch eine Story ist natürlich kein Allheilmittel, um immer und jederzeit Geld zu holen, und jeder, der schon einmal für ein Start-up Geld eingesammelt hat, weiß, dass dies eine der größten Ochsentouren ist, die sich ein Mensch zumuten kann. Dennoch können derart personalisierte Equity Storys helfen, um sich von anderen Präsentationen, die auch alle Geld eintreiben sollen, abzuheben. Der Investmentbanker, der gerade die Präsentation gehört hat, mag im Flieger zurück nach London sitzen, seinen Weißwein trinken, die Lichter von Heathrow sehen und sich denken: »Drei, vier der Firmen, mit denen ich heute gesprochen habe, waren ganz spannend. Wen rufe ich da mal an? Vielleicht die mit dem Typen, dessen Vater gestorben ist und die dann das Mittel entwickelt haben ...«

Ein guter CEO sollte in der Lage sein, seine persönliche Story mit der Firmen-Story zu verbinden. Die folgende Story ist ein Beispiel aus einem Workshop, den ich geleitet habe und wo es darum ging, wie man eine Holding oder eine AG, die aus verschiedenen Tochterunternehmen besteht, zu einem großen Ganzen verbinden kann, ohne dass die einzelnen Teile ihre Einzigartigkeit verlieren, und wie man die Geschichte dazu mit seiner eigenen Geschichte verknüpfen kann.

Als ich noch zur Schule ging, habe ich Fußball gespielt. In der Mannschaft waren wir damals unschlagbar. Jeden Samstag ging es aufs Feld und manchmal ging es mit dem Krankenwagen zurück. Ich war Stürmer, Thomas war rechts außen, Markus und Frank in der Verteidigung. Holger im Tor. Ach ja, und dann war da noch der dicke Bernd, der trotz seiner Körperfülle immer am richtigen Platz war. Wir hätten auch alle anderen Sportarten machen können, andere Hobbys, jeder für sich allein. Doch wir haben weitergemacht, weil wir wussten, dass wir als Team mehr sind als nur 11 Leute.

Heute bin ich Vorstand beim Industrieversicherer XY und manche sagen: »Du bei der Versicherung? Du wolltest doch Fußballprofi werden.« Und ich sage: »Eigentlich bin ich das noch immer. Ich bin Stürmer in einem tollen Team. Und dieses Team ist die Holding XY.«

XY ist nur ein Spieler der XY Holding, in unserem Team sind natürlich noch andere Spitzenspieler. Die A, die B und die C und viele mehr. Jeder dieser Spieler ist Profi in seinem Spezialgebiet, so wie es damals Thomas, Markus, Frank, Holger und der dicke Bernd waren. Jeder ist einzigartig. Und trotzdem ist jeder Teil eines großen Teams. Die XY Holding.

Mein Trainer sagte damals zu mir: »Es sind die Spieler, die die Tore schießen, doch es ist das Team, das gewinnt.

Dieses Team ist unsere Zukunft, weil jeder unserer Spieler einzigartig ist. Und weil wir gemeinsam mehr sind als die Summe unserer Teile. Gemeinsam sind wir – die XY Holding.

Apple und die Underdog Story

Menschen haben mehr Sympathie mit dem Underdog als mit dem glattgebügelten Gewinner-Typen.

In erfolgreichen Thrillern, Filmen oder auch Fernsehserien gibt es meistens einen Helden oder zwei, die »überlebensgroß« sind, und im Gefolge die »Normalen«, die, mit denen sich jeder identifizieren kann. Wenn diese Normalos es im Leben auch noch etwas schwerer haben und trotzdem am Ende erfolgreich sind, umso besser. Geteiltes Leid ist halbes Leid und dem Underdog gönnt man als Leser oder Zuschauer jederzeit den Erfolg. Apple hat es trotz seiner Größe immer geschafft, sich als Underdog zu inszenieren, insbesondere durch die (Anti-)Helden-Inszenierung von Steve Jobs. Und auch wenn es im Moment ein wenig knirscht im Apple-Getriebe, sicher auch deswegen, weil es Steve Jobs nicht mehr gibt, hat Apple gerade in Asien, aber auch in den USA und Europa, nach wie vor gewaltigen

Kultstatus. In China bot eine 18-Jährige ihren Körper im Internet demjenigen an, der ihr ein iPhone 4 schenken würde. Ein 17-Jähriger ging noch weiter und verkaufte sogar seine Niere, um genug Geld für ein iPad 2 zu haben. [18]

Die IT- und Computer-Branche ist natürlich zunächst einmal ein eigenes Gewächs. Moore's Law besagt, dass die Zahl der Transistoren, die auf eine gegebene Fläche Silizium passen, sich alle 18 bis 24 Monate verdoppelt. Das heißt, es gibt eine Menge Potenzial, es gibt aber auch eine Menge Druck. Der von Intel-Gründer Andy Groves geprägte Spruch »Nur die Paranoiden überleben« war nicht nur so dahingesagt.

Schauen wir uns einmal die wichtigsten Punkte der Geschichte von Apple an:

Im Jahre 1984 kam der MacIntosh auf den Markt, verbunden mit einer aufwändigen Werbung, bei der *Alien-* und *Gladiator*-Regisseur Ridley Scott Regie führte. »1984 kommt der MacIntosh«, wurde dort gesagt, »und damit werden wir alles tun, damit 1984 nicht 1984 wird.« Die Werbung ist auch auf Youtube zu sehen und die Referenz an George Orwells Überwachungsklassiker *1984* tut alles, um IBM und Microsoft als die bösen autoritären Regimes darzustellen, die es, so die Pflicht des Underdog-Apple-Nutzers, zu besiegen gilt.

Später wurde Steve Jobs gefeuert, kam wieder zurück und sanierte Apple, die Firma, die prominente IT-Größen wie Michael Dell schon am Boden sahen, zu alter Stärke. Als ersten Coup führte er 2001 den iPod ein, den er mit dem griffigen Slogan »1000 songs in your pocket« – »1000 Songs in deiner Tasche« einführte. Eine willkommene Abwechslung war dieses Gerät im Vergleich zu den bis dahin dagewesenen MP3-Playern, für deren Bedienung man nahezu ein Informatik- oder Ingenieurstudium brauchte. Das Interessanteste am iPod aber war, dass Apple ein Produkt hergestellt hatte, für das es als Firma erst einmal gar nicht prädestiniert war. Warum? Es handelte sich um einen Musikplayer, bei dem man die Musik – legal! – über das Internet herunterladen konnte. Wer hatte den Walkman erfunden? Und den Discman? Sony! Haben die den iPod erfunden? Nein! Und legalen Musikdownload? Das sollte doch den Plattenfirmen wie Warner Music, BMG, EMI & Co. gut gefallen. Haben die es erfun-

---

18 *FAZ.* »In diesem Apfel steckt kein Wurm«, 22.08.2011, S. 23

den? Nein! Thomas Middelhoff, der damalige CEO von Bertelsmann war im Jahre 2000 visionärer als manche und wollte die (illegale) Tauschbörse Napster kaufen. Wurde aber vom Aufsichtsrat zurückgepfiffen und später gefeuert. Also, Fehlanzeige bei den Plattenfirmen.

Und Musikdownload über das Internet: Das hätte doch auch einer internet-affinen Firma wie Microsoft oder auch Oracle oder Cisco gut zu Gesicht gestanden. Hat es aber nicht! Der iPod kam in allen drei Dimensionen (Musikplayer, Musikstücke kaufen, Download über das Internet) von einem kompletten Outsider, der mit allen drei Geschäftsbereichen bisher so gut wie gar nichts zu tun hatte. Dies zeigt zweierlei.

Erstens: Es ist manchmal einfacher, das System von außen anstatt von innen zu ändern – dafür sind Unternehmensberater erfunden worden, oder CEOs wie Steve Jobs, die erst gefeuert werden und dann wieder ins Unternehmen zurückkommen. Und zweitens: Die Rebellen-Attitüde, die Steve Jobs predigte, lebte Apple auch. Apple scherte sich nicht darum, wer laut Business Model für was zuständig war. Apple drückte seine neue Erfindung einfach in den Markt und fragte niemanden. Die Kunden am allerwenigsten. Doch die griffen begeistert zu. Und bugsierten Apple wieder in die schwarzen Zahlen. Steve Jobs war zurück!

Nachteil als Vorteil

Oft ist es schwierig, einen Nachteil als einen Vorteil zu sehen. Was kann gut daran sein, weniger Geld zur Verfügung zu haben als andere oder weniger Erfahrung aufzuweisen als etablierte Marktteilnehmer? Was kann, für Apple, gut daran sein, eben nicht Sony, der Erfinder des Walkmans und Discmans, keine Plattenfirma oder keine Internetfirma zu sein?

Die iPod-Story ist die klassische Story von David und Goliath. Jeder kennt die Geschichte von dem Hirtenjungen David, der den Riesen Goliath bezwang. Er war ein »Anfänger« in der Kunst des Krieges. Er verfügte über keine militärische Ausbildung, konnte als Hirte nicht mit Schwert und Schild umgehen und griff daher auf die Steinschleuder zurück, die einzige Waffe, die er kannte, und auch die einzige Waffe, mit der er den Riesen – aus sicherer Entfernung – besiegen konnte. Bei Google war es ähnlich: Im Chaos des mit blinkenden Icons überladenen Internets wirkt die leere, weiße Google-Seite erholsam – der Grund dafür ist allerdings, dass Larry Page und Sergey Brin bei der Gründung von Google einfach nicht genug Geld hatten, um für die Gestaltung der Website noch einen Designer zu engagieren. So schnell kann ein Nachteil zu einem Vorteil werden.

Ein »Anfänger« in einem etablierten Markt, wie es der iPod oder später das iPhone war, ist in der Lage, durch neues Denken jenseits etablierter Strukturen den existierenden Markt neu zu ordnen. Erfolgreiche Unternehmen wie Apple bewahren sich diesen »beginner spirit« eines Davids, selbst wenn sie schon die Größe eines Goliath erreicht haben.

Today we reinvent the phone

Anfang 2007 gab es wieder einen großen Knall. Das iPhone! Ich erinnere mich, dass ich den Bericht von der jüngsten Apple Convention im Januar 2007 beim Frühstück in einem Hotel in Miami las, wo wir gerade einen Workshop mit dem Strategie-Institut der Boston Consulting Group durchführten. Zugegeben, auch wir waren skeptisch: Apple und Handys? Es gibt doch schon so viele, diskutierten wir. Und was sollte am iPhone so viel anders sein? Und reicht es, einfach seinen Namen von »Apple Computers« in »Apple« zu ändern, wie Apple es damals tat? Auch die Karstadt Holding änderte ihren Namen für teures Geld in »Arcandor«, ohne dass irgendetwas besser wurde. Die Antwort ist also Nein. Aber auch Ja. Jedenfalls bei Apple. Denn es reichte nicht. Und es reichte. Und Apple tat um einiges mehr, als nur seinen Namen zu ändern und ein weiteres Mobiltelefon auf den Markt zu bringen. So erfand Apple nicht nur die berühmten Apps. Mit dem iPhone wurde endlich eine nutzerfreundliche Oberfläche eingeführt, bei der man sich nicht wie bei Siemens, Nokia & Co. durch seitenlange Anleitungen quälen musste. Und Apple erschuf ein Telefon, das endlich einmal internetfähig war. Juan Castellanos, der Apple-Chef von Spanien, erzählte mir, wie er 2007 Topmanagern von Nokia und Motorola das iPhone vorstellte und ihnen zeigte, wie einfach man damit online gehen konnte. Die Herren behaupteten allesamt, dass man das mit ihren Geräten auch könnte, bis sie es selbst probierten und merkten, dass es längst nicht so gut funktionierte wie mit dem iPhone. Und wer sich als früher Nutzer von mobilem Internet noch an die schmerzhaften Gehversuche alias *WAP* (eigentlich *Wireless Application Protocol,* aber besser passte *Wait and Pay*) erinnert, hatte sich bis zum iPhone wahrscheinlich damit abgefunden, dass Internet über das Handy entweder sehr langsam, sehr teuer, unmöglich oder alles drei auf einmal ist. Doch Apple tat noch etwas anderes. Erinnern Sie sich an die Szene in *Fight Club,* wo Edward Norton sich im Angesicht seines Chefs selbst zusammenschlägt? Das tat Apple auch: Apple tat sich genau genommen Gewalt an. Stellte sich selbst in Frage. Warum? Weil man auf dem iPhone auch per iTunes und Download Musik abspielen konnte. Das konnte man auf dem iPod auch. Wenn man also ein iPhone hat, braucht man dann noch einen iPod? Nicht unbedingt. Was also kaufen Sie stattdessen? Ein mobiles Gerät, mit dem man *auch* Musik hören konnte, aber auch noch telefonieren. Und nicht *nur* Musik hören (als iPhone statt iPod).

Durch das iPhone gingen die iPod Verkäufe merklich zurück. Denn wer ein iPhone hatte, kaufte kein iPod mehr. Apple war also bereit, sich zu kannibalisieren und zeigte auch dadurch, dass es der Underdog und Rebell ist, für den keine Gesetze gelten. Denn ansonsten hätte vielleicht ein anderer Anbieter irgendwann ein Handy auf den Markt gebracht, mit dem man auch Musik herunterladen konnte (was später auch geschah). Nur dann hätte dieser Anbieter das Geld gemacht und nicht Apple. Apple handelte also nach der Devise: Entweder du kannibalisierst dich selber und das Geld bleibt im Hause. Oder andere werden es tun. Und nehmen dir das Geld weg.

Das iPhone wurde ein Erfolg. Und glich die Umsatzrückgänge beim iPod mehr als aus. Auch wenn natürlich Steve Ballmer von Microsoft sich zunächst über das fehlende Keyboard mokierte, was aber die Kunden offenbar nicht vom Kauf abhielt. Solche Kritik ist nicht neu: Bei der Erfindung des Autos mokierten sich auch einige Kritiker zunächst über das fehlende Pferd.

Zwischenzeitlich kam mit dem MacBook Air noch ein Laptop auf den Markt, das in einen DIN-A4-Briefumschlag passte, bis Apple 2010 mit dem iPad einen ganz neuen Markt kreierte. Viele kritische Stimmen fragten sich, warum man denn ein Tablet brauchte? Schließlich hatten Microsoft und Hewlett Packard so etwas schon erfolglos versucht und einen Zwitter zwischen Laptop und iPhone hielt niemand für notwendig. Genau diesen Zwitter schätzten aber die Kunden, die einerseits eine größere Oberfläche wollten als sie das iPhone bot, andererseits aber kein umständliches Laptop benötigten, um lediglich Mails zu verschicken, im Internet zu surfen oder Bücher zu lesen. Gerade für ältere Menschen, die keine Lust haben, sich eine ganze Woche freizunehmen, um umständlich alles Mögliche auf ihrem PC oder Laptop zu installieren, bevor es dann endlich mal losgeht, war das iPad ein Segen.

Ob es für ein Produkt also einen Markt gibt, war Jobs relativ egal, solange er selbst an den Erfolg des jeweiligen Produkts glaubte. Interessant ist dabei, dass Apple keine originären Innovationen auf den Markt bringt, sondern Produkte, die es in ähnlicher Form schon einmal gab, so optimiert, dass sie für den Massenmarkt brauchbar werden. »Zwischen Idee und Schöpfung fällt immer ein Schatten«, sagte der britische Dichter T. S. Eliot und Steve Jobs selbst sagte: »Gute Künstler kopieren, großartige Künstler stehlen.«[19]

Apple und Steve Jobs spielten hier jedes Mal den Trumpf des Underdogs aus, der sich seit 1984 als Rebell gegen die »böse« Übermacht von IBM und Microsoft behauptete, was interessant ist, da im April 2013 die Marktkapitalisierung von Apple fast 85 Prozent von der von IBM und Microsoft *zusammen* betrug.[20] Was einmal wieder zeigt, dass nicht Fakten hängen bleiben, sondern Storys, denn Apple spielt, auch in Zeiten von Massenprodukten, die Karte, dass seine Produkte vornehmlich nur für Intellektuelle und Rebellen sind. Mittlerweile hat das iPhone auch in der Management-Etage den Blackberry von R. I. M. abgelöst. Mit dieser Positionierung gelingt es Apple, einerseits hohe Preise für einen Nischenmarkt durchzusetzen, diese hohen Nischenmarktpreise aber in einen Massenmarkt zu übertragen. Damit erreicht Apple höchstmögliche Preise bei höchstmöglichem Volumen – etwas, von dem jedes Unternehmen träumt. Wir hatten in Kapitel 3 beim Thema der strategischen Positionierung gezeigt, dass man entweder hohe Qualität und Service oder hohes Volumen bieten kann, dass aber das Volumen sich normalerweise mit steigenden Preisen reduziert. Apple ist das Kunststück gelungen, beides zu verbinden.

19 *FAS*: »Apples Ideenklau«, 16.09.2012, S. 36

20 Apple liegt, per 8. April 2013, bei 305 Milliarden Euro, Microsoft bei 184 Milliarden und IBM bei 179 Milliarden. Damit kommt Apple aber immer noch auf 84 Prozent der Marktkapitalisierung von Microsoft und IBM *zusammen*. Quelle: www.finanzen.net

Understatement wird allerdings nach wie vor gespielt: Wobei Jobs, mit seiner Jeans und seinem Rollkragenpullover, immer so aussah, als wäre er gerade der Garage entsprungen, in der er mit Steve Wozniak im Jahre 1976 Apple gründete. Das bewusste Understatement der Kleidung, die, wie bei Albert Einstein, auch immer die gleiche ist, steht im starken Kontrast zur Darstellung der neuen Produkte auf den berühmten »Conventions«. Denn Apple vermarktet Computer und Handys wie exquisite Designerkleider auf einer Modenschau und die langen Finger des Steve Jobs, mit denen er stolz auf die neuen Gadgets zeigte, waren der Laufsteg der digitalen Welt. Auch der *Economist* beschrieb die berühmten Steve Jobs Conventions als das Äquivalent zu einer Modenschau.[21]

Die Kunden sehen es fast als moralische Pflicht an, Apples hochpreisige Produkte zu kaufen und selbst ein wenig Rebell und Dandy zu sein.

Besonders interessant am Fall Apple und Steve Jobs ist zudem, dass Jobs von all den Management Mantras, die ständig heruntergebetet werden wie »Teamwork«, »gemeinsames Brainstorming«, »Benchmarking, was machen die anderen?« und »Marktforschung – will der Kunde das überhaupt?« überhaupt nichts hielt und sich als teilweise cholerischer Diktator nicht nur gegenüber Mitarbeitern, sondern auch Verhandlungspartnern aufführte, wenn es nicht nach seinem Willen ging. Ebenso wie ein Team kein Held sein kann, obwohl das in fast allen Unternehmen so behauptet wird, verstößt auch Apple gegen eherne Grundsätze des Leadership-Glaubensbekenntnisses, die Adam Lashinsky in seinem Buch *Inside Apple*[22] zeigt: So ist Apple als Unternehmen hochgradig intransparent, und anstatt dafür zu sorgen, dass alles im Unternehmen offen ist und jeder weiß, was der andere macht, werden bei Apple bewusst Silos aufgebaut mit klar abgegrenzten Zuständigkeiten. Dies sorgt einerseits dafür, dass sich die Mitarbeiter nur auf ihren Bereich konzentrieren und dabei sehr gut in ihrem Bereich werden, andererseits wird es dadurch schwer, Apple zu kopieren, da niemand alle Geheimnisse des Unternehmens kennt. Passend zu der Rebellen-Attitüde werden auch der Kapitalmarkt und der Kunde nicht ernst genommen. Dividenden

---

21 *Economist*: »Big Apple vs. Big Oil«, 13.08.2011, S. 50
22 Wiley, 2012

werden nicht gezahlt, stattdessen werden Barreserven von über 100 Milliarden Dollar gehortet. Ob Apple also der Traumarbeitgeber ist, zu dem man unbedingt möchte, ist nach der Lektüre von Lashinskys Buch mehr als fraglich. Aber das ist ja auch nicht das Ziel von Apple. Apple will zunächst einmal Produkte verkaufen und keine Arbeitsplätze.

Auch die negativen Aspekte des Lebens werden in der Apple-Story nicht ausgeblendet. Steve Jobs' Krebserkrankung, man könnte sagen, neben IBM und Microsoft sein ganz persönlicher »Bösewicht«, wurde vor diesem Hintergrund oft diskutiert und es gab Vermutungen, dass ein Leben im Angesicht des Todes den Menschen zu neuen Höchstleistungen antreibt und ihn Dinge wagen lässt, die er sonst nicht tun würde. Denn Jobs hat immer Vabanque gespielt und alles auf eine Karte gesetzt. Die Geschichte wird von den Siegern geschrieben und wir wissen nicht, wie es Apple ergangen wäre, wenn das iPhone oder das iPad, beides Produkte, für die man nicht wusste, ob es dafür einen Markt gibt und die mit hohen Forschungsbudgets entwickelt worden sind, gefloppt wären. Die Bedrohung des Todes sah Jobs als eine Gefahr, die man überwinden kann, die einen aber auch dazu bringt, eben alles auf eine Karte zu setzen, da sie einem zeigt, dass man nichts zu verlieren hat. Denn am Ende ist man ohnehin tot. Irgendwann. Wovor also sollte man sich fürchten?

Steve Jobs sagte das selbst in seiner berühmten Stanford-Rede 2005:

> »... dass ich sterblich bin, das ist das stärkste Werkzeug für mich, große Entscheidungen im Leben zu treffen. Fast alles fällt von einem ab, wenn man sich den Tod vergegenwärtigt. Da bleibt nur das Wichtigste. An den eigenen Tod zu denken vermeidet die gedankliche Falle: Man hat nichts zu verlieren. Du bist immer schon nackt. Es gibt keinen Grund, niemals, nicht seinem Herzen zu folgen. ... Eure Zeit ist begrenzt, lebt nicht das Leben eines anderen ... Habt den Mut, eurem Herzen und eurem Gefühl zu folgen. Alles andere ist nebensächlich. Bleibt hungrig. Bleibt tollkühn.«[23]

23 in *Süddeutsche Zeitung*: »Stevie Wonder«, 26.08.2011, S. 3; die englischen Worte »stay foolish, stay hungry« gingen als einige der großen Aussprüche Steve Jobs in die Wirtschaftsgeschichte ein.

Apple erfüllt damit alle Anforderungen an eine gute Story: einen Helden (er selbst), Schurken und Widerstand (Microsoft, IBM, der zwischenzeitliche Apple-CEO Sean Scully, übermächtige Wettbewerber, die schon länger in den Märkten sind, und die Krebserkrankung) und schließlich ein Happy End (zeitweise wertvollster Konzern der Welt).

Um als Unternehmen die »David und Goliath«-Story à la Apple zu spielen, überlegen Sie sich Folgendes:
- Wo haben Sie als Unternehmen erfolgreich agiert, ohne alles über den Markt zu wissen?
- Was war früher in Ihren internen Prozessen einfacher?
- Wie liefen die Entscheidungsprozesse bei Ihren größten Erfolgen?
- Wo stehen Abstimmung und Output sich konträr gegenüber?
- Welcher Wettbewerber hat Sie vor Kurzem aus einem vollkommen überraschenden Winkel angegriffen?
- Welche Schwäche kann Ihre Stärke werden?
- Was wäre das genaue Gegenteil Ihrer gegenwärtigen Strategie / Produkte? Was können Sie daraus lernen? (Beispiel: Sie sind Reiseunternehmen und der Kunde bucht eine Reise, allerdings fliegt er nirgends hin, sondern bekommt von woanders Besuch.)
- Was können Sie daraus lernen, wenn Sie sich Ihr Geschäftsmodell aus diesem neuen Blickwinkel heraus anschauen?

Die Bank an Ihrer Seite – Was schiefgehen kann, wenn man den Helden zum Bösewicht macht

Möglicherweise haben Sie die neue Fernsehwerbung der Commerzbank gesehen, bei der die Bank auf einen »ersten Schritt« hinweist, den sie gemacht hat, um das Vertrauen der Kunden wieder zu erlangen. Hierbei sehen wir die Filialleiterin Lena Kuske, die es wohl wirklich gibt, die aber im Spot »Filialdirektorin« genannt wird, im Morgengrauen durch Frankfurt joggen.

Einiges macht dieser Spot richtig: Die Bank wird personifiziert von einer sympathischen, jungen Dame. Sie ist die Heldin, die die Läuterung der Commerzbank in ihrer Filiale umsetzen soll. Die Umgebung, durch die sie dabei joggt, ist allerdings genauso dunkel und unheimlich wie die Finanzwelt vor der Krise. Und auch der Slogan »Die Bank an Ihrer Seite« (auf dem Plakat noch zusätzlich mit dem Satz: »Weil Deutschland eine Bank braucht, die nicht einfach so weitermacht, sind wir die Bank an Ihrer Seite.«), den die Bank in den 70er Jahren schon hatte, lässt nicht gerade frischen Wind und Pioniergeist aufkommen. Auch mit seltsamen Begründungen wird nicht gespart: »Woran liegt es, dass man den Banken nicht mehr vertraut?«, wird gefragt. »Manche Banken sagen, das liegt an den Krisen. Andere, an den Börsen ...« Zweimal falsch, könnte man sagen. Nicht die Krisen sind schuld an dem Image der Banken, sondern die Banken haben zum Teil die Krisen selbst verursacht, sind also nicht Leidtragender (als solcher werden sie hier dargestellt), sondern Mit-Verursacher.[24] Fakt ist, dass die Banken an der Schuldenblase, die sich die letzten 30 Jahre aufgebaut hat, prächtig verdient haben und (mal wieder) kurzfristige Erfolge vor langfristige Erfolge gestellt hatten. Davon aber sagt die Werbung nichts.

Als Reaktion auf diese Missstände werde man von jetzt an nicht mehr auf Grundnahrungsmittel spekulieren, sagt die Filialdirektorin weiter. Schön, dass ihr das nicht mehr macht. Allerdings hat gerade eine Studie gezeigt, dass Spekulationen auf Grundnahrungsmittel keine nennenswerten Auswirkungen auf Lebensmittelpreise haben.[25] Also, schöne Story, aber leider nicht die Lösung des Problems. Zudem habe ich noch keinen Ökonom gehört, der sagte, dass die Krise aufgrund von Nahrungsmittelspekulationen zustande kam. Der Grund für die Krise waren und sind die turmhohen Schulden der westlichen Länder, die diese niemals zurückzahlen werden können, und – als Preludium – in den USA die Immobilienblase, die ebenfalls durch zu hohe Schulden entstand, die nicht zurückgezahlt wurden. Aber davon sagt die Werbung natürlich auch nichts und wirft stattdessen ein paar Nebelbomben à la »Die Börse ist schuld« und »die Nahrungsmittelspekulation ist schuld«. Da die Commerzbank

---

24 Wer mehr dazu erfahren möchte, dem sei das, ebenfalls im April 2013 bei Wiley erschiene Buch *Die Billionen-Schuldenbombe – Wie die Krise begann und warum sie noch lange nicht zu Ende ist* empfohlen. Der Autor dieses Buches war bei diesem Werk ebenfalls beteiligt.

25 http://www.faz.net/aktuell/ wirtschaft/studie-spekulation-erhoeht-die-agrarpreise-nicht-11987881.html

weder eine Börse ist, noch Nahrungsmittelspekulation betreibt, oder wenigstens behauptet, das nicht zu tun, ist sie fein aus dem Schneider.

Am Ende des Spots sieht man Lena Kuske im Business Dress. Und wo sieht man sie? In der Filiale beim Kunden, wo sie den Kunden überzeugen will, was die Bank jetzt alles besser machen will? Nein, in der Zentrale ganz oben, im Frankfurter Hauptquartier der Commerzbank, wo sich niemals ein Kunde hinverirrt. Wie sie von dort aus den Kunden von den neuen Werten der Commerzbank à la »ein erster Schritt« überzeugen will, ist sicher nicht nur mir rätselhaft.

Die Bank soll für diese Kampagne inklusive Sendung einen dreistelligen Millionenbetrag hingeblättert haben. Die Frage ist, inwieweit diese Story nicht falsche Erwartungen weckt, abgesehen von den beachtlichen Kosten, die die Kampagne ein Unternehmen gekostet hat, das im Moment nicht gerade zu den Profit-Maschinen der Weltwirtschaft zählt. Werber sprechen hier von der »Ergo-Falle«. Auch der Versicherer Ergo machte eine Riesen-Sympathiekampagne in den Jahren 2010 und 2011, wo man versprach, künftig alle Policen kundenfreundlicher und verständlicher zu machen. Eigentlich ein gutes und mehr als notwendiges Ziel, wie jeder bestätigen kann, der schon einmal bei der Lektüre des hellgrau gedruckten juristischen Kauderwelschs auf Versicherungsverträgen kurz davor war, zum Serienkiller zu werden. Leider lieferte der Konzern nicht, was er versprochen hatte, und hatte gleichzeitig noch zwei Skandale am Hals: Lustreisen für Vertreter der Hamburg-Mannheimer sowie Falschabrechnungen bei Riester-Verträgen.[26]

Auch die Commerzbank macht in ihrem Spot, ungewollt, schon Andeutungen, dass sie es mit der Umsetzung nicht so genau nimmt und es ihr eigentlich nur auf eine möglichst teure und pompöse Kampagne ankommt. Die oben genannte Tatsache, dass Lena Kuske weitmöglichst weg vom Kunden in der Frankfurter Zentrale steht, zeigt erst einmal die Absurdität der gesamten Strategie. Und auch wie man mit geplanten Stellenstreichungen von 6 000 Mitarbeitern in den Filialen die Kunden besser bedienen will als zuvor bleibt ein Geheimnis der Bank. Die Banken haben jahrelang die Kunden ins

---

26 siehe *FAZ*: »Selbstkritik als Werbemasche«, 25.11.2012,
   S. 29

Internet verbannt, um in den Filialen schön für sich zu sein, hatten Öffnungszeiten wie aus Kaisers Zeiten und wenn sie den Kunden dann in der Filiale hatten, wurden ihm irgendwelche Schrottfonds mit fünf Prozent Ausgabeaufschlag verkauft. Feste Ansprechpartner gab es nicht, stattdessen wurde ständig umgetopft, damit Berater B das ganze Depot des Kunden, das Berater A eingerichtet hat, gebührenpflichtig noch einmal umdrehen kann à la: »Der junge Kollege hat das gut gemeint, aber der Biotech-Fonds passt halt nicht zu Ihnen und hat schon 40 Prozent Verlust, den sollten Sie jetzt verkaufen, und wir kaufen am besten den Telemedia-Fonds ...« Und jetzt tut die Commerzbank so, als wollte – und werde – man nun alles ganz anders machen. Dass dies, gerade in Satiremagazinen wie in der *Titanic* zu Häme führt, verwundert daher kaum: So sah man dort ein Bild von 4 Pissoirs mit dem Slogan: »Weil Deutschland eine Bank braucht, die nicht einfach so weitermacht. Sind wir die Bank, die auf Ihren Kopf zielt – Commerzbank, die Bank für Königstiger.«

Was schade ist. Denn eigentlich erfüllt die Werbung »Ein erster Schritt« viele Aspekte des guten Storytellings. Ein sympathischer Held, ein möglicher Bösewicht (Börse, Krise, Vergangenheit) und ein Happy End (der Kunde ist glücklich). Das Problem ist nur, dass diese Story nichts mit der Realität zu tun hat. Denn man kann nicht glaubhaft einen Bösewicht bekämpfen, wenn man selbst der Bösewicht ist. Die »Vom Saulus zum Paulus Nummer« funktioniert nur, wenn man nachhaltig Taten folgen lässt. Ob das gelingt, darf bezweifelt werden, vor allem, da die Werbeaussage der Commerzbank wohl kaum in der internen Strategie und in der Vertriebssteuerung der Bank irgendeine Beachtung findet.

Eine Story aber, die mit der Realität nichts zu tun hat, ist ein Märchen. Kinder mögen Märchen. Bei Erwachsenen aber führen Märchen, die behaupten, real zu sein, nur zu Zynismus und Verachtung.

Oder zu Kontoauflösungen.

IN DIESEM KAPITEL HABEN SIE GELERNT, DASS ...:

- ... die Drama-Struktur, wie sie schon Aristoteles formuliert hat und die auch von modernen Thriller-Autoren verwendet wird, auch der heutigen Unternehmenskommunikation helfen kann.
- ... Unternehmen erfolgreicher sind, wenn sie ein klar definiertes Feindbild haben.
- ... es helfen kann, wenn man den CEO als Helden inszeniert.
- ... man sich allerdings auch vor Schaumschlägern und Selbstinszenierern hüten muss.
- ... jeder Held einen Schurken braucht.
- ... die Energie des Lebens und der Wille weiterzumachen, oft von der dunklen Seite der Existenz kommt.

Im nächsten Kapitel werden wir uns abschließend anschauen, wie Sie Storys einsetzen können, um Ihre eigenen Ideen im Unternehmen umzusetzen, und wie Sie die unterschiedlichen Stakeholder, die damit zu tun haben, überzeugen.

6
Mit Storys den Wandel gestalten

»Wenn du schnell gehen willst, geh allein.
Wenn du weit gehen willst, geh mit
anderen.«

Afrikanisches Sprichwort

© Veit Etzold

WAS SIE IN DIESEM KAPITEL ERWARTET:

Dieses Kapitel zeigt, durch welche Leadership- und Kommunikationstechniken Führungskräfte den Wandel im Unternehmen gestalten können, sei es bei einer Strategieänderung, bei einer Post-Merger-Integration, bei einer Restrukturierung oder einer Neupositionierung. Das Kapitel bietet eine komplette Toolbox für die Kommunikation großer Change-Initiativen sowie eine Sammlung an Strategie-Storys, die für unterschiedliche Situationen im Unternehmen die Kommunikation erleichtern.

Der Weg vom Kopf zur Hand kann kurz sein: Wir sehen etwas und reagieren sofort. Der Weg vom Herz zur Hand kann ebenfalls kurz sein: Wir wollen etwas haben und greifen danach. Der längste Weg allerdings ist der Weg vom Kopf zum Herz. Denn wenn wir etwas verstanden haben, heißt das noch lange nicht, dass wir es auch emotional begreifen, dass wir dahinterstehen, dass wir es, wie man so schön sagt, internalisieren. Die meiste Kommunikation allerdings, die wir heute im Unternehmen hören, zielt nur auf den Kopf. Und da bleibt sie auch.

Wir sagten schon: Achtzig Prozent ihrer Zeit verbringen Führungskräfte mit der Kommunikation. Dumm nur, dass das meiste davon beim Gegenüber nicht hängen bleibt. Denn im Unternehmen glaubt man, dass nur faktenschwangere und schwer verdauliche Kommunikation seriös ist. Wenn das Gesagte dann allerdings nicht hängen bleibt, der Sprecher also weder gehört noch verstanden wird, können sehr schnell sehr hohe Gehälter komplett abgeschrieben werden. Was auch dazu führt, dass Medien, Blogger sowie Klatsch und Tratsch die Deutungshoheit über die Innen- und Außendarstellung des Unternehmens erlangen, weil diese die Regeln des guten Storytellings beherzigen.

Denn die technische und sterile Kommunikation, die besonders die Sprache in Unternehmen beherrscht, hat sich in den letzten 50 Jahren entwickelt. Unser biologisches Gedächtnis allerdings ist Hunderttausende von Jahren alt und ändert sich nicht so schnell. Wir können durch moderne Kommunikationsmittel Fakten kommunizieren, aber nicht Emotionen, da wir diese durch die sterile Kommunikation schon längst abgehängt haben. Darum ist Tratsch so nachhaltig, auf Neudeutsch würde man sagen »sticky«.

Die Gegendarstellungen von Corporate Communications sind es meist nicht. Und zwar deswegen, und wir wiederholen es hier noch einmal, weil unser biologisches Kollektivgedächtnis Hunderttausende Jahre älter als PowerPoint ist.

Denn wenn Sie sich erinnern, erinnern Sie sich dann in Form von Storys oder in Form von Checklisten und Bullet Points? Wenn Sie träumen, träumen Sie dann von Folien und Charts? Oder träumen Sie in Bildern und Geschichten? Trotz PowerPoint, das sie jeden Tag sehen?

Die alten Rituale sterben nicht so schnell. Wir sitzen nicht mehr am Feuer in der Höhle, doch die neuen Lagerfeuer der Firma, die Kaffeeküche, die Bar, die Kantine, der Süßigkeitenautomat oder – besonders! – die Raucherecke sind die Orte, wo Tratsch und Klatsch entstehen und die von Corporate Communications so weit wie möglich entfernt sind.

Die inoffizielle Story: Klatsch und Tratsch

Klatsch und Tratsch fühlen sich besonders in einem ganz bestimmten Biotop wohl, das Professor Peter Kruse von der Universität Bremen einmal in seinen »Acht Regeln für den totalen Stillstand im Unternehmen« analysiert hat.[1] Einige der Regeln lauten:

1. Führungskräfte sollten sich entweder ganz raushalten oder versuchen, alles im Griff zu haben.
2. Diskussionen über mögliche Veränderungen sollten konsequent auf der informellen Ebene geführt werden. Mit anderen Worten: Sehen Sie zu, dass es so viel Gerüchte wie möglich gibt.
3. Möglichst viele Aktivitäten sollten gleichzeitig angezettelt werden.

---

1 http://www.youtube.com/watch?v=Ug83sF_3_Ec

4. Beschlüsse sollten auf der formellen Ebene möglichst schnell konsensfähig sein, um dann auf der informellen Ebene ausgiebig in Frage gestellt zu werden.

5. Die Veränderungsgeschwindigkeit auf der Beschlussebene sollte stets größer sein als auf der Umsetzungsebene. Der Idealzustand ist also maximale Beschlussdynamik bei minimaler Umsetzungsdynamik.

Vielleicht möchten Sie sich einen Moment zurücklehnen und überlegen, welche Regeln davon auch in Ihrem Unternehmen angewandt werden. Ein Teilnehmer eines Managementprogramms rief mir dabei während eines Programms einmal zu: »Alle!«

Insbesondere die zweite Regel wird sehr gerne angewandt: Diskussionen über mögliche Veränderungen werden konsequent auf der informellen Ebene geführt. Dies heißt nichts anderes, als dass Gerüchte gestreut werden und Klatsch und Tratsch die Meinungsmache bestimmt. Klatsch hat dabei drei große Vorteile:

1. Menschen lieben es zu reden und zu tratschen.

2. Klatsch und Tratsch erfolgt mündlich, was den Menschen viel mehr liegt als zu lesen oder zu schreiben, während die Gegendarstellungen schriftlich erfolgen, was den Menschen nicht so liegt. Kaum jemand im Management mag es, irgendetwas zu schreiben (Gegendarstellungen schon gar nicht), und die meisten Führungskräfte und Mitarbeiter lesen auch nicht gern; schon allein aus dem Grund, da das meiste, was ihnen im Unternehmen an Schriftstücken vorgelegt wird, langweilig ist. Klatsch und Tratsch hingegen arbeiten mit Bildern und das ist auch die Art und Weise, wie sich Menschen erinnern. Erinnern Sie sich noch an die Stelle von Homer, die wir in Kapitel 4 beleuchteten? An die großen Helden, die den Vögeln zum Fraß vorgeworfen werden? Vielleicht sehen wir diese Vögel, die über den Leichen kreisen, tatsächlich vor uns, ähnlich wie in Ridley Scotts *Königreich der Himmel*. Homers Storys sollten ohnehin eher vorgelesen oder erzählt als gelesen werden. Dazu passt es, dass Homer, der Erfinder der europäischen Literatur, angeblich blind war, also auch viel eher erzählen und zuhören als lesen und schreiben konnte. Auch Mohammed, der Prophet des Islam, konnte nicht schreiben und hat dennoch mit dem Koran ein Buch vorgelegt, das sich nicht gerade geringer Beachtung erfreut.

3. Menschen lieben es zu reden und sie lieben Bilder. Beides liefern Klatsch und Tratsch. Kurz: Menschen lieben es zu reden und zu tratschen. Manager hassen es, zu lesen und zu schreiben.
4. Klatsch und Tratsch findet meist in direktem Austausch, also »face to face«, statt. Gegendarstellungen werden entweder meist in Form von E-Mails übermittelt und wahllos an alle versandt. Allerdings entfernt die E-Mail Sender und Empfänger voneinander, noch stärker als das Telefon. Bei E-Mails sind auch Missverständnisse permanent vorprogrammiert. Jeder erinnert sich sicher an Mails, wo alle möglichen Leute cc. gesetzt werden und wo dann niemand weiß, wer eigentlich zuständig ist (im Zweifel alle oder keiner). Oder an weitergeleitete E-Mails, die aus einem ewig langen Rattenschwanz an Text bestehen, wo irgendwo ganz unten noch eine Peinlichkeit verborgen ist, die eigentlich nicht weitergeleitet werden sollte und die irgendeinem Weiterleiter noch gewaltig um die Ohren fliegt.
5. Klatsch und Tratsch erfolgt nach den Regeln des guten Storytellings; was die Gegendarstellungen gewöhnlich nicht tun. Es gibt einen Helden – die Mitarbeiter –, es gibt einen Schurken – die bösen Vorstände und die Unternehmensberater zum Beispiel, die Stellen abbauen sollen. Und es gibt hoffentlich ein Happy End, das am besten besagt, dass es nicht zu den Stellenstreichungen kommt.

Ein typisches Beispiel für eine Diskussion auf der informellen Ebene wäre: »Du, ich glaube, die wollen die Abteilung hier dichtmachen.«

Nicholson führt dazu in *Managing the Human Animal* dazu ein interessantes Beispiel auf[2]:

Lenny, so nennen wir einen Mitarbeiter, meint etwas gehört zu haben, etwas, das ihm nicht gefällt, in etwa so wie das oben erwähnte »du, die wollen die Abteilung hier dichtmachen«. Er erzählt es anderen, dadurch verstärkt es sich, sowohl bei den anderen als auch bei ihm selbst.

Plötzlich geschieht etwas: Nach ein paar Tagen hört er das Gerücht noch einmal, diesmal von ganz anderen Leuten. Dann ist er mit seiner Vermutung nicht allein: Die Vermutung wird Fakt. Jawohl, dann muss es sicher so sein. Jawohl, die Abteilung wird zugemacht!

2 Nicholson, S. 235

Was Lenny nicht weiß: An dem Gerücht ist gar nichts dran. Am Ende ist es sein eigenes Gerücht gewesen, das jetzt wieder zu ihm zurückkehrt.

Warum es so konsequent weitergetratscht wurde? Weil es sich gut anhört.

Und warum ist es überhaupt erzählt worden? Weil niemand mit seiner Angst allein sein möchte. Warum rufen Kinder nachts nach ihren Eltern? Weil dadurch die Dunkelheit verschwindet? Nein. Weil sie dann nicht allein sind.

Warum rufen wir unsere besten Freunde an, wenn es uns schlecht geht oder wenn wir Ärger im Job oder der Beziehung haben? Kommt dadurch unsere Frau, die uns gerade weggelaufen ist zurück, oder steht die Katze, die vom Auto überfahren wurde, wieder von den Toten auf? Nein. Wir tun es, weil wir nicht allein sein können und nicht allein sein wollen. Darum posten auch die meisten Menschen den ganzen Tag irgendetwas bei Facebook. Und je mehr Leute auf »gefällt mir« klicken, desto mehr Bestätigung haben die, die posten, dass sie *nicht* allein sind.

Und warum ist gerade diese Story mit dem Stellenabbau erfunden worden? Weil in der Firma irgendwelche Prozesse stattfinden, die den Mitarbeitern nicht erklärt werden. Dort wo nichts ist, wird halt etwas erfunden. Denn die Natur hasst das Vakuum. Und diese erfundene Story wird herumerzählt. Weil Menschen mit ihrer Angst nicht allein sein wollen. So entsteht nicht nur eine Geschichte, die nicht der Wahrheit entspricht, sondern diese Geschichte verbreitet sich auch noch rasend schnell.

Zwar sagt man, dass Lügen kurze Beine hätten, doch sie haben meist noch längere Beine als die Gegendarstellungen und Dementi, die halbherzig von den Kommunikationsabteilungen nach diversen Abstimmungsschleifen herausgehauen werden.

Wird Klatsch und Tratsch nicht gebändigt, kann er erheblich Wert vernichten. Milliarden.

Die Investmentbank Bear Stearns, gegründet 1923, war noch im Jahre 2008 die fünftgrößte Investmentbank der USA.

Im März 2008 wurde sie für 236 Millionen Dollar an die amerikanische Großbank JP Morgan verkauft.

Am Freitag vor dem Verkauf war sie noch zwei Milliarden Dollar wert gewesen, im Januar davor noch 20 Milliarden Dollar.

Was war geschehen? 2008 war ohnehin kein Jahr, das die Finanz-branche vor Freude aufjauchzen ließ. Passend dazu waren im März 2008 Gerüchte über eine mögliche Zahlungsunfähigkeit von Bear Stearns gestreut worden, die alle Marktteilnehmer aufs Höchste alarmierte. Bear Stearns sei pleite, hieß es; was nicht stimmte, denn die Bank hatte ja noch 18 Milliarden Dollar an Bargeld. Doch die Story von der Pleite klang einfach besser. Damals hatte eine unheilige Allianz von Short Sellern, Hedgefonds-Managern, Bankern, Bloggern und Journalisten durch gezielten Gerüchtebeschuss über scheinbare Liquiditätsprobleme Bear Stearns in den Untergang getrieben.[3]

Das Management musste handeln, und Alan Schwartz, der damalige Chef von Bear Stearns, rief sofort Jamie Dimon von JP Morgan an, um ihn um Hilfe zu bitten.

In einer Nacht- und Nebel-Aktion trafen sich Tim Geithner, damals Chef der Notenbank in New York und später Finanzminister unter Barack Obama, US-Finanzminister Henry Paulson, der vorher CEO von Goldman Sachs war, und die Vorstände von Bear Stearns und JP Morgan, um einen Deal auszuhandeln. Am Ende kaufte JP Morgan die schwankende Bank für 10 Dollar pro Aktie. Der Preis war noch von 2 Dollar pro Aktie auf 9,3 Dollar erhöht worden, da die Bear-Stearns-Aktionäre, die zwar mit dem Rücken zur Wand standen, dennoch gegen den geringen Kaufpreis rebellierten. Trotzdem: Die Bank, die noch im Januar 2007 eine Marktkapitalisierung von 20 Milliarden Dollar hatte, wurde schließlich für 1,4 Milliarden Dollar verkauft. Die Aktien von Ex-Vorstandschef Jimmy Cayne, die vorher noch fast eine Milliarde Dollar wert gewesen waren, waren auf einen niedrigen Millionenbetrag geschrumpft. So schnell kann es gehen.

War Bear Stearns wirklich zahlungsunfähig? Gegenfrage: Ist man mit 18 Milliarden Dollar Bargeld zahlungsunfähig? Wohl eher nicht. Wenn einem aber trotz allem niemand mehr Geld gibt, dann ist man es halt. Auch wenn man 18 Milliarden Dollar Bargeld hat. Storys sind halt stärker als Fakten. Auch wenn die Storys nicht wahr sind.

Hier zeigt sich, neben der »Stickyness« von Storys, eine weitere Regel, die zu beherzigen ist: Individuen können schnell und Teams

---

3 Die gesamte Story zum Untergang von Bear Stearns ist
   sehr gut festgehalten in »Bringing Down Bear Stearns« von
   Bryan Burrough, in: *Vanity Fair*, New York, September
   2008

langsam sein. Ein Blogger oder ein Journalist, der ein vernichtendes Gerücht verfasst, ist häufig allein und damit agiler. *Der Starke ist am mächtigsten allein*, sagte daher auch Shakespeare, auf den wir weiter unten noch kommen werden. Der Blogger muss im besten Fall einfach nur auf die Enter-Taste drücken, um sein Gerücht in alle Welt zu verbreiten. Bei Organisationen, die durch ihre Größe naturgemäß schwerfälliger sind als Individuen, dauert es erfahrungsgemäß viel länger.

Sie erinnern sich vielleicht an die Gerüchte um Steuerhinterziehung durch US-Firmen in Deutschland. Es ging darum, dass Starbucks, Apple, Amazon, Google & Co. zwar in Deutschland satte Gewinne einfahren (es ist schließlich die größte Volkswirtschaft Europas), aber aufgrund einer verzweigten, internationalen Holdingstruktur in Deutschland kaum Steuern zahlen. Google-Aufsichtsratschef Eric Schmidt leistete sich dann auch noch den Patzer, stolz damit zu prahlen, dass Google in Deutschland kaum Steuern zahle; was weder beim deutschen Staatsbürger noch beim Finanzamt sonderlich gut ankam. [4] Bei Amazon kam noch der Skandal um Leiharbeiter hinzu, die nicht menschenwürdig behandelt würden. Das Ganze ging sofort durch die Presse und die Unternehmen, ob nun zu Recht angeklagt oder nicht, standen erst einmal dumm da.

Und, kam ein schnelles Dementi? Saß einer der hohen Herren bei »Hart aber Fair« oder in sonst einer Talkshow, um den Volkszorn zu beruhigen? Fehlanzeige! Zunächst einmal schauten die US-Unternehmen auf die negative Berichterstattung wie das Kaninchen auf die Schlange. Dann ging die Arbeit los: Die Artikel mussten, für die Topmanager, die natürlich in den USA und nicht in Deutschland sitzen, ins Englische übersetzt werden. Die Binsenweisheit, dass man, wenn man in Deutschland Geschäfte macht, vielleicht auch ein wenig deutsch sprechen sollte, hat sich leider noch nicht durchgesetzt. Zudem wachen die amerikanischen Kollegen (nicht nur durch die Zeitverschiebung) erst dann auf, wenn in Europa schon längst die Hütte brennt und sich jeder schon seine eigene Meinung gebildet hat. Dann schreiben die US-Leute ihr Dementi oder ihre Erklärung, die natürlich noch mit Tausenden von Wichtigtuern abgestimmt wer-

4 *Welt am Sonntag*: »Transatlantische Sprachverwirrung«, 24.02.2013, S. 33

den muss, es wird auf Deutsch übersetzt und dann als Pressemitteilung veröffentlicht.

Mittlerweile sind fast zwei Tage vergangen. Interessiert sich dann noch jemand für die Gegendarstellung? Nein, die Zeitung von gestern ist das Altpapier von heute! Daran hat das Internet nichts geändert, im Gegenteil, es hat die Notwendigkeit zur Geschwindigkeit (the need for speed) nur verstärkt. Und hatte das Gerücht oder die Negativpresse in der Zwischenzeit genügend Zeit, um die Meinungsführerschaft und die Deutungshoheit einzunehmen? Eindeutig ja!

Auch Gerüchte, die schon Jahrhunderte alt sind, sind nur schwer tot zu bekommen. Am 28. Februar 2013 trat Papst Benedikt XVI. von seinem Amt zurück. Dies war in der Neuzeit ein einzigartiges Vorgehen. Vorher starb man als Papst; Jesus, der Vorgänger der Päpste, so sagte man, sei ja schließlich auch nicht vom Kreuz heruntergestiegen. Der Einzige, der dies vorher gemacht habe, so wird gesagt, sei nur Papst Colestin V. gewesen, der im Jahre 1294 zurückgetreten war. Und der sei »zur Strafe« für seinen »feigen Amtsverzicht« von Dante in seiner *Göttlichen Komödie* in die Hölle befördert worden. Die Passage dazu finden wir in Vers 60 im 3. Gesang der Hölle, wo besagter Colestin die »Memmen« anführt, die, die Gott und Gottes Feinden gleich missfallen:

> Und hinterdrein kam eine lange Kette
> So vielen Volks – ich glaubt' im Leben nicht,
> Dass je der Tod so viel' erschlagen hätte.
> Alsbald gewahrt' ich ein bekannt Gesicht
> Und sah den Schatten des vorüberwallen,
> Der feig beging den großen Amtsverzicht,
> Und durch den einen wusst' ich nun von allen;
> Dass dies die Memmen seien, sah ich klar,
> Die Gott und Gottes Feinden gleich missfallen.
> Dies Jammervolk, das nie lebendig war.[5]

Interessant ist, dass nirgends in der *Göttlichen Komödie* der Name Colestin V. in Bezug auf diesen Anführer der »Memmen« fällt und auch die Kommentatoren nur *vermuten*, dass er gemeint sein könnte,

---

5 Dante, S. 55

gleichwohl dies von Experten immer mehr bestritten wird. Dennoch hält sich dieses Gerücht seit 800 Jahren und wurde auch beim Abgang von Papst Benedikt XVI. wieder hervorgekramt.

>Unsticking an idea<: Klatsch und Tratsch rückgängig machen

Warum ist es nur so schwer, eine Idee oder eine Story, die man am liebsten verschwinden lassen möchte, wieder loszuwerden? Wahrscheinlich erst einmal, weil die Story, auch wenn sie nicht stimmt, gut und nachvollziehbar klang. Vakuum und Leere sind in der Natur nicht vorgesehen. Wenn es keine Story gibt, dann wird halt eine erfunden. Und wenn eine Marke oder eine Story stärker ist als die, die offiziell positioniert werden soll, dann ist es normalerweise die stärkere, aber unerwünschte Marke, die dennoch stark bleibt. Jeder Deutsche, der einmal Urlaub im arabischen Raum gemacht hat, aber auch in den USA oder in Asien, wird gelegentlich auf Hitler und das Dritte Reich angesprochen und zwar manchmal so, als würde es diese Institution noch geben. Auch ich wurde schon in den USA, Großbritannien und China und besonders auch im Mittleren Osten mehrfach auf Hitler angesprochen und häufig wurde sich dabei höflich nach dem Gesundheitszustand »des Führers« erkundigt. Alle Vergangenheitsbewältigung und Schulddiskussionen, die in Deutschland stattfinden, helfen da recht wenig. Im Ausland scheint noch immer das Dritte Reich die stärkste Marke und Story zu sein, die Deutschland zu bieten hat, was vor dem Hintergrund der Tatsache, dass sich Deutschland zu einem sehr friedlichen, toleranten und äußerst demokratischen Land entwickelt hat, besonders traurig ist.

Auch auf Unternehmensseite gibt es solche Phänomene: Als Anshu Jain im Jahr 2012 gemeinsam mit Jürgen Fitschen den Vorsitz der Deutschen Bank übernahm, war im kollektiven Bewusstsein sofort eine negative Gegenstory zu dem aufstrebenden Inder aus London präsent: Er spricht kein Deutsch, er ist Herr der Investmentbanker und er wird die Deutsche Bank, die einzige deutsche Bank von Weltrang, vollständig zu einer Zockerbande machen. Dabei fiel häufiger der Begriff »Anshu's Army« – Anshus Armee. Damit waren seine Investmentbankertruppen genannt, die sich, wie Söldner, an den

Höchstbietenden verkaufen und denen alles egal ist, solange sie nur einen kurzfristigen Profit einfahren. Trotz der Versuche aller Spin-Doktoren und PR-Berater hat sich der Begriff »Anshu's Army« erhalten, nicht nur wegen der Alliteration mit den beiden A, sondern auch wegen des Eroberungscharakters einer Armee, die man auch mit dem in Deutschland als fremd wahrgenommenen Anshu Jain verband.

Solche Storys sind schwer zu löschen, besonders wenn sie so gut haften, also, wie der Amerikaner sagt, »sticky« sind. Im Amerikanischen spricht man daher von »unstick an idea«, wenn man eine penetrante Idee wieder aus den Köpfen der Menschen herausbekommen will. Das ist allerdings alles andere als einfach und schon oft wurde sich darüber der Kopf zerbrochen. Im Zweiten Weltkrieg wurde versucht, Ideen und Gerüchte wieder aus den Köpfen der Menschen herauszubekommen, die von den Propagandaabteilungen der jeweiligen Kriegsteilnehmer im Volk des Gegners verbreitet wurden. Man merkte allerdings schnell, dass man ein Gerücht nur aus dem Kopf bekam, indem man es durch ein stärkeres Gerücht ersetzte, das idealerweise noch reißerischer war.[6]

Am meisten kann es helfen, eigene, ebenso starke Storys auf den Markt zu bringen. Als zum Beispiel McDonald's vorgeworfen wurde, dass in seinen Burgern Würmer aus Angelgeschäften verarbeitet wurden, ging McDonald's Chef Ray Krok in die Offensive: Er zeigte, wie teuer eigentlich Würmer aus dem Anglergeschäft seien und dass es kaum rational oder kaufmännisch vertretbar wäre, teure Würmer für die Burger zu nutzen, wenn man doch günstigeres Fleisch nehmen könnte.

»Wir können es uns gar nicht leisten, Würmer in das Fleisch zu mischen«, sagte Ray Krok. »Gehen Sie doch einmal in ein Anglergeschäft und schauen, was die Würmer kosten. Hamburger kosten einen Dollar und die Würmer kosten sechs Dollar!«[7]

Eine starke, falsche Story bekämpft man am besten mit einer ebenso starken oder noch stärkeren wahren Story. Nur schwächer darf sie auf keinen Fall sein.

---

6 Heath: *Made to Stick*, S. 282
7 ebd.

Mit den richtigen Storys den Wandel vorantreiben

Wir haben uns im bisherigen Verlauf des Buches angeschaut, warum der Mensch Storys mag, wie Storys aufgebaut sein müssen und was wir dabei aus anderen Feldern jenseits der Betriebswirtschaft lernen können. Kommen wir jetzt dazu, wie man Storys nutzen kann, um den Wandel voranzutreiben, und wie man am besten Storys in sein eigenes Change-Management-Projekt einbaut.

Wandel ist immer schwierig und von Seiten dessen, der mit dem Wandel beglückt werden soll, alles andere als erwünscht.

»Es gibt kein delikateres Unternehmen, kein gefährlicheres, keines, dessen Erfolg zweifelhafter ist, als die Führung beim Wandel zu übernehmen. Der Neuerer wird als Gegner alle haben, denen es mit der existierenden Ordnung der Dinge gut geht, und nur lauwarme Unterstützung von denen bekommen, die von der neuen Ordnung profitieren könnten«, sagte Niccolò Machiavelli, Autor des Bestsellers *Der Fürst* schon im Jahre 1514.

»Dieses lauwarme Gehabe kommt teilweise von der Angst vor den Gegnern, die die alte Ordnung zum eigenen Nutzen ausbeuten und das Gesetz auf ihrer Seite haben, und zum anderen vom Unglauben der Menschheit, die nicht wirklich an Neues glauben kann, bevor sie nicht selbst praktische Erfahrung damit gemacht hat.« [8]

Die Probleme, die Machiavelli anspricht, sind bis heute geblieben. Beispiele gibt es viele:

Vieles davon haben Sie sicher schon erlebt: Als Manager in einer Sandwich-Position müssen Sie Ihren Vorgesetzten von etwas überzeugen; Sie müssen vor allem diejenigen überzeugen, bei denen Sie vielleicht keine formale Macht haben. Eine große Investition muss in Zeiten knapper Budgets genehmigt werden. Eine große Idee könnte das Unternehmen zum Marktführer machen, nur kann sich unter dieser Idee niemand etwas vorstellen, da sie nicht greifbar genug ist.

Ein Mitarbeiter muss sich mit seiner Idee gegenüber anderen, alltäglicheren Ideen durchsetzen. Die alltäglichen Ideen sind viel weniger spektakulär und erfolgversprechend, aber deswegen auch leichter zu verstehen.

---

[8] Machiavelli, *Der Fürst*, S. 177

Ein Manager muss den Vorstand von einer Idee überzeugen, die noch nie realisiert wurde. Der Vorstand will aber Beispiele erfolgreicher Implementierung sehen. Die gibt es aber noch nicht, sonst wäre es ja auch keine neue Idee.

Die Schwierigkeit ist und bleibt die, die auch schon Machiavelli anspricht: Veränderungen funktionieren am besten, wenn man sie früh in Angriff nimmt. Wann sollte man zum Zahnarzt gehen? Wenn alles in Ordnung ist. Falls der Zahnarzt dann doch ein kleines Loch findet, wird das Ganze noch erträglich werden. Wenn alles schon vereitert ist, wird es schmerzhaft. Und wann sollte man die Bank um Geld fragen? Natürlich dann, wenn man das Geld *nicht* braucht. Es ist das Geschäftsmodell von Banken, nur denen Geld zu geben, die es nicht brauchen, oder, um es etwas bildhafter zu beschreiben, nur dann Regenschirme zu verteilen, wenn es nicht regnet.

Die Vorteile des antizyklischen Change Managements liegen also allesamt auf der Hand: Man kann dann in Ruhe den Veränderungsprozess gestalten. Man hat einen Vorsprung vor dem Wettbewerber. Und man handelt souverän und ohne äußeren Druck und mit genügend Ressourcen.

Läuft das in Ihrem Unternehmen so? Oder überhaupt bei allem, was der Mensch macht? Nein! Warum? Weil Wandel und Neues dummerweise immer erst dann akzeptiert werden, wenn »die Hütte brennt«. Wenn die Wurzel entzündet ist, geht man zum Zahnarzt. Wenn das Geld alle ist, fragt man die Bank nach einem Kredit. Entsprechend gering ist die Motivation, wenn kein Leidensdruck besteht. Ist die Krise erst da, ist die Bereitschaft hoch, aber die Ressourcen gering und die Zeit knapp.

Das Problem ist daher, vorausschauende Veränderung durchzubekommen, wenn noch kein großer Leidensdruck da ist. Hier ist Überzeugung, Vision, Visualisierung der Ideen und das Ansprechen der richtigen Stakeholder gefragt.

Hier, genau hier, sind Sie als Manager gefragt, denn in solchen unsicheren Umgebungen zu handeln und die dafür notwendigen Stakeholder zu überzeugen, ist Ihre Hauptaufgabe als Manager.

Was tun Sie als Manager?

Wenn Sie auf dieser Welt irgendetwas machen, dann befinden Sie sich entweder in einer *sicheren* oder in einer unsicheren Umgebung. Gleichzeitig können Sie es bevorzugen, eher zu *denken* oder zu *handeln*. Wenn Sie in einer sicheren, vorhersehbaren Umgebung denken, wo zum Beispiel Naturgesetze gelten, dann sind Sie ein *Techniker*. Wenn Sie in einem solchen Umfeld handeln, dann sind Sie ein *Ingenieur*. Wenn Sie allerdings in einem unsicheren Umfeld, wo sich vieles ändern kann, denken, dann würde man Sie als *Philosoph* bezeichnen. Und Sie sehen in der Abbildung (Abbildung 11) auch den uns bereits bekannten Arthur Schopenhauer. Die Königsklasse haben Sie allerdings erreicht, wenn Sie in einem unsicheren Umfeld handeln müssen. Dann sind Sie ein *Manager*. Und was Sie dabei tun müssen, suggeriert schon der Name; denn »Manager« leitet sich ab von »manus = Hand« und »agere = handeln«, also mit der Hand Dinge bewegen (Abbildung 11).

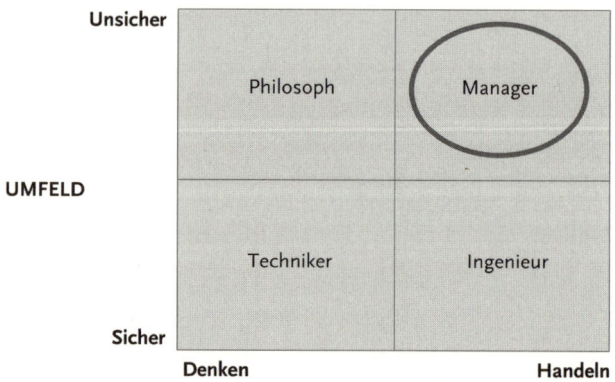

Abbildung 11: Manager Matrix
Quelle: Veit Etzold, 2013

Für Manager reicht es nicht nur, zu denken, sondern es gibt keine Alternative zum Handeln. Und zum Handeln gehört es auch, andere von diesem Handeln zu überzeugen. Ebenso bewegen sich Manager, anders als Techniker/Ingenieure, in unsicherer Umgebung, und viele Menschen reagieren prinzipiell negativ auf unsichere Perspektiven. Dummerweise sind Innovationen und das Neue immer unsicher und noch niemals ausprobiert worden, sonst wären es ja keine Innovationen.

Dafür braucht man klare Beispiele, die für den Betrachter greifbar sind. Statt den Mitarbeitern zu sagen: »Wir müssen den Shareholder Value erhöhen«, sagen Sie lieber: »Je mehr Gewinne wir machen, desto sicherer sind Ihre Jobs und desto besser können wir Ihre Gehälter erhöhen.« Vielleicht kennen Sie die alte Weisheit der *BILD Zeitung*: »Menschen lesen am liebsten von Menschen.« Bei der *BILD Zeitung* müssen Artikel die folgenden Emotionen bedienen: Liebe/Begierde, Wut, Trauer, Spannung und Angst. *Fright, Fight, Flight* sagt man in der Verhaltensmedizin über die drei charakteristischen Verhalten des Menschen, wenn irgendetwas Ungewöhnliches passiert: *Furcht, Kampf, Flucht.* Auch wenn es nicht immer so dramatisch sein muss und wenn man nicht wie die *BILD Zeitung* schreiben will (oder kann, denn einfach ist das nicht), sollte man schauen, dass diese Kriterien wenigstens teilweise berücksichtigt sind.

So erzählte Obama die Geschichte der USA über die Geschichte der 106 Jahre alte Ann Nixon Cooper und schaffte dadurch viel mehr Identifikation als über eine staubige Geschichtsvorlesung. Zudem stellte er das Individuum, mit dem sich jeder identifizieren kann, in den Vordergrund und kein abstraktes Konstrukt wie die USA. Ebenso kann man neue Innovationen im Unternehmen anhand von früheren »War Stories« von Pionieren erzählen. Die Story eines Menschen bleibt immer mehr hängen als die vieler Menschen oder eines abstrakten Konstrukts wie eines Teams. Das wusste auch Stalin, als er sagte: »Ein Toter ist eine Tragödie, eine Million Tote reine Statistik.«

Widerstand ist bei Veränderungen natürlich. Menschen haben immer Angst vor dem Neuen, da es den Status quo ändert. Erinnern wir uns wieder an unsere Vorfahren: Wenn die ein ruhiges Leben im Stamm und in der Höhle hatten, warum sollten sie das ändern? Von

Martha Stewart ist bekannt, dass sie von den Weihnachtsschinken immer vorne und hinten etwas abschnitt, mit der Begründung, ihre Mutter habe das auch schon immer so gemacht. Als man ihre Mutter fragte, warum sie das machte, sagte die, ihre Pfannen wären damals zu klein gewesen. Nun waren die Pfannen von Martha Stewart sicher nicht so klein wie die von ihrer, damals viel ärmeren Mutter. Dennoch hat sich das Ritual erhalten. »Status quo bias« nennt man das im Englischen. Dass alles so bleibt, wie es ist, ist für Menschen prinzipiell gut. *Wie es war im Anfang, so auch jetzt und alle Zeit und von Ewigkeit zu Ewigkeit,* beten die Christen. Das klingt nicht nach dramatischer Veränderung. Veränderung ist in unserer DNA grundsätzlich negativ behaftet. Vor allem vor dem Hintergrund, dass ein richtiger Schritt vielleicht ein paar Dinge verbessert, aber ein falscher Schritt uns töten könnte. So jedenfalls denkt unser Gehirn noch, das grundsätzlich das Schlechte über- und das Gute unterbewertet. Da hilft es nur, das Schlechte nicht auszuklammern, aber klarzumachen, dass nur durch das Schlechte und den Sieg darüber am Ende der Zustand erreicht wird, den alle haben wollen; das Happy End. Und dass dies nicht möglich ist, wenn alles so bleibt, wie es ist. Wir erinnern uns an die *Braveheart*-Rede von Mel Gibson vor der Schlacht gegen England. Oder an Al Pacino in *An jedem verdammten Sonntag.*

Um nun ändern zu können, hat man genau zwei Möglichkeiten, nicht mehr: das Alte weniger attraktiv machen oder das Neue attraktiver machen, oder beides. Da sich der Mensch immer an das klammert, was er kennt, und sich unter Dingen, die es noch nicht gibt, was ja beim »Neuen« der Fall ist, nichts vorstellen kann, funktioniert die erste Methode meist besser. Dann sollte man der Reihe nach die folgenden Punkte abarbeiten:

1. Was will ich erreichen?
2. Wer ist dafür wichtig?
3. Wie komme ich an diese Menschen heran?
4. Was denken diese Personen über den Wandel und wie viel Macht haben sie?
5. Welche Taktik der Überzeugung soll ich anwenden?
6. Welche Story soll ich dabei erzählen?

1. Was will ich erreichen?

Was Sie erreichen möchten, sollten Sie vorher wissen und es am besten anhand der Regeln des Elevator Pitch vorher in einem Satz formuliert haben, damit es auch bei Ihnen einen »Weißen Hai im Weltraum« gibt.

2. Wer ist dafür wichtig?

Ebenso sollten Sie eine Übersicht haben, welche Personen unbedingt Ihre Idee absegnen müssen, damit sie erfolgreich auf die Straße kommt. Hier ist es hilfreich, sich eine Übersicht der Personen mit ihren Wünschen, Abneigungen und Ängsten zu machen, ähnlich wie man dies beim Schreiben eines Romans macht (siehe Kapitel 5). Entweder Sie kennen diese Leute schon, da es ein Projekt in Ihrem Unternehmen ist. Oder Sie wollen etwas umsetzen und zum Beispiel Kapital für eine Unternehmensidee auftreiben. Dann müssen Sie recherchieren, wen Sie dafür ansprechen sollten und vor allem wie.

Je nachdem, ob Sie die Stakeholder, die Sie brauchen, schon kennen, müssen Sie sich auch eine Akquise-Strategie überlegen, wie Sie an diese vielbeschäftigten Menschen herankommen, was wir im nächsten Schritt beleuchten.

3. Wie komme ich an diese Leute heran?

Um den Leuten etwas zu erzählen, müssen diese Leute erst einmal da sein. Diese Leute können natürlich auch außerhalb Ihres Unternehmens sein oder diese Leute kennen Sie vielleicht noch gar nicht. Falls Sie all Ihre Kontakte, die Sie benötigen, schon kennen, können Sie den nächsten Abschnitt überlesen.

Ansonsten gilt die Devise: Networking ist wie Bargeld. Man sollte sich darum kümmern, wenn man es nicht braucht. Um Menschen überzeugen zu können, müssen Sie zunächst einmal auf diese Leute zugehen. Entweder Sie haben Glück und werden von wohlmeinenden und gut vernetzten Menschen denen vorgestellt, die Sie kennenlernen wollen oder sollten. Dann ist es relativ einfach. Oder Sie müssen die Arbeit selbst erledigen. Entweder direkt oder am Telefon. Und da ist oft Überwindung angesagt. Denn die meisten Menschen, und dazu gehören selbst eingefleischte Vertriebler, geben zu, dass sie lieber 10 Minuten kalt duschen würden, als 10 Minuten kalt zu akquirieren. Ich selbst war eigentlich immer in Jobs, in denen ich Menschen überzeugen musste, irgendetwas zu kaufen. Aber ich kann immer noch nicht von mir behaupten, dass mir Kaltakquise großen Spaß macht.

Jetzt haben Sie vielleicht einen interessanten Kontakt auf einer Konferenz kennengelernt. Über die Frage, welche Konferenzen man aufsuchen sollte, könnte man ein eigenes Buch schreiben. Sie gehen natürlich nicht auf Konferenzen, wo Arbeitslose andere Arbeitslose um einen Job bitten, was Hunderte von Dummköpfen nicht davon abhält, genau solche Events aufzusuchen. Sie selbst gehen natürlich zu Events, wo jemand ist, der erfolgreicher, schlauer und interessanter ist als Sie selbst. Denn von ihm können Sie etwas lernen und durch ihn weiterkommen.

Jetzt müssen Sie diesen Menschen im Nachgang anrufen und zwar möglichst nicht zu spät nach der Konferenz, da er ansonsten schon alles wieder vergessen hat. Selbstverständlich ist der Anruf bei einem Menschen, den Sie überhaupt nicht kennen und der Sie überhaupt nicht kennt, erfahrungsgemäß zum Scheitern verurteilt. Der Trick hierbei ist die Vorbereitung. Ideal ist natürlich, wenn Sie von dieser Person bereits die Visitenkarte haben und sich verabredet haben, einmal wegen diesem und jenem zu telefonieren. Kurz gesagt: Die Person kennt Sie bereits. Gesetzt aber der Fall, Sie haben einen Menschen kurz auf einer Konferenz gesehen, aber nicht mit ihm gesprochen, und Sie haben auch keine Kontaktdaten: Dennoch können Sie – selbst im Nachhinein – dafür sorgen, dass diese Person Sie kennt und mit Ihnen gesprochen hat. Auch wenn dies nie passiert ist. Und zwar so:

- Aufgrund der Zugehörigkeit zu seiner Firma können Sie relativ einfach seine Mailadresse à la *Vorname.Nachname@Firma*.com herausbekommen. Wenn Sie nicht sicher sind, ob diese Logik stimmt, googeln Sie einfach *@Firma*.com im Internet mit anderen Namen und Sie sollten die Logik finden, nach der die Mailadressen in dieser Firma strukturiert sind. Wenn Sie unsicher sind, eröffnen Sie ein paar Mailaccounts bei gmx oder anderen

Umsonst-Anbietern unter falschem Namen und schicken Sie an die Adressen, die Sie für richtig halten, ein paar Testmails. Wählen Sie als Absender am besten *financenews2011@gmx*.de oder Ähnliches, was noch frei ist, und verweisen Sie in der Mail, am besten in englischer Sprache, auf irgendeine News-Website, zum Beispiel einen Investment-Artikel aus dem *Wall Street Journal*. Wählen Sie in jedem Fall ein Thema, das mit dem Beruf des Empfängers zu tun hat, sodass dieser glaubt, er würde unerwünschte Spam-Mails von einem Finanzportal erhalten. Keinesfalls sollten diese Mails irgendwie mit Ihnen in Verbindung gebracht werden können.

- Dann senden Sie diese »Spam Mails« an die Adressen, die Sie für richtig halten. War die Adresse falsch, kommt normalerweise eine »undeliverable« Mail zurück. Kommt nichts zurück, war die Adresse richtig: Bingo, Sie haben die Mailadresse. Schreiben Sie nun – von Ihrer richtigen Adresse – eine kurze, höfliche Mail, die Sie damit einleiten, dass Sie ja auf der Konferenz gesprochen hatten (was nicht stimmt) und sich ja verabredet hatten, sich zu diesem und jenem Thema, was das Gegenüber interessieren sollte, noch einmal auszutauschen. Auch dies stimmt nicht, aber das wird das Gegenüber gar nicht merken, da die Menschen, an die Sie herankommen wollen, ja die VIP Big Shots sind, und diese sind normalerweise so beschäftigt, dass sie sich nicht an jedes Gespräch erinnern. Auch an das Ihre nicht, vor allem, da es ja möglicherweise nicht stattgefunden hat. Das Gegenüber wird also glauben, dass Sie Recht haben, Sie gesprochen haben und idealerweise antworten. Wichtig ist, dass Sie in der Mail keineswegs den Eindruck erwecken, irgendetwas verkaufen zu wollen; auch wenn Sie dies in Wahrheit natürlich wollen, aber dazu sollten Sie später überleiten.

- Schreiben Sie Ihre Mail zudem unbedingt entweder am frühen Morgen oder am späten Abend oder am Wochenende. Zum einen umgehen Sie damit die Sekretärin, die alles Unerwünschte und Unbekannte aussortiert und löscht. Und Sie haben die Chance, dass der Empfänger in den out off office hours nicht am Rechner sitzt und mit seinem Blackberry oder iPhone oder was auch immer antwortet. Viele Manager haben in ihrem Smartphone eine Zeile »sent from mobile device, please excuse typing errors« oder Ähnliches eingefügt und manches Mal taucht in dieser Mini-Signatur auch die Mobilnummer auf. Trara, schon haben Sie auch die Handynummer – und das alles ohne störende Sekretärin und Vorzimmer-Hindernisse.

- Sollte der Empfänger fragen, woher Sie die Handy-Nummer haben, was allerdings unwahrscheinlich ist, sagen Sie natürlich nicht, dass Sie diese aus der Signatur geklaubt haben, sondern Sie verweisen auf ein früheres Gespräch bzw. die Absicht, dazu einmal »spontan zu telefonieren«. Vielbeschäftigt wie der Empfänger ist, wird er sich auch daran nicht mehr genau erinnern und glauben, das habe alles seine Richtigkeit. Wir hatten es ja schon gesagt: Realität ist nicht real, sondern nichts weiter als subjektive Wahrnehmung. Auf einmal kennt Sie der Empfänger, auch wenn er nie mit Ihnen gesprochen hat. Nun sind Sie am Zug.

4. Was denken diese Personen über den Wandel und wie viel Macht haben sie?

Für die Menschen, die Sie überzeugen müssen, können Sie eine Analyse der Stakeholder aufstellen, die am Ende über Wohl und Wehe für Ihre Idee entscheiden. Die Kontrolle haben über Ressourcen, Menschen oder Information, oder die, die formale Autorität haben. Und wie stehen diese Personen zum Wandel? Sie müssen feststellen, wo sich diese Stakeholder innerhalb und außerhalb der Organisation befinden und danach deren Macht und Einstellung gegenüber den eigenen Veränderungswünschen überprüfen. Es gibt die *Kläffer*, die, die jede Veränderung blöd finden, aber auch nichts zu melden haben. Die können Sie ignorieren. Dann gibt es die *Apparatschiks*. Die finden auch alles blöd, sind mit dem Status quo groß geworden und haben sich darin gut eingerichtet, haben aber leider recht viel zu sagen; meist deswegen, weil sie schon so lange dabei sind oder nach oben wegbefördert wurden, um unten keinen Schaden anzurichten. Dann gibt es die *Jasager*, die zu allem Ja und Amen sagen, aber denen es deswegen auch an Profil mangelt und die daher auch nichts zu melden haben. Und es gibt die *Schutzengel*, die, die viel Macht haben und die auch noch Ihr Projekt mögen. Am besten ist es, wenn Sie einen dieser Schutzengel als »Sponsoren« für dieses Projekt benennen und gleichzeitig versuchen, die Apparatschiks mit Hilfe der Schutzengel umzustimmen. Die Jasager können dabei hilfreiche Verhandlungsmasse sein, die den Apparatschiks zeigen, dass Sie und der Schutzengel mit Ihrer Idee nicht allein stehen (siehe Abbildung 12).

Vorsicht ist geboten bei *Frühstücksdirektoren*, die sich für Schutzengel ausgeben, aber eigentlich nur Jasager sind. Diese Spezies findet man häufig bei inhabergeführten Unternehmen und interessanterweise ist dies oft der Inhaber selbst. Der will mit allen gut Freund sein, hat aber die operative Führung des Unternehmens schon längst an seinen CFO, COO oder wen auch immer abgegeben, es aber nur nicht gemerkt. Sie müssen es aber sehr schnell merken, ansonsten besteht die Gefahr, dass sie ihre Zeit vergeuden, weil sie zu lange ein totes Pferd reiten. Denn in Wahrheit haben die Apparatschiks schon längst den Frühstücksdirektor abgelöst, auch wenn auf seiner Visitenkarte noch immer »Vorsitzender der Geschäftsführung« oder Ähnliches steht. Diese Menschen finden alles toll, was Sie sagen, und geben Ihnen perverserweise auch noch das Gefühl, an der richtigen Adresse zu sein. Das Problem ist nur, dass sie so unverbindlich bleiben, wie es nur geht, und Sie mit denen Ihre Idee niemals umgesetzt bekommen.

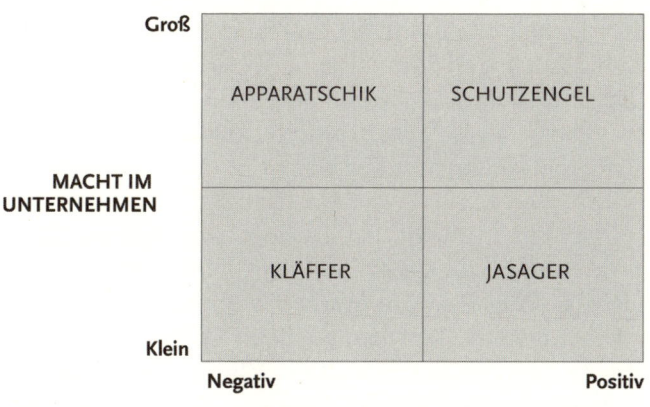

Abbildung 12: Die Stakeholder-Matrix
Quelle: Veit Etzold, 2013

Sprechen Sie mit den richtigen Leuten und es gibt Widerstände, sollte man analysieren, warum es diese gibt. Nicht immer sind die anderen per se *gegen* das Projekt. Es kann auch sein, dass Unkenntnis vorherrscht oder Überforderung gemäß der Devise »ich habe schon so viele neue Initiativen gesehen und bisher hat das alles nichts gebracht«. Das sollte man ernst nehmen. Ein Projekt, das den Anschein hat, dass es andere schlechter stellt, kann demotivierend wirken und da müssen Sie mit einer guten Story gegensteuern.

Unterschiedliche Manager-Typen

Was die Adressaten angeht, die Sie überzeugen wollen, gibt es unterschiedliche Typen von Managern, die Gary Williams und Robert Miller einmal in der *Harvard Business Review* zusammengestellt haben:[9]

25 Prozent aller Manager gehören zu den **Charismatikern.** Sie kennen sicher diese Leute, die ganz schnell von etwas begeistert sind, dann aber so lange nichts mehr von sich hören lassen, dass Sie schon anfangen, die Beerdigungsanzeigen durchzulesen, um zu schauen, wo sie wohl abgeblieben sind. Hier ist es wichtig, sich von der Begeisterung der Charismatiker nicht anstecken zu lassen, sondern in der Diskussion sachlich zu bleiben. Dann hat man die größten Chancen, dass aus dem Projekt etwas wird.

Der **Denker**, der 11 Prozent aller Manager ausmacht, ist sehr schwer zu überzeugen, da er sich vor Entscheidungen scheut; Entscheidungen sind halt mit Handeln verbunden und der Denker denkt nun einmal lieber. Bei ihm braucht man eine Menge Daten, Back-up-Folien in PowerPoint und für alles eine gute Antwort, die nicht der Wahrheit entsprechen muss, aber gut klingt.

In eine ähnliche Kerbe schlägt der **Skeptiker**, der mit 20-prozentiger Wahrscheinlichkeit auftaucht und jedem misstraut, der nicht so ähnlich tickt wie er. Hier sind Glaubwürdigkeit, Zertifikate und Empfehlungen angesagt. Wie Shakespeare schon sagte: »*Zuneidung* funktioniert über Urkunden und Zuneigung.« Beim Skeptiker besonders über Urkunden. Und am besten mit jemandem als Begleitung, der einen ähnlichen Hintergrund wie der Skeptiker oder am besten mit ihm zusammen studiert hat.

9 siehe dazu: Gary A. Williams, Robert B. Miller, »Change the way you persuade«, *Harvard Business Review*, 2002

Als Nächstes gibt es den **Follower**, den **Nachfolger**, der 36 Prozent aller Manager ausmacht. Diese Spezies denkt nur in der Vergangenheit und macht erst etwas, wenn es alle anderen auch schon machen. So lange es »nur« brennt, bewegt er sich nicht. Erst, wenn alle Richtung Notausgang rennen, kommt er auch in die Gänge. Und dann ist es meistens zu spät. Das Wort »First Mover« ist ihm ebenso fremd wie eine unabhängige Entscheidung. Um diese Spezies zu überzeugen, muss man immer Fakten und Erfahrungsberichte bringen, die sich schon hundertfach bewährt haben; auch wenn das gar nicht stimmt.

Übrig bleibt noch der **Controller** oder **Kontroll-Freak**. Diese Manager hassen Unsicherheit noch mehr als alle anderen. Sie wollen alles steuern und kontrollieren können. Die Argumente für sie müssen strukturiert und glaubhaft sein und das Proposal darf auf keinen Fall zu begeistert vorgetragen werden. Ist der Controller allerdings von etwas überzeugt, dann hört man auch recht schnell wieder von ihm und er liefert sehr schnell eine klare »Ja/Nein«-Entscheidung.

Sich selbst verkaufen

»Das Leben entscheidet sich in wenigen Sekunden«, sagt der Börsenhändler Bud Fox in *Wall Street* kurz vor seinem Gespräch mit dem allmächtigen Gordon Gekko. »Das ist jetzt so eine.«

Wenn Sie als Manager mit wichtigen Personen ins Gespräch kommen wollen oder nach einem Job suchen, sollten Sie auch eine gute Story erzählen, die Sie als Person interessant macht. Firmen brauchen die richtigen Leute, um die richtigen Dinge zu tun, am richtigen Ort mit den richtigen Werkzeugen.[10] Gut, wenn Sie diese Firmen überzeugen können, dass Sie gebraucht werden. Schlecht, wenn es nicht so ist. Mal alle Romantik beiseite gelassen, ist die Karriere schließlich nach Liebe, Leben und Tod das Wichtigste in Ihrem Leben.

Um das Eis zu brechen, können Sie zum Beispiel mit einer kleinen Story zu sich selbst anfangen, so wie ich dies häufig tue: Wo komme ich her? Aus Bremen. Bremen war einmal eine stolze Hansestadt und ist es noch immer ein bisschen. Das Ensemble

---

auf dem Marktplatz aus Dom, Handelskammer und Rathaus ist einzigartig in ganz Europa. Diese Kombination schätze ich selbst ebenfalls, da ich mich sowohl für Politik, Wirtschaft und Religion interessiere. Bremer haben einen trockenen Humor, sind aber auch dem Flüssigen nicht abgeneigt, was die Hauptquartiere von Jacobs-Kaffee und Becks-Bier in Bremen belegen.

Das ist die Vergangenheit. Dann kommt die Zukunft. So sagt ein traditioneller Lebenslauf zum Beispiel, was man alles getan hat. Dafür ist man aber auch schon bezahlt worden. Wichtig ist auch zu zeigen, was man in Zukunft machen kann.

Wenn Sie einem anderen Menschen, zum Beispiel einem Headhunter, beschreiben wollen, warum Sie für einen künftigen Job geeignet sind, sollten Sie idealerweise eine Brücke zwischen alt und neu schlagen. Reden Sie nicht nur von Ihrem alten Job, sondern von dem, was Sie in Zukunft für den neuen Arbeitgeber tun können. Ein Investor zahlt ja auch nicht für die früheren Kursentwicklungen einer Aktie, als er noch nicht investiert hat, sondern für die Zukunftsentwicklung. Seien Sie auch vorsichtig mit Kritik an irgendwelchen früheren Vorgesetzten oder Kollegen, denn die Art und Weise, wie Sie sich darüber äußern, wird ebenfalls genau zur Kenntnis genommen. Sie wissen ja: Was Peter über Paul sagt, sagt mehr über Peter als über Paul.

Sie beginnen mit einer a) Beschreibung, b) den Herausforderungen an der Aufgabe, c) wie Sie diese Herausforderungen souverän gelöst haben und d) warum genau diese Fähigkeit zu dem neuen Arbeitgeber passt und er eigentlich nur auf jemanden wie Sie gewartet hat.

Ich selbst könnte meine Erfahrungen in der inhaltlichen Konzeption von VIP-Events für die Boston Consulting Group zum Beispiel folgendermaßen formulieren und mich dadurch sowohl für einen Job im Private Banking, in der Management-Ausbildung oder in einem anderen Professional-Services-Bereich interessant machen:

1. Beschreibung: *Ich war verantwortlich für die Strategiekonferenzen einer großen, globalen Strategieberatung, zu denen diese Beratung ihre besten Kunden einlud. Im direkten Kontakt mit den*

Kunden war dies eine optimale Möglichkeit für die Beratung, um an neue Mandate zu kommen, da alle Entscheidungsträger direkt vor Ort waren. Dies ist die Einführung zur Geschichte, die die Rahmenhandlung, das Setting, beschreibt.

2. Die Herausforderung: *Dummerweise bekommen diese VIPs haufenweise Einladungen zu anderen Konferenzen und ihr Terminkalender ist ohnehin schon übervoll.* Das ist der Bösewicht in der Story: Die Herrschaften, die wir gerne wollen, wollen andere auch.

3. Die Lösung: *Dennoch ist es mir gelungen, durch eine vielfältige und pointierte Themen- und Referentenwahl den prozentualen Anteil der VIPs signifikant zu erhöhen.* Der Bösewicht ist besiegt. Wir haben ein Happy End!

4. Der Bezug zur neuen Firma: *Ich habe dies in einer Firma getan, die, genau wie Ihre, eine hochpreisige Dienstleistung an ausgewählte Individuen und Unternehmen verkauft:* Jetzt kommt es. Wir haben einen ähnlichen Gegner. Und den Bösewicht, den Sie bekämpfen müssen, können Sie mit mir viel besser bekämpfen. Und besiegen!

Exkurs: Helden und Anti-Helden – Managertypen nach Shakespeare[10]

Um sein Gegenüber zu verstehen, kann es helfen, sich ein paar Manager-Figuren anzuschauen, die eine Armlänge vom wirklichen Tagesgeschäft entfernt sind, aber ähnlich ticken wie die Manager und Vorgesetzten, mit denen Sie zu tun haben. Durch die sehr bildliche Darstellung typischer »Führungskräfte« in Shakespeares Werken werden die Stärken und Schwächen von Führungspersönlichkeiten sehr eindeutig und greifbar vor Augen geführt. Und durch die Bekanntheit der Charaktere und der teilweisen Drastik ihrer Handlungen bleiben diese Charaktereigenschaften auch viel besser hängen als viele verklausulierte Fachbegriffe aus der Personal-Psychologie.

---

10 siehe auch Etzold: »Power Plays – what Shakespeare can teach on leadership«, *Business Strategy Series*, Vol. 13, No. 2, 2012, S. 63-69

Das Ganze hat auch ein pädagogisches Element: Die Tatsache, dass auch ein großer und berühmter Macbeth absolut dumme Fehler macht, trägt dazu bei, Fehler zu enttabuisieren und den offenen Umgang damit zu ermöglichen. Und die Schicksale dieser Figuren erzählen eine Geschichte, die Sie vielleicht an einige Punkte in Ihrer Karriere erinnert. Denn wenn Sie Ihre eigenen Fehler und Schwächen erkennen, erkennen Sie diese auch bei den Menschen besser, mit denen Sie zu tun haben. So sagte es schon Sun Tzu: Erkenne dich selbst *und* den Gegner, dann wirst du in 1 000 Schlachten siegreich sein.

Nun beschäftigt sich allerdings niemand gerne mit sich selbst, wenn es um die eigenen Schwächen geht. Geht man aber den »Umweg« über Shakespeares Manager, kann der Manager von heute ohne Gesichtsverlust seine eigenen Schwächen und Stärken in einem Spiegel betrachten, ohne zunächst das Gesicht zu verlieren. Er denkt über Shakespeares Charaktere nach, aber am Ende auch über sich selbst. So wird der Umweg zur Abkürzung. Der folgende Abschnitt zeigt sieben unterschiedliche Manager-Typen nach Shakespeare.

Sie müssen nicht alles nacheinander lesen, sondern können sich die einzelnen Typen, die vielleicht zu Ihren Vorgesetzten passen, selektiv anschauen. Wenn Sie es ganz eilig haben, können Sie gleich zum Kapitel »Techniken der Einflussnahme« springen.

1. Der Patriarch

Shakespeares berühmtestes römisches Stück heißt *Julius Cäsar*. Und Cäsar ist der Archetyp des Patriarchen, der Mann, aus dessen Namen Begriffe wie »Kaiser« oder »Zar« wurden. Cäsar weigert sich lange Zeit beharrlich, anzuerkennen, dass sich der Wind in Rom gedreht hat. So lange, bis er an den Iden des März von den Verschwörern ermordet wird, die eine neue Republik schaffen wollen. Obwohl Cäsar in dem Stück nur zu einem Drittel lebend präsent ist, heißt das Stück dennoch *Julius Cäsar* – und Cäsar ist nach seiner Ermordung präsenter als je zuvor. Wir sehen: Patriarchen – und Tyrannen – sind so schnell nicht totzukriegen. Rom und Cäsar sind derart miteinander verwoben, dass es Marcus Antonius, von dem wir noch lesen werden (→ **Überzeugen auf die fiese Tour**) gelingt, den Zorn des Volkes von Rom gegen die Verschwörer zu lenken. Der Geist Julius Cäsars taucht vor der Schlacht von Philippi in Brutus' Zelt auf und treibt diesen in den Selbstmord – er stürzt sich in das Schwert, mit dem er auch Cäsar tötete.

Cäsar ist Rom und Rom ist Cäsar. In nahezu jedem Unternehmen gibt es einen Patriarchen, der das ganze Unternehmen kennt wie kein anderer, der es vielleicht gegründet hat und für den das Unternehmen fast so etwas wie ein eigenes Körperteil geworden ist. Vor- und Nachteile des Patriarchen speisen sich daher aus derselben Quelle – der eindeutigen und kompromisslosen Identifikation mit dem Unternehmen und dem Glauben, dass das Unternehmen ohne den Patriarchen nicht existieren könnte.

Was die Vorteile angeht, hat der Patriarch ein tiefes Wissen über die Firma und ihre DNA, er verfügt über ein großes Netzwerk von Kunden und Geschäftspartnern, und wenn Not am Mann ist, weil ein großer Kunde schlecht behandelt worden ist und die Geschäftsbeziehung abbrechen will, muss häufig der Patriarch selbst zum Hörer greifen und die Wellen glätten. Topmanager der alten Schule und Führungskräfte, die ebenso alt sind wie der Patriarch, schätzen ihn als einen Partner, der genauso denkt wie sie, der gezeigt hat, dass er ein Unternehmen erfolgreich aufbauen kann und dessen Kernkompetenz sich auf Handeln, und nicht auf Reden, auf das Geschäftemachen mit neuen Kunden und nicht auf das Erstellen kryptischer PowerPoint-Präsentationen beschränkt.

Nachteile des Patriarchen sind sein Unwille, abzutreten, und seine Sturheit, nicht loslassen zu können – die Schwierigkeiten bei der Nachfolgeregelung vieler Mittelständler speisen sich auch daraus, dass ein Patriarch es jahrelang versäumt hat, einen Nachfolger aufzubauen, gemäß dem Motto: »Wieso brauchen wir einen neuen Chef? Ich *bin* doch der Chef.« Dazu passt sein generelles Misstrauen gegenüber jüngeren Managern oder Managern, die erkannt haben, dass jede Zeit einen anderen Führungsstil erfordert – solche sieht der Patriarch gerne als Verräter an »seinem« Unternehmen. Eine freie Feedback-Kultur und das Prinzip der offenen Tür sind dem Patriarchen ebenfalls fremd, ebenso die Fähigkeit zur objektiven Beurteilung von anderen Menschen. Ebenso wie er oft verdiente und fähige Manager vor die Tür setzt, weil ihnen »deren Nase nicht gefällt«, genauso ist er anfällig dafür, von Intriganten und Speichelleckern, die ihm genau das sagen, was er hören will, um den Finger gewickelt zu werden, und die dann das Unternehmen übernehmen und in den

Untergang führen. Shakespeares König Lear, der die meiste Macht seiner unfähigsten Tochter gibt, die er aber am meisten liebt, und dessen großes Reich dann im Bürgerkrieg und Chaos versinkt, in dessen Verlauf der alte König dann auch noch wahnsinnig wird, ist ein Paradebeispiel für diese nicht-nachhaltige Personalpolitik des Patriarchen.

Helmut Kohl war der einzige Kanzler, der 16 Jahre lang Deutschland regierte. Er scherte sich aber überhaupt nicht um einen Nachfolger und stürzte die CDU nach dem Spendenskandal nach seiner Abwahl in eine tiefe Krise, aus der schließlich Angela Merkel – durch Anwendung des schon immer erfolgreichen Königsmordes – als Gewinnerin hervorging. Dass sie sich nun ebenso verhält wie Kohl, keine Nachfolger aufbaut und alle, die ihr gefährlich werden könnten (Merz, Koch, Wulff), in für sie ungefährlichen Positionen »kaltstellt«, zeigt, dass sie von ihrem Mentor gelernt hat, im Guten wie im Schlechten.

Berthold Beitz, Vorsitzender der mächtigen Alfried Krupp von Bohlen und Halbach Stiftung, ist der mittlerweile 99 (!) Jahre alte Patriarch von Thyssen Krupp, der als Ehrenvorsitzender des Aufsichtsrates von der Villa Hügel in Essen aus das Stahl-Imperium regiert und im März 2013 Gerhard Cromme als Aufsichtsratsvorsitzenden entlassen hat.[11]

Ferdinand Piech ist ein starker Patriarch, der klare Anzeichen eines Tyrannen zeigt. Allerdings eines sehr erfolgreichen. So bestimmt Piech als Aufsichtsratschef, für den die Altersgrenze von 70 Jahren offenbar nicht gilt, nicht nur die Geschäfte gemeinsam mit Martin Winterkorn, sondern es gelingt ihm mit seiner kompromisslosen Art und seiner über Jahrzehnte genährten Vision, VW zum größten Autohersteller der Welt zu machen, jeden Wettbewerber und jedes Hindernis aus dem Weg zu räumen. Der jüngste Coup ist der Rekordgewinn von 11,3 Milliarden Euro (!) im Jahr 2012[12] sowie die Integration von Porsche in VW und die Entmachtung des Mythos des Porsche-

---

11 *FAZ*: »Es ist aus«, 10.03.2013, S. 21
12 Hierbei handelt es sich um den operativen Gewinn, der Gewinn zuzüglich Sondereffekte war mit 15,8 Milliarden Euro noch höher, siehe *FAZ*: »Volkswagen erzielt Rekordgewinn aller DAX Konzerne«, 24.02.2013, http://www.faz.net/aktuell/wirtschaft/15-8-milliarden-euro-volkswagen-erzielt-rekordgewinn-aller-dax-werte-11660922.html

Chefs Wendelin Wiedeking. Wiedeking, der vorher noch tönte »er werde Porsche übernehmen«. Piech hat ein Gedächtnis wie ein Elefant und ist prinzipiell, wie die *FAZ* sagt, ein »Mensch mit geringem Harmoniebedürfnis«.

2. Der Getreue

Der Getreue, auf Englisch würde man sagen »The Die-hard« oder in der Politik »Der Parteisoldat«, würde sterben für sein Unternehmen, so stark ist seine Identifikation und seine Treue. Er erfüllt auch die schwersten Aufträge ohne Murren, macht Überstunden, arbeitet am Wochenende und reist für sein Unternehmen um die halbe Welt. Allerdings schrammt sein Altruismus auch immer an der Grenze zur Naivität, denn der Getreue weiß nicht, dass man nicht immer nur durch Leistung Karriere macht, sondern indem man vermeintliche Leistung zum richtigen Zeitpunkt an der richtigen Stelle dem richtigen Vorgesetzten kommuniziert. Der Getreue stellt grundsätzlich das Wohl der Firma vor sein eigenes – und verliert am Ende beides. Und merkt er schließlich, dass das Unternehmen seine Zuneigung und seine bedingungslose Aufopferung nicht erwidert und anderen, scheinbar weniger geeigneten Kandidaten den Vorzug bei der Beförderung gibt, stirbt er wirklich für sein Unternehmen – und zwar als Selbstmordattentäter. Da der Getreue alle Prozesse des Unternehmens kennt, kann er – als Zeitbombe – vernichtende Auswirkungen haben, wenn sich seine Enttäuschung gegen das Unternehmen wendet. All die Manager, die irgendwelche Geheimnisse bei Wikileaks posten oder an die Presse geben, sind solche Getreuen, die zu Zeitbomben wurden.

Shakespeares *Titus Andronicus* ist dem römischen Kaiser treu bis (fast) in den Tod. Dass er mehr als 20 Söhne im Krieg für Rom gegen Germanien verloren hat, schert ihn nicht. Dass die Kriegsgefangene und Gotenkönigin Tamora, deren Gefolgsleute er ermorden ließ, den römischen Kaiser um den Finger gewickelt hat, merkt er erst, als es fast zu spät ist. Der Getreue ist oft derartig in seine Arbeit vertieft, dass ihm Intrigen und Ränkespiele im Unternehmen gar nicht auffallen und er schließlich vor vollendete Tatsachen gestellt wird, wenn der Kuchen bereits verteilt wurde – mit dem Resultat, dass er nichts abbekommen hat. Die Gotenkönigin Tamora beginnt in Shakespeares Stück eine Affäre mit dem römischen Kaiser mit dem Ziel, Titus und seine Familie zu vernichten. Der Kaiser spielt gerne mit und Titus merkt vor blinder Loyalität nichts. Einer seiner letzten zwei überlebenden Söhne wird unschuldig des Mordes angeklagt und Titus muss sich seine linke Hand abhacken lassen, um ihn zu retten. Hingerichtet wird der Sohn dann trotzdem. Das Fass läuft allerdings über, als Chiron und Demetrius, die Söhne der Gotenkönigin, Titus' Tochter vergewaltigen und ihr die Hände und die Zunge abschneiden. Jetzt explodiert die Zeitbombe: Titus tötet die Söhne der Gotenkönigin und macht aus ihren gemahlenen Knochen eine Pastete, die er auf einem Bankett der Königin serviert. Nachdem er Tamora mit der grausigen Wahrheit konfrontiert hat, tötet er auch sie. Der Kaiser tötet Titus und Titus' letzter Sohn tötet den Kaiser. Tod und Leid sind alles, was bleibt.

Auch wenn es in der Wirtschaftswelt so blutig normalerweise nicht hergeht, ist zum Beispiel der »Rogue Trader«[13] Jerome Kerviel der Bank Société Générale ein gutes Beispiel für eine Zeitbombe. Da er nicht genug Anerkennung fand, wollte er für seine Bank im Eigenhandel eine Riesensumme Geld erwirtschaften, um endlich befördert zu werden. Und um das zu schaffen, hebelte er die Risikosysteme aus. Mit dem Ergebnis, dass die Bank durch Kerviels ungedeckte Positionen Verluste in Höhe von mehr als fünf Milliarden Euro erlitt.

Oskar Lafontaine, getreuer Parteichef der SPD, der sich von Kanzler Gerhard Schröder ausgebootet fühlte, trug mit seinem Austritt aus der SPD und mit der Integration der WAASG und der PDS in die Linkspartei dazu bei, die linke Parteienlandschaft in Deutschland tief zu spalten und eine neue politische Kraft zu formen, die insbesondere der SPD nachhaltigen Schaden zufügte und sie im Jahr 2005 aus der Regierungsverantwortung warf.

3. Der Bulldozer
Der Bulldozer macht das, was seiner Ansicht nach notwendig ist und zieht es gnadenlos durch – ohne Rücksicht auf Verluste. Da ihn dabei die Nachhaltigkeit seines Handelns und ethische Querelen

---

13 Der Begriff kam erstmals in Bezug auf Nick Leeson auf, der in den 90er Jahren mit ähnlichen »Trades«, also Wertpapier-Handelsgeschäften, die britische Bank Barings zum Zusammenbruch brachte, die dann von der niederländischen ING übernommen wurde.

wenig stören, gehen seine Unternehmungen gelegentlich nach hinten los.

Shakespeares *Macbeth* ist solch ein Bulldozer. Er kämpft zunächst loyal für den König von Schottland und wird dafür von ihm belohnt und befördert. Doch die größte Beförderung wäre es für ihn, selbst König von Schottland zu werden. Leider ist der Platz schon besetzt, was für Macbeth kein Problem darstellt: Er tötet einfach König Duncan, schiebt den Mord den Leibwächtern des Königs in die Schuhe und wird selbst König von Schottland, verfolgt von den Einflüsterungen seiner diabolischen Gattin Lady Macbeth. Nachdem dies eine Weile gut geht, regt sich unter dem Adel Schottlands jedoch der Verdacht, es wäre doch viel eher wahrscheinlich, dass Macbeth den König getötet hätte als dass es seine Leibwächter getan hätten. Das Unheil nimmt seinen Lauf, Lady Macbeth begeht Selbstmord und auch Macbeth findet den Tod.

Der Bulldozer hat ein sehr gutes Gefühl für Machtstrukturen, was ihn in Verhandlungen zu einem wichtigen Verbündeten macht, da er weiß, wen er ansprechen muss und er seine Zeit so nicht mit unwichtigen Frühstücksdirektoren vergeudet. Er ist ein »Macher«, der sich auch die Hände schmutzig macht und jedes Projekt eiskalt und ohne Rücksicht auf Verluste durchzieht – sofern es nicht nur der Firma, sondern auch ihm selbst hilft.

Dies allerdings ist genau sein Problem: Ihn interessiert das Wohl der Firma weniger als sein eigenes, was immer ein Problem darstellt, wenn man für eine Organisation und nicht nur für sich selbst arbeitet. Seine Strategie ist sehr kurzfristig und wenig nachhaltig und fliegt ihm daher oft am Ende selbst um die Ohren.

Die Tragik bei Macbeth ist dabei insbesondere, dass er König hätte werden können – wenn er nur etwas Geduld gehabt hätte. Aber die Gier nach schnellen Ergebnissen, nach »Quick Wins«, ist beim Bulldozer so groß, dass er alles andere dabei übersieht. Selbst sein eigenes Überleben.

Albert Dunlap war einer der größten Restrukturierer in den USA in den 80er Jahren. Seine Kompromisslosigkeit, wenn es darum ging, Kosten zu kürzen und Mitarbeiter rauzuschmeißen, war legendär und brachte ihm den Namen Al »Chainsaw« Dunlap ein. Seine Restrukturierung von Sands Paper, wo er die Hälfte der Belegschaft feuerte und die Forschungs- und Entwicklungskosten um die Hälfte kürzte, wurde als großer Erfolg gefeiert. Über seine Erfolge schrieb er auch ein, zugegeben sehr unterhaltsames, Buch mit dem Titel *Mean Business*, in dem er dem Leser auch einige Weisheiten mit auf den Weg gibt, so zum Beispiel: »Du bist nicht im Geschäft, um geliebt zu werden. Ich auch nicht. Wir sind hier, um Erfolg zu haben. Wenn du einen Freund brauchst, kauf dir einen Hund. Ich gehe kein Risiko ein. Darum habe ich zwei Hunde.«[14]

Dunlap verkaufte die gestutzte Firma teuer an Investoren und kassierte 100 Millionen Dollar Provision. Dass die Investoren eine Firma gekauft hatten, die gar nicht mehr handlungsfähig und zu Tode gespart war, merkten sie erst, als es zu spät war. Chainsaw Dunlap hatte seine Millionen und machte weiter, bis er bei Sunbeam, einer weiteren Firma, die er restrukturieren und verkaufen wollte, wegen Bilanzbetrugs und »book cooking« angeklagt und verurteilt wurde. Sein Ruf war dahin und seine Karriere auch.

4. Der Philosoph

»Ich brauche noch mehr Daten«, sind wohl die fünf Worte, die man von dem »Philosophen Manager« am meisten hört. Er will alles bis zur Neige verstehen, hat einen ungesunden Hang zum Mikromanagement und scheut genau das, wofür ein Manager eigentlich bezahlt wird, nämlich die – ganz genau! – Entscheidung.

Shakespeares *Hamlet* weiß, dass Claudius seinen Vater, den König von Dänemark, getötet hat, doch er tut nichts dagegen, sondern beschränkt sich darauf, über den Unterschied zwischen Sein und Nichtsein nachzusinnen, parallel zum Betrachten eines Totenschädels, der genauso leblos ist wie Hamlets Entscheidungsfreude. Auf die Idee, vielleicht eher über »Tun« und »Nichts-Tun« nachzudenken, kommt er nicht. Auf diese Weise macht er sich nicht nur selbst unglücklich und depressiv, sondern er stürzt auch alle, die ihn lieben, ins Unglück, während die Verräter relativ unbeschadet davonkommen.

Manchmal kann es helfen, Philosophen im Management-Team zu haben. Sie achten auf Details, sind sehr gut im »Number crunching« und stets offen dafür, auch von anderen Drittmeinungen einzuholen. Zudem sind sie aufgrund ihrer detailversessenen und grüblerischen

---

14 Übersetzt nach Dunlap, *Mean Business*, S. xii

Natur über interne Prozesse und Daten der Firma bestens infor-
miert. Manche Anwälte entsprechen diesem Bild.

Ihr Problem ist, dass sie all diese Fähigkeiten nicht auf die Straße
bekommen. Mikro-Management ist ihnen wichtiger als das große
Ganze, und die »Ja/Nein«-Entscheidung, auf die es ja am Ende
immer hinausläuft, scheuen sie noch mehr als der Teufel das Weihwasser, ebenso wie es ihnen davor graust, eine Entscheidung allein
zu treffen. Besser ein gigantisches Team in den Prozess involvieren,
sodass die Verantwortung, wenn etwas schiefgeht, auf so viele Köpf-
te verteilt wird, dass gar keiner mehr zuständig ist.

Was die gegenwärtige Situation der Finanzindustrie und der Banken angeht, die überall in der Kritik sind, kann man auch von einem
Hamlet-Syndrom sprechen. Anstatt die Flucht nach vorne anzutreten
und den Menschen zu erklären, dass man auch in der Welt nach der
Krise noch Banken braucht, bleiben die Banken passiv oder retten
sich in Werbungen, die nur Absichtserklärungen sind und ohnehin
von niemandem geglaubt werden. Nicht-Handeln ist allerdings keine
Alternative, da auf diese Weise nur *die* im Rampenlicht stehen, die
die Storys erzählen, die man *nicht* hören will. Nicht-Kommunikation
ist auch eine Art von Kommunikation. Und Nicht-Handeln auch eine
Form von Handeln. Allerdings eine, in der man mehr und mehr von
anderen gesteuert wird. So wie es Hamlet schließlich auch passierte.

5. Der Rebell

Wohl kaum ein Managertyp ist so positiv und gleichzeitig so negativ konnotiert wie der Rebell. Seine Vorzüge liegen darin, dass er,
durch sein generelles kritisches Infragestellen von Prozessen und
einer gering ausgeprägten Zufriedenheit, oft mit neuen und hilfrei-
chen Ideen kommt, die das Unternehmen weiterbringen können,
wenn es darauf hört. Der Status quo ist etwas, das er meist ablehnt,
und er ist oft ein Pionier, wenn es darum geht, neue Ideen einzufüh-
ren und umzusetzen. Positiv gesehen ist er ein Steve Jobs oder Richard Branson. Viele Rebellen allerdings beschränken sich aufs Nör-
geln oder sie setzen ihre Visionen nur halbherzig um, scheuen sich
vor der Arbeit der Implementierung oder vernachlässigen die berühmten »Third order«-Effekte, die dafür sorgen, dass ihnen ihre
schöne Veränderung komplett um die Ohren fliegt. Wenn es ihnen
nicht gelingt, ihre Visionen umzusetzen, weil sie dazu zu entschei-

dungsschwach, zu träge oder zu einflusslos sind, verfallen sie schnell in einen sarkastisch-zynischen »Ich hab's ja immer gesagt«-Modus, und das berühmte Wort von der »inneren Kündigung« trifft auf keinen Managertypen so zu wie auf den Rebellen. Dass er derjenige ist, der in Wahrheit niemals kündigen wird, sondern mit den Füßen zuerst aus dem Büro getragen werden muss, braucht nicht erwähnt zu werden.

Cassius in Julius Cäsar ist einer dieser Rebellen, die den Status quo in Rom ändern wollen. Cäsar scheint das zu ahnen, denn er sagt seinen Getreuen, dass »Cassius zu viel denke. Solche Menschen seien gefährlich.« Anders als viele Papiertiger von Rebellen setzt Cassius seine Idee um und tötet Julius Cäsar. Was er allerdings nicht bedacht hat, ist, wie tief Cäsar (→ **der Patriarch**) im römischen Establishment verwurzelt ist und wie übel die Bürger Roms den Verschwörern die Ermordung nehmen. Dies ist ein typischer Rebellen-Fehler, der auf Selbstüberschätzung der eigenen Ideen beruht: Sie denken, alle müssten genauso denken wie sie, und können sich gar nicht vorstellen, dass irgendjemand etwas gegen ihre Ideen haben könnte, die doch alles so viel besser machen. Entsprechend dürftig ist ihre Vorbereitung, möglichen Blockierern ihrer Ideen einen Riegel vorzuschieben oder sie mit ins Boot zu holen. Cassius ahnt zwar, dass dies passieren könnte – sein Vorschlag ist, alle Getreuen Cäsars gleich mit umzubringen, damit die Verschwörer keine Rache befürchten müssen –, doch gefährliche Manipulatoren wie Marcus Antonius (→ **Der Manipulator**) bleiben dennoch am Leben und drehen ruckzuck den Spieß um.

Richard Branson von Virgin ist ein erfolgreicher Rebell, der seine Unkonventionalität star-artig inszeniert, einer, der sich niemals mit dem Gegebenen zufriedengibt. Er checkt in denselben Hotels ein wie die Flugbegleiter seiner Airline, um ehrliches und direktes Feedback von ihnen zu erhalten, was man noch verbessern könnte, und sagte einmal, wenn Virgin Socken herstellen würde, dann nicht in Paaren, sondern in drei Teilen, da ja normalerweise immer ein Socken in der Wäsche verloren geht.

Der schon erwähnte Steve Jobs, der legendäre Gründer von Apple, hatte einen Hang zum Perfektionismus, der ihn schon öfter dazu brachte, seiner Ansicht nach untaugliche Geräte vor den Augen der Entwickler auf dem Boden zu zertrümmern. Der kritische Geist zahlt sich aus: Was andere Unternehmen nicht geschafft haben, schaffte Apple.

Ein negatives Beispiel für Rebellen sind all die Schlechtmacher und Miesepeter, die sich als (vom Unternehmen bezahlter) Kabarettist des Unternehmens sehen, ihr Büro mit Dilbert-Cartoons voll kleistern und abgesehen von den monatlichen Gehaltszahlungen für alles Abscheu empfinden, was von ihrem Unternehmen kommt.

6. Der Manipulator

Der Manipulator ist das Gegenteil des Getreuen: Wo der Getreue sich nur um die Arbeit kümmert und Kommunikation, Ränkespiele und Intrigen anderen überlässt, die ihn dann schließlich deswegen überholen, kümmert sich der Manipulator nahezu ausschließlich um das Überreden und Einwickeln wichtiger Entscheidungsträger.

Einer der besten Manipulatoren der Literaturgeschichte ist Shakespeares *Marcus Antonius*. Als die Verschwörer Julius Cäsar getötet haben, hält Brutus eine Rede zum Volk, in der er die Ermordung Cäsars rechtfertigt; was sollte er auch sonst tun? Ungeschickterweise haben die Verschwörer Marcus Antonius, der sich zunächst kleinlaut gibt, gestattet, ebenfalls eine Rede zu halten, und das auch noch in der »prime time« *nach* Brutus' Rede. Diese Rede nutzt Marcus Antonius dazu, das Volk von Rom gegen die Verschwörer auszuspielen. Der »Subtext« seiner Rede, in dem er scheinbar immer wieder die Rechtmäßigkeit der Ermordung Cäsars betont, ist das genaue Gegenteil von dem, was er sagt. Schließlich führt diese demagogische Meisterleistung, die schon Goebbels fasziniert hat, dazu, dass sich die Verhältnisse komplett umkehren. Die, die eben noch die neue Macht von Rom in den Händen hielten, bekommen diese sofort wieder weggenommen. Die, die eben noch den Tyrannen getötet haben, gelten nun selbst als Tyrannen, deren Blut das Volk sehen will (siehe auch: **Überzeugen auf diese fiese Tour**).

Der Manipulator ist ein unbezahlbarer Partner in jeder Verhandlung – solange er auf der richtigen Seite steht. Er ist perfekt in der Lage, sich in die Geistes- und Gemütshaltung eines Gegenübers oder einer Zuhörerschaft hineinzuversetzen und kleinste Schwächen sofort zum eigenen Wohl zu nutzen. Seine Fähigkeit, komplexe Zusammenhänge in einfachen Sätzen zu erläutern, und sein Timing und sein Sinn für Dramatik haben, wie bei Marcus Antonius' Rede, etwas Demagogisches. Wenn man jemanden braucht, der kommunikativ in kurzer Zeit die Wogen für die Firma glätten soll, dann ist der Manipulator der richtige. Dumm ist nur, dass der Manipulator ein Freund des Wortes ist – und bleibt. Die Umsetzung seiner hochgestochenen Thesen, bei der er sich schmutzige Hände machen könnte, bleibt meist Theorie. Auch Marcus Antonius machte im späteren Verlauf keine gute Figur, denn so wie er das Volk von Rom einwickelte, ließ er sich später von Kleopatra einwickeln und beging schließlich gemeinsam mit ihr Selbstmord.

Das Wort »Bullshit Bingo«, die Aneinanderreihung von bedeutungslosen Phrasen, die man aus PowerPoint-Präsentationen kennt, passt gut zum Manipulator. Gefährdend kommt hinzu, dass seine rhetorische Brillanz dazu führen kann, dass er Probleme dramatisiert, die eigentlich keine sind, und damit die Aufmerksamkeit des Vorstands von den wirklich dringenden Themen ablenkt. Und ähnlich wie der Bulldozer denkt er nicht zuerst an die Firma, sondern zuallerlerst an sich selbst.

Wenn etwas zu schön klingt, um wahr zu sein, dann ist es meistens auch zu schön, um wahr zu sein. Doch wenn man etwas hundertmal oder noch öfter wiederholt, dann glaubt man es irgendwann auch. So verfährt der Manipulator mit allen, die er einwickeln will. Dies kann allerdings auch dem Manipulator selbst passieren und das ist sein größtes Problem: Sein manipulatives Geschick macht auch vor ihm selbst nicht halt.

7. Der Bauchdenker

Der Bulldozer à la Macbeth zieht seine Sache gnadenlos durch, denkt aber vorher darüber nach. Der Bauchdenker macht dasselbe – ohne nachzudenken.

Othello, der schwarze General in Shakespeares gleichnamigem Theaterstück ist ein solcher Bauchdenker. Und er ist sehr eifersüchtig.

Othello ist ein berühmter General in Venedig, der vor Kurzem die weiße Lady Desdemona geheiratet hat. Iago, der unter Othello diente und vom ihm nicht befördert wurde und seinen Boss daher hasst, sinnt darauf, Othello irgendwie zu schaden. Daher möchte er die Beziehung zwischen Othello und Desdemona vergiften, indem er Othello einredet, dass seine Frau ihn betrügt. Er platziert das Taschentuch von Desdemona, das er vorher entwendet hat, in das

Gemach eines anderen Mannes, der mit Desdemona aber gar nichts zu tun hat. Dann überzeugt Iago (ein typischer → **Manipulator**) Othello, dass seine Frau ihn betrogen hat. Othello, voller Wut, verwendet nicht allzu viel Zeit darauf, zu prüfen, ob Iago überhaupt Recht hat, und bringt Desdemona kurzerhand um.

Aus dem Bauch heraus zu handeln ist nicht per se schlecht, obwohl Othello nicht gerade ein gutes Beispiel abgibt. Er vertraut seinem Bauch mehr als seinem Gehirn und der Bauchdenker ist, als Manager, eine wichtige Kraft in einem Markt, wo Geschwindigkeit zählt und wo eine »Let's do it«-Einstellung wichtiger ist als tagelange Diskussionen und PowerPoint-Schlachten. Bauchdenker werden gebraucht, wenn schnelle Entscheidungen erforderlich sind und zaudernde Philosophen das Ganze noch schlimmer machen würden, ganz besonders in Krisensituationen. Der Bauchdenker zweifelt nicht an sich selbst und gibt damit auch denen, die für ihn arbeiten, Zuversicht. Lag er mit seinem Bauchgefühl ein paar Mal richtig, schreiben die Mitarbeiter ihm schnell visionäre Züge zu, die die Loyalität zu ihm vergrößern. Der Bauchdenker nutzt das, was man in der Beraterbranche »80/20«[16] nennt, mit 20 Prozent der Daten 80 Prozent der Entscheidungen zu treffen; wobei es bei ihm auch gerne weniger als 20 Prozent sein dürfen. Denn gerade in der schnell getakteten Wirtschaftswelt gewinnt, wie wir schon gezeigt haben, häufig »schnell« gegen »gut«. Und während die Konkurrenz noch zaudert, ob sie in einem Markt expandieren soll oder nicht, ist der Bauchdenker schon munter am Verhandeln und Produzieren.

Dies ist allerdings auch die Kehrseite: Wie bei Othello handelt er oftmals zu schnell, was seine Handlungen sehr leicht vorhersehbar macht. Auch sind detaillierte Analysen, Szenarioplanungen und Simulationen nicht das, womit er gerne seine Zeit verbringt. Er hasst die heutige komplexe Wirtschaftswelt und denkt lieber weiterhin in den Kategorien Schwarz und Weiß, was manchmal richtig sein kann, aber nicht immer. Weist man ihn darauf hin, bewertet er dies als eine persönliche Beleidigung, und wenn er glaubt, dass er richtig liegt, ist

---

16 Die 80/20 Regel, auch genannt »Pareto Gesetz« besagt, dass oft 20 Prozent etwa 80 Prozent von dieser Sache bewirken. Zum Beispiel machen Sie als Bank mit 20 Prozent Ihrer Kunden 80 Prozent Gewinn, oder Sie schaffen mit 20 Prozent Ihrer Zeit 80 Prozent Ihrer Arbeit; eine Gesetzmäßigkeit, die erstaunlich oft vorkommt.

es fast unmöglich, ihn umzustimmen, da er halt fakten- und informationsresistent ist. Desdemona würde dem zustimmen (wenn sie noch könnte).

Der Immobilienhai Donald Trump ist dafür bekannt, dass er Deals und Projekte durchzog, an die sich kein anderer herangetraut hätte. Das führte allerdings auch dazu, dass er in den 90er Jahren nicht nur bankrott war, sondern auch fünf Milliarden Dollar Schulden angehäuft hatte. Eine Legende, die sich um ihn rankt, erzählt von Trump, der mit einem Geschäftspartner an einem an der Ecke des Broadway sitzenden Obdachlosen vorbeigeht. »Der Glückliche«, sagte Trump und zeigte auf den Bettler, »der hat 5 Milliarden mehr als ich.«

Mitleid konnte Trump, der selbst das Zitat pflegte »Lions kill for food, but people kill for sport«, von seinen zahlreichen Neidern und Feinden nicht erwarten. Konkurrenten wollten ihn am Boden sehen und sie wollten, dass er dort blieb. So gelang ihm eine Verzweiflungstat, die am Ende genial war: Mitten in der New Yorker Immobilienkrise verkaufte er seine Immobilien nicht billiger, sondern teurer als die der Konkurrenz. Anstatt schwach auszusehen und einen verzweifelten Eindruck zu machen, so als müssten die Immobilien verkauft werden, koste es so wenig, wie es wolle, agierte Trump aus einer Position der Stärke heraus und machte seine Produkte durch den hohen Preis zu Premiumprodukten. Er konnte dadurch nicht nur seine Schulden zurückzahlen, sondern es gelang ihm im neuen Jahrtausend ein grandioses Comeback. Davon zeugen neue Projekte wie zahlreiche Golf-Clubs, das Trump Building an der Wall Street und TV-Formate wie *The Apprentice* und zahlreiche, von Trump und Ghostwritern verfasste Karriereratgeber, die Donald Trump wie einen Phönix aus der Asche auferstehen ließen und ihn selbst zur Premiummarke machten.

Ein ähnlicher Rambo, nicht der Immobilien- sondern der Computerbranche, ist der Oracle-Gründer Larry Ellison, ebenfalls kein Freund dezenter Botschaften und nicht mit einem Mangel an Selbstbewusstsein ausgestattet. So bezeichnete er die Produkte von IBM des Öfteren als »ein Stück Scheiße« und prophezeite dem schärfsten Konkurrenten SAP mehrfach einen »nuklearen Winter«. »Wir müssen unsere Wettbewerber vernichten«, schärft Ellison den Führungskräften auf jeder Management-Tagung ein – und es gelingt ihm dadurch, eine einzigartige »Oracle DNA« zu schaffen, die das Unternehmen intern und extern klar positioniert. Oracle ist nicht nur der größte Datenbankanbieter der Welt, es ist auch eines der erfolgreichsten Unternehmen in der Akquisition und Integration anderer Unternehmen. Wo andere Konzerne mit M&A-Deals viel Geld verpulvern, gelingt es Oracle, jede Akquisition wertsteigernd in das Unternehmen zu integrieren.

Man mag Ellison Arroganz und Hybris vorwerfen, doch wie sein großes Vorbild Winston Churchill ist er ein Mann, der den Mut hat, gegen alle konventionelle Einsicht allein seinen Weg zu gehen, der weiß, dass Selbstbewusstsein die Voraussetzung für den Erfolg ist und dass man an sich selbst glauben muss, bevor es andere tun. Dies machte Oracle zu einem der profitabelsten Konzerne der Welt und seinen Gründer zum Multi-Milliardär, der auf der Forbes-Liste der Superreichen stets unter den Top 10 zu finden ist.

Ebenso sind alle Unternehmer und Visionäre, die ein Unternehmen aufbauen, eher Bauchdenker, denn wie kann man für ein Unternehmen, dessen Idee es am Markt noch gar nicht gibt, eine Marktanalyse durchführen? Man muss einfach davon überzeugt sein, dass es »fliegt«, auch wenn statistisch die meisten Start-ups das erste Jahr nicht überstehen. Larry Page und Sergey Brin von Google, Mark Zuckerberg von Facebook und früher Bill Gates von Microsoft und Steve Jobs von Apple waren Unternehmer, die ihre Leidenschaft in ein Projekt gesteckt und alles auf eine Karte gesetzt haben. Dabei kann man gewinnen und Milliardär werden, wie eben diese vier. Oder man kann zugrunde gehen, wie Donald Trump für eine gewisse Zeit. Oder wie Othello – für immer.

Lerninhalte:

- Viele Fehler, die Manager machen können, haben Shakespeares Helden und Antihelden bereits gemacht; schließlich war und ist Shakespeare einer der besten Menschenkenner, die es gibt.

- Indem man sich »Dos« und »Don'ts« bei Shakespeares Helden anschaut, können Führungskräfte nicht nur aus den Fehlern der Shakespeare-Helden lernen, sondern auch ihren eigenen Kommunikations- und Handlungsstil überprüfen.
- Shakespeares (Anti)Helden können Ihnen helfen, Ihre eigenen Gesprächspartner zu analysieren und sie als Figuren zu nutzen, um sich Geschichten über Ihre Wettbewerber und deren Manager zu erzählen.

5. Welche Taktik der Überzeugung soll ich anwenden?

Wann immer Sie eine Story erzählen wollen, tun Sie das meistens, um andere zu überzeugen. Sie wollen, dass andere etwas für Sie tun, was diese zunächst vielleicht gar nicht wollen. Die Tatsache, dass wir in einer immer komplexeren, schnelleren und verschachtelten Welt leben, macht das Ganze nicht einfacher. Damit wird es immer wichtiger, seine Energien zu bündeln, mit den richtigen Leuten zu sprechen und die richtigen Nachrichten zu verankern. Wir alle überzeugen und überreden und verhandeln jeden Tag. Nur setzen wir die meisten Techniken unbewusst ein, und oft passen diese Techniken nicht zu dem Empfänger, von dem wir wollen, dass er etwas tut. Oder es gelingt zwar, ein schnelles Commitment zu bekommen, wie es zum Beispiel Darth Vader gelingt, wie wir unten zeigen, aber der Wandel ist nicht nachhaltig. Der Adressat hat nur zugestimmt und genickt, um seine Ruhe zu haben. Wir erinnern uns an Professor Kruse zu Beginn des Kapitels: *Die Geschwindigkeit auf der Beschlussebene muss grundsätzlich schneller sein als auf der Umsetzungsebene.* Das geht meistens nach hinten los. In dem Moment, wo die Manager im Lenkungsausschuss nach ihren Commitments aufstehen, machen sie im Kopf schon alles wieder rückgängig, was sie eben noch abgenickt haben.

Wie man Leute beeinflusst, ist Gegenstand zahlreicher Bücher und Artikel. Wir wollen uns dem Thema einmal von der Story-Seite nähern. Im Film *Die Rückkehr der Jedi-Ritter* sieht sich Darth Vader einer Aufgabe gegenüber, die jeder Projektmanager kennt; ebenso wie die darauf folgende Diskussion. Gegenstand ist das Projekt, in diesem Fall der Todesstern, der nicht rechtzeitig fertigwird. In unserer heutigen Zeit wäre das zum Beispiel der neue Berliner Hauptstadtflughafen.

Lord Vader kommt nun persönlich vorbei, um der Truppe ein wenig Beine zu machen. Der Projektleiter vor Ort, Commander Jerjerrod, ahnt schon, dass Unheil droht, und versucht sich bei Darth Vader einzuschmeicheln:

JERJERROD: Lord Vader, Euer Besuch ehrt uns! Welch unerwartetes Vergnügen.
VADER: Sparen Sie sich die Floskeln. Ich bin hier, um den Bauprozess zu überprüfen.
JERJERROD: Ich versichere Ihnen, Lord Vader, meine Männer arbeiten so schnell sie können.

Was sagen beide also? Darth Vader sagt, dass es nun ungemütlich wird. Jerjerrod versucht, seinen Hintern zu retten, und sagt, dass alle schon mit Volldampf arbeiten. Das reicht Vader aber nicht.

VADER: Vielleicht kann ich Sie ein bisschen antreiben.

Mit anderen Worten: Schauen wir mal, wie weit ich mit gutem Zureden komme. Und wenn ich auf diese Weise nicht weiterkomme, fällt mir schon noch etwas Unangenehmeres ein.

JERJERROD: Ich sage Ihnen: Die Station wird wie geplant einsatzbereit sein.

Mit anderen Worten: Reg dich nicht auf. Ich habe alles im Griff.

VADER: Der Imperator teilt Ihren Optimismus leider nicht.

Vader greift zur ersten Drohung: Der Imperator ist im Spiel. Und vor dem haben alle Angst. Sogar noch mehr als vor Darth Vader.

JERJERROD: Aber er verlangt Unmögliches! Dazu brauche ich mehr Männer!

Schluss mit den Beschönigungen. Jerjerrod weiß, dass es ernst wird. So im Griff, wie er glaubt, hat er die Situation offenbar nicht.

VADER: Vielleicht können Sie ihm das selbst erzählen, wenn er kommt.

Die zweite Drohung: Der Imperator kommt immer näher. Und jetzt kommt er sogar vorbei.

JERJERROD: Der Imperator kommt hierher?

Jetzt hat er es auch begriffen. Die Einschläge kommen nicht nur näher, der Bomber ist genau über uns.

VADER: Das ist richtig, Commander. Und er ist sehr ungehalten, wie langsam die Arbeiten vonstattengehen.
JERJERROD: Wir verdoppeln unsere Bemühungen.

Was soll er auch sonst sagen? Erst einmal Zeit kaufen, damit die Drohungen aufhören. Die Frage ist, ob er das kann. Denn wie der Commander vorher sagte, arbeiten die Männer ja schon so hart, wie sie nur können. Oder sie können doch noch eine Schippe drauflegen. Dann hat er Darth Vader vorher angelogen. Beides ist nicht optimal.

Darth Vader schickt daher auch gleich die dritte Drohung nach. Er, vor dem alle vor Furcht zittern, meint es ja nur gut. Wenn es allerdings nicht so läuft, wie er will, bleibt ihm leider nichts anderes übrig, als an den Imperator zu eskalieren. Und dann wird es ungemütlich.

VADER: Das hoffe ich für Sie, Commander. Der Imperator vergibt nicht so leicht, wie ich es tue.

Was läuft hier falsch? Der eine droht, der andere versucht, seinen Hintern zu retten. Wird das Hauptproblem gelöst, nämlich dass zu wenig Männer da sind? Nein. Und Star-Wars-Fans wissen, was am Ende von *Rückkehr der Jedi* mit dem zwar vollendeten, aber nicht perfekten Todesstern passiert: Er wird durch einen Trick der Rebellen zerstört.

Jäger und Bauern
Die erste Frage beim Überzeugen anderer ist, was Sie sind: Sind Sie *Jäger* oder *Bauer* in Ihrer Überzeugungsstrategie? Der Jäger ist der dominante Teil der Diskussion, der sein »Opfer« jagt und ihm die Idee in den Kopf hineinzwingt. Hierbei setzt er verschiedene Techni-

ken ein, zum Beispiel er überredet, er handelt (»wenn ihr das für mich macht, mache ich für euch das ...«). Er ist auch der, der im Unternehmen für die Neukunden-Akquise zuständig ist. Der Bauer hingegen versucht eher, den anderen »kommen zu lassen«, sodass dieser idealerweise intrinsisch motiviert wird, etwas zu tun. Er pflanzt etwas an und wenn alles gut geht, kann er ernten. Im Unternehmen kümmert er sich auch eher um die Bestandskunden und ist der »gute Geist des Hauses«.

Die *Jäger*-Taktik

Als Jäger wollen Sie aktiv Ihre Nachricht beim Empfänger unterbringen. Sie sind ganz klar der aktive Part, mit wenig Möglichkeiten für die andere Seite, auch einmal zu Wort zu kommen.

So können Sie logische Argumente verwenden, Daten, Fakten und Beweise, wie und wo Ihre Idee schon woanders funktioniert hat.

Als möglichen »Präventivschlag« haben Sie schon für bestimmte Einwände der anderen Seite Ihre eigenen Argumente als Munition gesammelt. Ihre Argumente sind sehr gut durchstrukturiert und Sie zeigen eine Menge Optionen und Möglichkeiten, ohne natürlich zu vergessen, am Ende die Option auszuwählen, die Sie haben wollen.

Um nichts dem Zufall zu überlassen, schlagen Sie auch nächste Schritte vor, mit denen Sie Ihren Plan in die Wirklichkeit verwandeln können.

Berater, die ein Projekt verkaufen wollen, handeln so, ebenso Ökonomen und ganz selten auch Politiker, wobei Letztere einen Haufen Fakten anhäufen, die aber mit der Realität normalerweise gar nichts zu tun haben. »Statistik lügt«, sagt man und auch Winston Churchill glaubte nur der Statistik, die er selbst gefälscht hatte. Dem Philosophen Hegel wurde dazu einmal vorgeworfen, dass seine Erkenntnisse leider nichts mit den Fakten zu tun hätten. Worauf er erwiderte: »Das ist schlecht für die Fakten.«

Argumentieren müssen Sie nur, wenn Sie nicht das Sagen haben. Darth Vader hat das Sagen, also argumentiert er auch nicht, außer mit der Imperator-Keule. Sind Sie Darth Vader wie in obigem Beispiel und haben die Macht, alles durchzudrücken, können Sie Ihre Autorität verwenden, um den anderen mehr oder weniger zu zwingen, das zu machen, was Sie wollen. »My way or the highway«, sagt man in den USA dazu. Entweder, du tust, was ich sage, oder du landest auf der Straße. Jede Aufforderung hat dabei einen leicht drohenden Tonfall und zeigt, was als Konsequenz droht, wenn der Job nicht erledigt wird.

Allerdings: Hunde, die bellen, beißen nicht. Wenn Sie ein paar Mal drohen, aber dann keine Konsequenzen folgen lassen, glaubt Ihnen keiner, dass Sie es ernst meinen. Von daher ist es schön, Autorität zu haben. Die haben Sie aber nicht, wenn Sie von anderen etwas wollen. Wenn Sie einem Kunden ein Projekt verkaufen, kann der ja schließlich »Nein« sagen.

Die Nachteile des Drohens sind zudem, dass Ihre Leute das machen, was Sie von ihnen erwarten, allerdings ohne nachzudenken; was den Projekterfolg gefährden kann. Oder dass Sie niemand ernst nimmt, weil Sie ein paar Mal gedroht haben, aber nichts passierte. Dann sind Sie flugs eine Art Frühstücksdirektor, der laut Agenda das Sagen hat, aber eigentlich von Kronprinzen hinter dem Thron gesteuert wird.

Sind beide Seiten gleich stark, müssen Sie verhandeln; wie auf einem Basar im Mittleren Osten. »Do ut des«, sagten die alten Römer. »Ich gebe, damit du gibst.«

Nehmen wir an, Sie müssen argumentieren, weil Sie einem Kunden etwas verkaufen wollen. Sie wollen also zunächst etwas von ihm. Was ist noch akzeptabel und was nicht? Im Verhandlungstraining spricht man dabei vom BATNA, der *Best Alternative to Negotiating Agreement,* der »besten Alternative zum Verhandlungsergebnis«. Wenn Sie also erst einmal 100 Euro haben wollen, aber zur Not auch mit 70 Euro leben können, ist Ihr BATNA 70 Euro. Geht der Preis noch weiter runter, brechen Sie ab, weil dann zum Beispiel der Aufwand für Sie höher ist als das, was Sie später an Geld bekommen.

Auf seinem Standpunkt beharren, kann gefährlich sein, weil dann der Deal platzen kann. Genauso gefährlich ist es aber, zu stark entgegenzukommen. Die typische Tendenz des Gehirns ist es, wie wir schon zeigten, Gefahren zu überschätzen und Möglichkeiten zu unterschätzen. Wir halten den anderen Verhandlungspartner also für stärker als er ist – besonders, wenn eine Institution dahinter steckt – und uns selbst für schwächer als wir sind – besonders, wenn wir allein sind.

Die *Bauer*-Taktik

Der *Bauer* pflanzt etwas an und wartet dann, dass es von selber heranwächst. Er lehrt, analog zu St. Exupéry, die Leute nicht, wie man ein Schiff baut, sondern er erweckt die Sehnsucht nach dem Meer. Er stellt Visionen auf, die greifbar sind und denen die Leute automatisch folgen, sodass sie seine Idee zu ihrer eigenen machen, diese also adoptieren. Gleichzeitig gibt er seinen Mitarbeitern einen Vertrauensvorschuss, der dazu führt, dass sie selbstbestimmter und selbstsicherer arbeiten und so seine Idee für ihn umsetzen.

So können Sie einen alten Weggefährten mit den Worten »Wir sind doch schon so lange Freunde« zu überzeugen versuchen, dass er etwas für Sie tun soll. Oder »wir haben doch dies und das schon zusammen gemacht«. Der Subtext hierbei ist, dass man das neue Projekt doch auch zusammen machen sollte.

Während Sie als Jäger dem anderen Ihre Meinung »überhelfen«, hören Sie sich als Bauer sehr gut an, wie der andere tickt, und maßschneidern Ihr Angebot so gut wie möglich auf diese Person. Was allerdings auch dazu führen kann, dass von Ihrem ursprünglichen Angebot nicht mehr viel übrig bleibt.

Unternehmensberatungen sind bekannt dafür, vielversprechende Absolventen auf Events einzuladen, wo es eher »casual«, also ohne Anzug und Krawatte zugeht. Dies soll einen freundlichen und entspannten Eindruck vermitteln – der freilich mit dem späteren Arbeitsalltag in der Beratung nichts zu tun hat.

Wenn Sie ein Visionär sind, kann es Ihnen als Bauer gelingen, andere für Ihre Vision einzunehmen, selbst wenn Sie denen gar kein Geld bezahlen. Wohltätigkeitsvereine schaffen das. Im negativen Sinne hat dies auch Hitler geschafft, der seine Getreuen hinter sich scharte und ihnen auch erst einmal nichts zahlte. Diese Einwickel-Taktik führte er später auch mit dem ganzen Volk der Deutschen durch.

Geben Sie allerdings alles an andere ab, »delegieren sich zu Tode«, machen Sie sich selbst überflüssig und feuern sich dadurch selbst.

Wichtig ist zu erwähnen, dass die Jäger-Technik eher gegenüber Vorgesetzten eingesetzt wird, die Bauer-Technik gegenüber Kollegen und Mitarbeitern / Untergebenen. Der Grund ist, dass Jäger-Techniken gegenüber Mitarbeitern oft als Nötigung empfunden werden können; gleichzeitig gilt die Bauer-Technik gegenüber Vorgesetzten schnell als Schleimerei.

Entsprechend der Notwendigkeit (oder dem Leidensdruck) zum Wandel kann man auch eine einfache Formel aufstellen, nämlich: $U(SQ) + Z + S > W$. Hierbei ist $U(SQ)$ die Unzufriedenheit mit dem Status quo, Z die Vision einer wünschenswerten Zukunft und S die ersten definierten Schritte. W ist der Widerstand gegen die Veränderung.

Idealerweise ist also der Leidensdruck hinreichend groß, die Vision eines besseren Zustands hinreichend konkret und greifbar (weil auch gemäß Bildern und Storytelling beschrieben), und es gibt ein reales Element im Neuen, da ein kleiner Teil davon schon umgesetzt wurde und gute Ergebnisse gebracht hat.[17]

Was alles schiefgehen kann

Der Harvard-Professor John Kotter hat einmal eine Liste von Faktoren zusammengestellt, die den Wandel im Unternehmen behindern und von denen wir uns die wichtigsten Punkte einmal anschauen. Typische Fehler beim Überzeugen anderer sind:[18]

1. Die Brisanz der Lage ist nicht klar; niemand merkt, wie nahe die Einschläge schon sind, oder niemand will es zur Kenntnis nehmen. Am besten, Sie haben ein paar Fakten parat, die zeigen, wie schlecht es wirklich steht und – was immer gut funktioniert, besonders bei Apparatschiks – einen Hinweis darauf, dass die Konkurrenz in diesem Feld schon viel weiter ist.

2. Es gibt keine Unterstützer; man steht auf einsamem Posten als »Rufer in der Wüste«. Sie haben es versäumt, sich die Stakeholder anzuschauen und eine Allianz aufzubauen. Zwar sagte Shakespeare »Der Starke ist am mächtigsten allein«, doch gilt dies nicht, wenn Sie andere ebenfalls mitnehmen müssen. Und das müssen Sie im Unternehmen, in einer Organisation, nun einmal, es sei denn, Sie gründen eine Ich-AG. Auch wenn es am Ende Individuen sind, die entscheiden, lassen sich Chefs am liebsten vom »Gesetz der Großen Zahl« leiten. Gruppendruck kann eine wirkungsvolle Waffe sein. Wenn alle anders denken als der Chef, denkt der Chef, er wäre von gestern. Und das will er nicht denken.

17 Als Inspiration für dieses Modell möchte ich den Programmdirektoren der ESMT – European School of Management and Technology, Dr. Urs Müller und Herrn Ulf Schäfer, herzlich danken.
18 John P. Kotter: »Das Unternehmen erfolgreich erneuern«, *Harvard Business Manager*, April 2008, S. 2

3. Es gibt keine Vision; oder die Vision ist nicht bildhaft / greifbar / individualisierbar genug, macht nicht genügend klar, was die Veränderung für den Einzelnen an Positivem bedeutet. Hier können die Beispiel-Storys helfen, die wir uns im Verlauf dieses Kapitels noch anschauen.

4. Man erreicht die wichtigen Stakeholder nicht, kann sich kein Gehör verschaffen, entweder, weil diese woanders sitzen, oder weil man sich mit konventionellen Maßnahmen nicht hörbar machen kann. Obama konterte die Tatsache, dass er keine Medienpräsenz hatte wie die »Clinton Machine«, einfach mit einer guten Social-Network-Strategie.

5. Es gibt keine Ermutigung anderer; dem Team oder der Mannschaft wird nicht gezeigt, was besser wird, wenn sich alles ändert. Es passiert genau das *nicht*, was *Braveheart* und Al Pacino in den Filmszenen vormachen.

6. Es gibt keine »Quick Wins«, also keine schnellen Erfolge. Der Mensch tickt ähnlich wie die Börse mit ihrer Quartalslogik: *Seeing is believing*. Was passieren soll, muss sichtbar sein und es muss schnell passieren. Ein Euro heute ist mehr wert als 1,5 Euro morgen. Darum werden auf Gelder, die man anlegt, auch Zinsen gezahlt. Wenn alles besser wird, dann will man auch sehen, wie. Und das vor allem schnell. Gibt es keine schnellen Erfolge zu feiern, glaubt niemand daran, dass dieses Projekt jemals etwas nützen wird. Anders ist es, wenn man kurzzeitige Erfolge vorweisen kann, dann hat man einen Vertrauensvorschuss für weitere Aktivitäten, man hat sozusagen ein Mini-Budget der Glaubwürdigkeit aufgebaut und kriegt dadurch einen weiteren »Kredit« für größere Vorhaben bewilligt.

7. Es werden zu früh Siegesfeiern abgehalten. Dies ist hochgefährlich. Genauso gefährlich, als wenn Sie Ideen oder Visionen zu früh herausposaunen: Ihre Idee fühlt sich ab dann im Virtuellen wohl und da bleibt sie auch. Und die riskante Frühgeburt stirbt, noch bevor sie wirklich lebt.

Wie man am besten seinen Pitch zerstört

Man kann natürlich nicht nur in der Vorgehensweise, sondern auch in der Argumentation einiges falsch machen. In dem Artikel

»Kill your Pitch«[19] werden unterschiedliche Typen unterschieden, die (unfreiwillig) alles tun, damit ihr Vorschlag entweder nicht gehört wird oder an die Wand fährt.

Das ist zum einen der **Wendehals**: Wenn dem Gegenüber an dessen Vorschlag irgendetwas nicht gefällt, ist er bereit, alles sofort rückgängig zu machen.

> »Wir haben hier eine Hochzeitswebsite in Weiß.«
> »Warum?«
> »Weil das die Farbe des Brautkleides ist.«
> »Warum nicht in Rot?«
> »Warum in Rot?«
> »Das ist doch die Farbe der Liebe.«
> »Stimmt, Sie haben Recht. Wir machen die Website in Rot.«

Der Gesprächspartner bekommt dadurch das Gefühl, dass der Wendehals gar nicht hinter der Idee steht und gar nicht genau weiß, was er eigentlich will.

Der *Roboter*:

Er rattert das herunter, was er gelernt hat, und reagiert überhaupt nicht auf sein Gegenüber.

> »Ich habe hier ein paar schöne Ventilatoren. Sie sind von der Stiftung Warentest mit sehr gut ausgezeichnet worden.«
> »Prima. Wir leben aber am Nordpol.«
> »Gut, aber Sie haben ja nichts gegen frischen Wind einzuwenden?«
> »Doch, haben wir, frischen Wind haben wir hier nämlich genug.«
> »Aber es sind die besten Ventilatoren, die es gibt. Die Stiftung Warentest ...«

Der *Drücker*:

Er verkauft das gleiche Paket immer und immer wieder. Wenn es Gegenargumente gibt, verkauft er das Gleiche in neuer Form.

> »Ich habe hier eine Pferdeversicherung für Sie.«
> »Ich habe aber kein Pferd.«
> »Hätten Sie denn gerne eins?«

19 *Harvard Business Review*, Kimberly D. Elsbach, September 2003, S. 3

»Weiß nicht. Vielleicht ...«
»Sehen Sie! Dann brauchen Sie eine Pferdeversicherung.
Sie müssen nur hier unterschreiben ...«

Der **Caritas**-Fall:
Er will unbedingt den Job, den Auftrag, die Unterschrift oder was auch immer. Er sagt, dass er dies und das unbedingt erreichen muss, weil sonst die Welt untergeht. Genau darum kriegt er den Job auch nicht, weil das, was wie Sauerbier angepriesen wird, normalerweise nicht als erstrebenswert oder begehrenswert gilt und nur das begehrt wird, was rar ist.

»Ich muss diesen Job haben. Und ich habe noch drei Kinder zu ernähren.«
»Vor einer Woche waren es noch zwei. Und schwanger sah deine Frau da nicht aus.«
»Siehst du, es ist noch schlimmer geworden als vor einer Woche. Also, ich brauche diesen Job ...«

Überzeugen auf die fiese Tour – manipulative Rhetorik bei Marcus Antonius

Wir haben schon gesehen, was wir von Shakespeare über unterschiedliche Managertypen lernen können. Schauen wir uns einmal an, wie man Menschen überzeugen kann, wenn man sich in einer scheinbar ausweglosen Situation befindet. Dazu werfen wir wieder einen Blick auf Shakespeares Stück *Julius Cäsar*.

Falls Sie die Passage über den **Manipulator** im Abschnitt »Managertypen nach Shakespeare« nicht gelesen haben, fassen wir die Handlung kurz zusammen:

Julius Cäsar wurde ermordet. Marcus Antonius, einer der Getreuen Cäsars, möchte zweierlei erreichen: Er möchte einerseits sein Leben retten. Schließlich wissen die Cäsar Mörder Brutus und Cassius, dass jemand wie Marcus Antonius Rache schwören könnte. So einen schafft man am besten für immer beiseite. Zudem hat er aber noch etwas Größeres vor: Er möchte das Volk von Rom gegen die Verschwörer aufwiegeln. Dabei gelingt es ihm nicht nur, *nach* Brutus zu sprechen, also den *prime spot* der Rede zum Volk zu bekommen, sondern auch, im offiziellen Text

---

seiner Rede den Mord an Cäsar zu rechtfertigen, im Subtext allerdings den Mord und die Verschwörer als Feinde des römischen Volkes zu brandmarken.

Im folgenden Textteil aus Shakespeares *Julius Cäsar* gibt Marcus Antonius vor, Cäsar nicht zu loben, sondern ihn begraben zu wollen. In Wirklichkeit tut er aber das genaue Gegenteil und nutzt seine rhetorische Finesse, um das Volk von Rom gegen die Verschwörer aufzuwiegeln:

> Mitbürger, Freunde, Römer! Hört mich an:
> Begraben will ich Cäsar, nicht ihn preisen.
> Was Menschen Übles tun, das überlebt sie,
> Das Gute wird mit ihnen oft begraben.
> So sei es auch mit Cäsar. Der edle Brutus
> Hat euch gesagt, dass er voll Herrschsucht war;
> Und war er das, so war's ein schwer Vergehen,
> Und schwer hat Cäsar auch dafür gebüßt.
> [...] Er brachte viele Gefangene heim nach Rom,
> Wofür das Lösegeld den Schatz gefüllt.
> Sah das der Herrschsucht wohl an Cäsar gleich?
> [...] Ihr alle saht, wie am Lupercus-Fest
> Ich dreimal ihm die Königskrone bot,
> Die dreimal er verweigert. War das Herrschsucht?
> Doch Brutus sagt, dass er voll Herrschsucht war,
> Und ist gewiss ein ehrenwerter Mann.[20]

20 Shakespeare, *Gesamtwerk*, Band III, *Julius Cäsar*, S. 387, auf
Englisch: *Friends, Romans, countrymen, lend me your ears;*
I come to bury Caesar, not to praise him.
The evil that men do lives after them;
The good is oft interred with their bones;
So let it be with Caesar. The noble Brutus
Hath told you Caesar was ambitious:
If it were so, it was a grievous fault,
And grievously hath Caesar answer'd it.
[...] He hath brought many captives home to Rome,
Whose ransoms did the general coffers fill:
Did this in Caesar seem ambitious?
[...] I thrice presented him a kingly crown,
Which he did thrice refuse, was this ambition?
Yet Brutus says he was ambitious;
And, sure, he is an honourable man.

Zunächst sagt Marcus Antonius, dass es ein schweres Vergehen wäre, *wenn* Cäsar herrschsüchtig sei. Die Betonung liegt aber auf *wäre*. Doch die darunterliegende Aussage, der Subtext, kündet schon vom Gegenteil, ebenso wie die Beispiele, die Marcus Antonius aufzählt. Wenn also Cäsar gar nicht herrschsüchtig gewesen ist, fällt das Hauptargument für seine Ermordung, nämlich die Herrschsucht, schon einmal wie ein Kartenhaus in sich zusammen. Dann gab es auch keinen Grund, Cäsar zu ermorden.

> Hier mit Brutus' Willen und der andern
> (Denn Brutus ist ein ehrenwerter Mann,
> Das sind sie alle, alle ehrenwert)[21]

Indem Marcus Antonius noch einmal wiederholt, dass Brutus doch ein ehrenwerter Mann sei, macht er klar, dass Brutus alles ist, aber nicht ehrenwert.

> [...] Er (Cäsar) brachte viele Gefangene heim nach Rom,
> Wofür das Lösegeld den Schatz gefüllt.
> Sah das der Herrschsucht wohl an Cäsar gleich?[22]

Marcus Antonius fasst noch einmal alle guten Taten Cäsars zusammen, die er für Rom getan hat. Und wenn Cäsar wirklich herrschsüchtig war, dann niemals für sich, sondern nur für Rom. Denn auf Statussymbole der Herrschaft gab Cäsar offenbar nicht viel.

> [...] Ihr alle saht, wie am Lupercus-Fest
> Ich dreimal ihm die Königskrone bot,
> Die dreimal er verweigert. War das Herrschsucht?

---

21 ebd A. 387; englisch: *Here, under leave of Brutus and the*
   rest – For Brutus is an honorable man;
   So are they all; all honorable men –
22 Ebd. Englisch: *[...]*
   He hath brought many captives home to Rome
   Whose ransoms did the general coffers fill:
   Did this in Caesar seem ambitious?

> Doch Brutus sagt, dass er voll Herrschsucht war,
> Und ist gewiss ein ehrenwerter Mann.[23]

Dann instrumentalisiert Marcus Antonius die Zuschauer als Zeugen für Cäsars Bescheidenheit. Schließlich haben alle gesehen, dass Cäsar die Krone abgelehnt hat (»... Ihr alle saht ...«). Wenn alle sehen, dass Cäsar die Krone ablehnt, dann kann er nicht herrschsüchtig sein. Brutus aber behauptet genau das. Am Ende wird noch einmal gesagt, dass Brutus ein ehrenwerter Mann ist. Sie ahnen es sicher: Der Subtext ist, dass er genau das *nicht* ist!

> Ich will, was Brutus sprach, nicht widerlegen,
> Ich spreche hier von dem nur, was ich weiß.[24]

Marcus Antonius will aber keinesfalls widerlegen, dass Brutus ein ehrenwerter Mann ist, der Recht hat. Er will nur sagen, was er weiß. Was er weiß, ist, was er gesehen hat. Und was die Menschen von Rom gesehen haben. Die haben gesehen, dass *Cäsar* nicht herrschsüchtig ist. Wer hat also Recht? Brutus oder das Volk von Rom? Da Marcus Antonius sich an das Volk von Rom wendet, ist es sicher nicht Brutus, der Recht hat.

> Ihr liebtet all' ihn einst nicht ohne Grund:
> Was für ein Grund wehrt euch, um ihn zu trauern?[25]

Zunächst ermuntert Marcus Antonius die Menschen von Rom, um Cäsar zu trauern. Doch der Subtext, mit dem er schon versucht, den Zorn des Volkes aufzuheizen, geht noch weiter. Der Subtext könnte heißen: »Was für ein Grund wehrt euch, ihn zu *rächen*?«

---

23 Shakespeare, *Gesamtwerk*, Band III, *Julius Cäsar*, S. 387;
englisch:
You all did see that on the Lupercal
I thrice presented him a kingly crown,
Which he did thrice refuse: was this ambition?
Yet Brutus says he was ambitious;
And, sure, he is an honorable man.
24 Ebd.; englisch: *I speak not to disprove what Brutus spoke,*
But here I am to speak what I do know.
25 Ebd.; englisch: *You all did love him once, not without cause:*
What cause withholds you then, to mourn for him?

> O Urteil, du entflohst zum blöden Vieh,
> Der Mensch ward unvernünftig! – Habt Geduld!
> Mein Herz ist in dem Sarge hier bei Cäsar,
> Und ich muss schweigen, bis es mir zurückkommt.[26]

Im Englischen verwendet Marcus Antonius das Wort »brutish« für »blöd«, was Brutus, schon durch diesen Gleichklang, in einen barbarischen Mörder verwandelt. Was auch bedeutet, dass der Mord an Cäsar ein Verbrechen war, das als solches geahndet werden sollte. Der Schuldige wurde auch schon genannt: Brutus. Marcus Antonius gibt dann vor, Cäsars zu gedenken, so als könnte er vor Trauer nicht sprechen. In Wahrheit nutzt er nur eine Kunstpause, in der das Volk von Rom Zeit hat, sich in seinen entfachten Zorn über die Ermordung Cäsars hineinzusteigern. Als genug Zeit vergangen ist, zeigt Marcus Antonius dem Volk die blutbefleckte Toga Cäsars.

> Grad' am Gestell der Säule des Pompejus,
> Von der das Blut rann, fiel der große Cässar.
> O meine Bürger, welch ein Fall war das!
> Da fielet ihr und ich; wir alle fielen,
> Und über uns frohlockte blut'ge Tücke.
> O ja! Nun weint ihr, und ihr fühlt
> Den Drang des Mitleids: dies sind milde Tropfen.
> Wie? Weint ihr, gute Herzen, seht ihr gleich
> Nur unseres Cäsars Kleid veletzt? Schaut her!
> Hier ist er selbst, geschändet von Verrätern.[27]

26 Ebd.; englisch: *O judgment! Thou art fled to brutish beasts,*
And men have lost their reason. Bear with me;
My heart is in the coffin there with Caesar,
And I must pause till it come back to me.

27 ebd. S. 390; englisch:
Even at the base of Pompey's statue,
Which all the while ran blood, great Caesar fell.
O, what a fall was there, my countrymen!
Then I, and you, and all of us fell down,
Whilst bloody treason flourish'd over us.
O, now you weep; and, I perceive, you feel
The dint of pity: these are gracious drops.
Kind souls, what, weep you when you but behold
Our Caesar's vesture wounded? Look you here,
Here is himself, marr'd, as you see, with traitors.

Dies ist der Höhepunkt der Rede. Als das Volk, das schon aufgewiegelt ist, die blutige Toga sieht, ist es bereits maximal schockiert. Doch das ist noch nicht alles. Marcus Antonius tritt beiseite. Und zeigt Cäsars Leiche!

Darauf vertrauend, dass er jetzt seine Zuhörer gepackt hat, lenkt er die Aufmerksamkeit von der blutigen Toga und der Leiche zu denen, die dafür verantwortlich sind und die belämmert hinter Marcus Antonius stehen. Die »ehrenwerten Männer« werden jetzt offen »Verräter« genannt. Und das Volk sieht es genauso. Die Menge schreit nach Rache, »Lasst keinen Verräter am Leben«. Marcus Antonius hat sein Leben gerettet und Cäsar gerächt. Die Jäger sind die Gejagten geworden.

Lerninhalte:

Business ist wie Comedy, sagt man. Es geht nur um das Timing. Die Rede von Marcus Antonius zeigt, dass es nicht nur wichtig ist, was man sagt, sondern auch, *wann* man es sagt. Nutzt man dann noch die richtige Rhetorik, kann man Fiktion in Fakten verwandeln – solange die Story dahinter glaubhaft klingt.

- Rom, 44. v. Chr, die Iden des März: Julius Cäsar wurde von den Verschwörern Brutus und Cassius ermordet.
- Brutus hält eine Siegesrede zum römischen Volk. Dann macht er den Fehler, den Cäsar-Vertrauten Marcus Antonius zum Volk sprechen zu lassen, der ihnen verängstigt und ungefährlich erscheint.
- Sobald Marcus Antonius allerdings zu sprechen beginnt, ist von seiner Angst nichts mehr zu spüren. Vielmehr gelingt es ihm, die Menge geschickt gegen die Verschwörer aufzuwiegeln.
- Der Wind dreht sich. Die Menge fordert den Tod der Mörder Cäsars.

> **Was Sie mitnehmen sollten:**
>
> - Der Phyrrussieg ist ein Sieg, der keiner ist. Niemand ist davor gefeit. Denn häufig führt der Siegestaumel dazu, ein wichtiges Detail zu übersehen, das einem die schon sicher geglaubten Früchte des Sieges wieder entreißt.
> - Ein Wort kann besser töten als ein Schwert. Geld, Macht und Einfluss sind nicht die einzigen Waffen im globalen Kampf um Einfluss. Das richtige Wort zur richtigen Zeit kann auch eine scharfe Waffe sein.
> - Man sollte nicht nur darauf hören, was gesagt wird, sondern auch, was *nicht* gesagt wird. Dahinter verbirgt sich häufig die wahre Meinung des Sprechers.

6. Welche Story soll ich dabei erzählen?

Wir haben bisher eine Menge Techniken kennengelernt, die Sie anwenden können, um eine packende Story zu erzählen. Sie brauchen einen Helden, einen Schurken, einen Wendepunkt und ein Happy End. Jetzt fragen Sie sich vielleicht, welche Story Sie aber erzählen sollen. Denn nur wer brennt, kann andere anstecken, sagte Augustinus. Eine gute Story, die Sie als Führungskraft verinnerlicht haben, begeistert auch Ihre Mitarbeiter und Kunden.

Wir hatten bereits bei den Shakespeare-Beispielen gesehen, dass es für Manager hilfreich sein kann, für eine Aufsichtsratspräsentation ein gutes und prägnantes Beispiel zu haben, das hängen bleibt. Auch hier können Storys aus einem anderen Themenfeld, sei es der Geschichte, der Philosophie oder der Politik, dabei helfen, nicht nur komplexe Prozesse anschaulich zu illustrieren, sondern eine Idee, die noch nicht greifbar ist, greifbarer zu machen – auf diese Weise kann man sie auch einfacher verkaufen.

So kann zum Beispiel die Popikone *Madonna* einem Unternehmen zeigen, wie es möglich ist, sich einerseits stets zu wandeln, andererseits beim Branding dennoch unverwechselbar und wiedererkennbar zu bleiben. Der Apostel *Paulus* zeigt, wie man Power-Vertriebler sein, und dennoch nachhaltig erfolgreich agieren kann. Von *William the Conqueror* können Unternehmen lernen, wie man nach einer feindlichen Übernahme – wie Williams Eroberung von England im Jahre 1066 – dennoch eine perfekte Integration (Post Merger Integration) vollführen kann. *Margaret Thatcher*, die am 8. April 2013 verstarb, ist hingegen ein gutes Beispiel, wie man kompromisslos Dinge durchzieht und dass man, selbst wenn man unpopuläre, aber notwendige Maßnahmen durchführt, dennoch wiedergewählt werden kann. Von den *Jesuiten* lernen wir, dass es nicht reicht, nur perfekt zu sein. Manchmal muss man Chaos und Improvisation zulassen, besonders, wenn man in unbekannten Märkten unterwegs ist.

Ihnen allen ist es gelungen, ihre persönlichen Visionen umzusetzen und das Verhalten von anderen Individuen und Gruppen in eigenem Sinne zu bestimmen.[28]

Madonna – Beständigkeit im Wandel

Fragestellung:
Wie kann man sich wandeln und dennoch wiedererkennbar bleiben? Madonna ist dies gelungen.

»Gibt es für Sie eigentlich nichts anderes als Macht und Geld?«
»Wenn ich ehrlich bin, nein!«
(Madonna in einem Interview)

Dem einen oder anderen Cineasten ist sicherlich *Reservoir Dogs* von 1992 nicht unbekannt, jenes gemeine Erstlingswerk des Genre-Wüstlings Quentin Tarantino. Zu Beginn des Films haben sich einige Gangster zusammengefunden, um ein Diamantengeschäft auszuplündern. Bevor es allerdings an die Arbeit geht, wird zunächst einmal gemeinsam gefrühstückt – nicht ohne dabei essenzielle Fragen des menschlichen Daseins zu diskutieren: Es geht um Sakkos, die man Jahrzehnte nicht getragen hat und in denen man dann plötzlich uralte Zettel mit uralten Telefonnummern findet, um Sinn und Unsinn von Trinkgeldern und, ja, um Madonna.

---

28 Siehe dazu auch: Etzold, Buswick: »Metaphors in Strategy«,
in: *Business Strategy Series*, Vol. 9, No. 5, 2008, S. 279-284

Mr. Brown, gespielt von Tarantino selbst, gibt eine Analyse von Madonnas Hit *Like a Virgin* zum Besten: Keinesfalls, so Brown, ginge es bei diesem Song um ein Mädchen, das oft verletzt und enttäuscht wurde, jetzt aber einen sehr sensiblen Jungen kennenlernt, in dessen Armen sie sich noch einmal unschuldig und frei fühlt, so als würde sie noch einmal ganz von vorne anfangen können. Nein, Mr. Brown macht aus *Like a Virgin* eine Metapher, die er mit sichtlichem Genuss vom Emotionalen ins Obszöne zieht. Wenn sich die Frau in Madonnas *Like a Virgin* wie eine Jungfrau fühlt, so Brown, dann nur deswegen, weil ihr Sexualpartner über ein so großes Geschlechtsorgan verfügt, dass sie sich zwangsläufig an das erste Mal – und die damit verbundenen Schmerzen – erinnern *muss*. »Der Kerl ist wie Charles Bronson in *The Great Escape*. Er gräbt Tunnel.«

Quentin Tarantino als scharfer Analytiker der Popkultur kommentiert Madonna als Königin des Pop. Ist Tarantino hier im Jahre 1992 bereits einem Diskurs auf der Spur?[29]

Einzigartigkeit zählt

»Be yourself, everyone else is already taken.«
(Oscar Wilde)

Seit 1992 sind 21 Jahre vergangen und Madonna hat es immer wieder geschafft: Sie ist in den Schlagzeilen und bleibt auch dort. Seit über 30 Jahren ist Madonna der unangefochtene Superstar der Popmusik. Auch Popmusik-Muffeln dürfte aufgefallen sein, dass Madonna von all den Superstars, die es auf der Welt gibt, mehr Aufmerksamkeit erregt hat als jeder andere vor ihr. Dies äußert sich schon allein darin, dass die Menge an kritischem Interesse gegenüber ihrer Person in Form von Büchern, Essays, Reportagen (und Diskussionen in *Reservoir Dogs*) sich mit der Menge der von ihr selbst herausgebrachten Werke wie Musikalben, Videos, DVDs und anderen Nebenprodukten wohl ungefähr die Waage hält. Das Phänomen Madonna bringt Primär- und Sekundärwerke in ungefähr gleicher Menge hervor. Madonna scheint all die Eigenschaften zu besitzen, die man be-

---

29 Für Inspiration zu diesem Thema danke ich Prof. Martin Kupp von der ESCP in Paris. Wir haben uns oft zu dem Thema unterhalten und beide, unabhängig voneinander, zu dem Thema Madonna als Beispiel für Unternehmen geforscht. Siehe auch: Anderson, Reckhenrich, Kupp, *The fine Art of Success*, Wiley, 2010

sitzen muss, um als das zu gelten, was man eine *Ikone* nennt. Dabei ist Madonna Louise Veronica Ciccone (das ist ihr voller Name) nicht unbedingt eine talentierte Sängerin, Schauspielerin oder Musikerin. Sie hat nicht die Stimme von Whitney Houston oder Anastacia oder die tänzerische Begabung einer Janet Jackson. Zwar ist sie unzweifelhaft attraktiv, aber auch keine atemberaubende Schönheit. Dennoch ist sie seit mehr als 30 Jahren der ungeschlagene Star der Popmusik. Ob man dabei Madonnas Musik und ihre Art der Darstellung mag oder nicht, ist völlig irrelevant. Sie ist eine *Ikone,* ob es einem gefällt oder nicht.

Die Legende besagt, dass Madonna im Juli 1978 mit einem One-Way-Ticket und 38 Dollars nach New York flog und den Taxifahrer am Flughafen mit den Worten »Bringen Sie mich zum Zentrum des Ganzen« aufforderte, sie in die Innenstadt zu fahren. Der Taxifahrer hatte sie schließlich am Times Square abgesetzt und Madonna war in New York. New York, wo alles begann, und wo sie den Grundstein für ihr großes Ziel legte: Superstar werden, und Superstar bleiben! Auffallen und auffällig bleiben, immer anders sein und trotzdem unverwechselbar, das war und das ist ihre Strategie. Madonna ist so erfolgreich, weil sie immer etwas Neues macht, aber trotzdem immer wiedererkennbar ist. Sie ist unverwechselbar – und damit unersetzlich.

Die Madonna Story I: Das Marktumfeld kennen

Kein Star hat die Mechanismen des Musikmarktes und der damit verbundenen eigenen Vermarktung so gut verstanden wie Madonna (siehe Abbildung 13). Um unverwechselbar zu werden, muss man zunächst das Umfeld kennen, das einen für unverwechselbar halten soll. Madonna besitzt eine ausgezeichnete Kenntnis ihrer wettbewerblichen Umgebung, sie weiß genau, was der Markt will und was sie ihm bieten muss, verbunden mit einer kritischen Selbsteinschätzung, was ihre eigenen Ressourcen angeht, sowie der Fähigkeit, sich immer wieder neu zu erfinden und ihre Fans immer wieder aufs Neue zu überraschen. Das taktische Hantieren mit medialen Hebeln, die ihren Erfolg verstärken, begann zum Beispiel damit, dass sie bereits mit 26 Jahren die Video Awards von MTV gewann und mit ihrem Hit »Like a Virgin« 1984 in die Heavy Rotation des damals noch jungen Musikvideosenders gelangte. Madonna war eine der Ersten, die die Bedeutung des Musik-TVs als Marketing-Multiplikator erkannte.

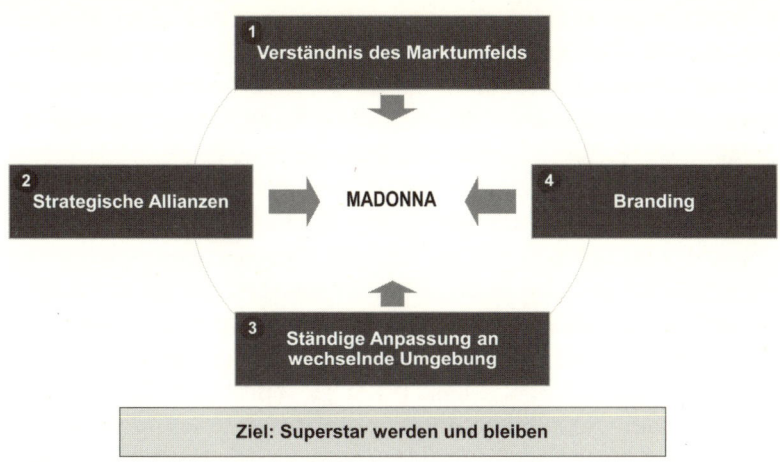

Abbildung 13: Die Strategie von Madonna
Quelle: Veit Etzold, 2013

Unverwechselbarkeit geht häufig mit Provokation einher. Die französischen Impressionisten konnten davon ein Lied singen, als ihre innovative Malweise vom etablierten Salon als »Schmiererei« abgekanzelt wurde. Während nun viele Künstler mit zunehmender Provokation immer weniger Erfolg haben, gelingt es Madonna, Provokation und Kommerz geschickt aufeinander abzustimmen, ohne dabei jedoch die Konventionen, die die bürgerliche Welt gerade noch akzeptiert, so weit zu dehnen, dass sie den eigenen Erfolg gefährden. So konnte sich Madonna neben MTV stets auf zwei weitere, treue Multiplikatoren ihrer selbst verlassen: den Vatikan und den Papst. Die rügenden Worte des Heiligen Vaters Papst Johannes Paul II. waren nach Ausstrahlung des Videos *Like a Prayer* aufgrund diverser blasphemischer und lasziver Szenen in ähnlicher Form zu hören wie 20 Jahre später die Kritik von Benedikt XVI. an der inszenierten Kreuzigungsszene auf der *Confessions on a Dancefloor*-Tour 2006.

Die Madonna Story II: Strategische Allianzen bilden

Wer unverwechselbar sein will, muss besser, schillernder, strahlender und glamouröser als alle anderen sein. Dafür braucht er andere Menschen, Menschen, die ihm objektiv sagen, was er verbessern sollte, und Menschen, die Dinge können, die er selber nicht kann und die ihm dabei helfen, seine einzigartige Position weiter zu verfestigen. Mit anderen Worten: Selbst ein Superstar muss nicht alles können. Er muss aber andere kennen, die es können. Es wurde bereits erwähnt, dass es in jedem künstlerischen Bereich, den Madonna abdeckt (Gesang, Tanz, Schauspiel, Komposition), größere Talente als Madonna gibt. Statt sich aber über diese scheinbaren Defizite zu ärgern, macht Madonna das, was sie wirklich gut kann: Talente für sich begeistern und an sich binden. Anstatt so zu tun, als sei sie übernatürlich begabt, setzt sie aggressiv die Fähigkeiten ein, die sie hat: den Ehrgeiz, ganz nach oben zu kommen, Entschlossenheit, Intelligenz, Vitalität und die Bereitschaft, sehr hart zu arbeiten, wenig zu schlafen und selten Urlaub zu machen. Im Durchschnitt arbeitet Madonna pro Tag wohl 36 Stunden. Einen guten Teil der Zeit investiert sie dafür, gute Leute für sich zu gewinnen und Leute, die doch nicht passen, schnell wieder loszuwerden. Überliefert ist die Geschichte von einem Tontechniker, den Madonna feuerte, weil er nicht bereit war, seine Mittagspause nur dann zu machen, wenn das Band gerade zurückspulte. »Time is money, and the money is mine« war und ist einer ihrer Lieblingssprüche. Geld und Freundschaft sind für sie keine zwei Welten, sondern bedingen einander. Madonna besitzt die Fähigkeit, persönliche Beziehungen auf der Grundlage ökonomisch sinnvoller Synergien zu nutzen. Beispiele sind die Heirat mit Sean Penn und die Beziehung mit Warren Beatty, um im Filmgeschäft Fuß zu fassen. Auch die Vermarktung ihrer Inhalte über diverse Kanäle (Bücher, DVDs, Videos, Filme sowie Kleidung) als auch den Transfer ihres Images auf Werbeträger, die sich dadurch ein ähnliches Image wie Madonna versprechen (BMW, H&M), ist ihr nicht fremd.

Unverwechselbar werden Sie, wenn Sie Ihre Stärken ausspielen, Ihre Schwächen zur Kenntnis nehmen und ohne Neid akzeptieren, dass Leute, die etwas besser können als Sie, Ihnen bei Ihrem Erfolg helfen können – wenn Sie sie richtig einsetzen. Lassen Sie also zu, dass es Menschen gibt, die Ihnen in gewissen Aspekten überlegen sind. Suchen Sie ihre Nähe und lernen Sie von ihnen. Genauso halten Sie sich von Dummköpfen fern. Bei denen sind Sie vielleicht der König, kommen aber dafür nicht weiter.

Die Madonna Story III: Anpassung mit Integrität

Madonna ist auch deshalb einzigartig, weil sie die Fähigkeit hat, sich immer wieder neu zu erfinden, immer ein Image anzunehmen, das gleichzeitig cool, erfolgreich, sexy und aufregend ist, und dabei trotz allem immer Madonna zu bleiben, immer klar als Madonna erkannt zu werden. Madonnas Weg als generativ-flexibles Kunstwerk lässt sich schon an ihrer äußeren Erscheinung in den letzten 25 Jahren ablesen: vom Street Look zum Glam Rock, vom Marilyn-Monroe-Zitat zu Retro, zu S&M, zur Grand Dame, zur Lässigkeit, zum Military Look und schließlich zur H&M-Collection und der »Hard Candy«-Ästhetik.

Bei den Rolling Stones ist das Besondere, dass sie noch leben. Bei Madonna ist das Besondere, dass sie immer anders ist. Und trotzdem sofort wiedererkennbar. Den Fans wird es mit Madonna niemals langweilig und Madonna wird niemals überflüssig. Vielen Bands im Rock-Genre wird Verrat vorgeworfen, wenn sie ihren Stil ändern oder andere Einflüsse in ihrer Musik zulassen, also ihr »Branding verwässern«. Madonna nicht. Bei Madonna ist die Wandlungsfähigkeit keine Korrektur des Brandings, sondern der wichtigste Teil davon. Sie ist einzigartig, *weil* sie sich immer wandelt. Deshalb wird diese Wandlungsfähigkeit auch nicht als krampfhafte Verstellung aufgefasst, nicht als Zwang, irgendwelchen Trends, koste es was es wolle, hinterherzurennen. Madonnas Strategie ist es vielmehr, schwache Signale kommender Trends zeitnah zu spüren und auf diese Trends so aufzuspringen, dass der Eindruck entsteht, Madonna selbst *sei* der Trend.

Die Madonna Story IV: Unverwechselbar sein

Madonna ist unverwechselbar, weil man sie sofort wiedererkennt. Salopp gesagt: »Wo Madonna draufsteht, ist auch Madonna drin.« Erfolgreiches »Branding« macht ein Produkt (und auch ein Individuum) unverwechselbar. Bei all der Flexibilität, die man Madonna seit mehr als 30 Jahren auf dem Musikmarkt attestieren muss, ist dennoch eine fokussierte Branding-Strategie unübersehbar. Madonna passt sich dem Markt nicht so weit an, dass sie unsichtbar oder austauschbar wird. Ihre Markenzeichen wie Coolness, Sexualität, leichte Provokation und Innovation sind in jedem neuen Madonna-Album gleichermaßen vertreten. Sie ist kein Produkt einer globalen Plattenfirma, keine Eintagsfliege aus einem Superstar-Wettbewerb im Fernsehen, ihr Erfolg ist der Erfolg eigener Anstrengung und eigener Planung. Anfang der 80er Jahre begann sie, Einflüsse aus der Black Music und der New Yorker Schwulenszene in ihre Musik zu integrieren und dadurch einen originellen Mix zu schaffen, den es vorher in dieser Form noch nicht gegeben hatte. Zudem wirkte sie durch ihre androgyne Art der Darstellung sowohl auf schwule Männer als auch auf lesbische Frauen anziehend – von den »normalen« Fans ganz zu schweigen. Das Neue, das noch keiner gemacht hat, hat immer das immanente Risiko, dass es danebengeht, aber dafür auch viel höhere Gewinnaussichten, wenn es gutgeht. Rennen Sie also nicht Trends hinterher, die bereits *common sense* sind. Ebenso kaufen Sie ja auch keine Aktien, die schon so bekannt sind, dass Sie Ihnen beim Frisör empfohlen werden. Das Ungewöhnliche kann oft das Erfolgreiche sein, zum Beispiel auch in der Kombination von Studienfächern oder Jobbildern. Informatik und Sprachwissenschaft passt nicht auf den ersten Blick zusammen, ergibt aber digitale Sprachverarbeitung, einer der heißesten Trends. Vieles, was als neu gilt, ist auch einfach nur das Alte, das neu zusammengesetzt wurde. Doch auf die Art der Zusammensetzung kommt es an. Wenig von dem, was Madonna macht, ist so bahnbrechend neu, dass man es vorher noch niemals irgendwo gesehen hat. Androgynität finden wir schon im alten Rom, schwule Ästhetik im britischen Dandytum des 19. Jahrhunderts. Bei Madonna ist es eher die clevere Kombination von Versatzstücken, die auf den ersten Blick gar nicht zusammenpassen, durch Madonnas Geschick aber zu einem überraschend gelungenen Cocktail werden. Hierbei erinnert Madonnas Vorgehensweise an die von Apple, auch wenn sie natürlich in einem völlig anderen Geschäftsfeld unterwegs ist.

Einzigartigkeit heißt auch Unabhängigkeit. Und Unabhängigkeit hat häufig den Touch des Unnahbaren. Beides kultiviert Madonna. Was die Unabhängigkeit angeht, äußert sich dies bereits darin, dass sie ihre Alben bei Maverick Records, ihrem eigenen Plattenlabel herausbrachte, das durch ein Joint Venture an Warner Music gekoppelt war. Später wechselte sie zu Live-Nations, wo sie schwerpunktmäßig an den Live-Auftritten verdiente, die, im Gegensatz zu digitalen CDs, nicht so einfach kopiert werden können. Madonna ist und bleibt ihr eigener Chef und keine verlängerte Werkbank eines großen Musikkonzerns. Auch die Unnahbarkeit ist etwas, was sie sowohl auf der Bühne als auch im »richtigen Leben« kultiviert. Die Femme fatale, die sie in Filmen wie *Evita* oder *Dick Tracy* spielt, ist die Film-Projektion der Madonna, die wir bereits von den Musikalben kennen. Umso neugieriger wird man, wie wohl die private Madonna sein könnte. Doch dies erfährt man nicht – »You'll never know the real me«, sagte sie einst in einem Interview. Auch das Geheimnisvolle ist Teil einer erfolgreichen Branding-Strategie.

Madonna tut alles, um in der öffentlichen Diskussion zu bleiben, auch Rückschläge können sie dabei nicht aufhalten. Eine wichtige Erfolgskomponente ist dabei ihre Innovationskraft, die sich zum Beispiel in ihrer Fähigkeit äußert, scheinbar widrige Umstände ins Positive zu drehen: Als MTV 1992 das Video von *Justify my Love* wegen anstößiger, sadomasochistischer Szenen aus dem Programm nahm, machte Madonna aus dem Verbot sofort den Reiz des Verbotenen: *Justify my Love* wurde zur ersten Videosingle der Musikgeschichte, stürmte den ersten Platz der US-Charts und verkaufte sich 400 000 Mal – MTV hingegen wurde von Fans und Presse wegen unzeitgemäßer Prüderie mit Spott überschüttet. Auch Unternehmen sollten in der Lage sein, definieren zu können, was das Besondere an ihnen ausmacht. *What gets measured gets done*. Legen Sie sich ein eigenes Branding zu und versuchen Sie, in drei Sätzen zu erläutern, was an Ihnen und Ihrem Unternehmen das Außergewöhnliche ist. Wenn Sie das schriftlich festhalten können, können Sie es auch leben. Und was für Mission Statements im Unternehmen gilt, gilt für Sie als Individuum auch.

Fazit

Trends kommen und gehen. Stars kommen und gehen. Produkte kommen und gehen. Alles, was für kurze Zeit im Rampenlicht steht, ist auch nach kurzer Zeit wieder vergessen. So erfreute sich zum Beispiel der Walkman mit Kassette in den 80er Jahren hoher Beliebtheit, bevor er vom Discman abgelöst wurde. Dieser wiederum wurde vom MP3-Player sowie final vom Apple iPod abgelöst. Apple war schlau genug, die Ablösung des iPods selbst zu übernehmen – durch das iPhone. Nicht viel anders ist es bei Mode, Kunststilen, Berufsbildern, Studienfächern oder anderen großen Stars der Popszene. Die früheren Weggefährten Madonnas wie Michael Jackson, Tina Turner, Cher, all die frühen Stars der 8oer, sind größtenteils von der ganz großen Bildfläche verschwunden bzw. kamen erst durch ihren Tod wieder zu Berühmtheit. Alles kommt und alles geht – fast alles. Denn Madonna scheint dergleichen nicht zu passieren. Der neue Trend, der den alten Madonna-Trend ablöst, kommt ebenfalls von Madonna. Madonna antizipiert die Verdrängung des Alten durch das Neue in ihrer eigenen Person und macht sich dadurch niemals obsolet oder überflüssig. Ihre Strategie ist *Superstar werden und bleiben*. Medial inszenierte *Beständigkeit im Wandel*.

Unverwechselbar wird man dadurch, indem man niemals langweilig wird.

Lerninhalte der Madonna-Story :

- Unternehmensstrategen stehen vor einem Dilemma: Einerseits erfordert der Markt ständige Anpassung, andererseits soll eine »langfristige und stabile Strategie« jenseits von taktischen Schwankungen durchgeführt werden. Wie passt dies zusammen?
- Madonna ist seit mehr als 30 Jahren Superstar. Dies liegt nicht nur daran, dass sie sich immer wieder neu erfindet, es liegt auch daran, dass sie trotz ihrer taktischen Marktanpassung immer wiedererkennbar ist.
- Erfolgreiche Unternehmen wissen, was sie sind und vor allem, was sie nicht sind, welche Line und Brand Extensions sinnvoll sind und welche nur von ihrem Kerngeschäft ablenken. Die Erfolge von Apple, so sagte Steve Jobs, basieren nicht nur darauf, was man gemacht hat, sondern vor allem auch, was man *nicht* gemacht hat. Ähnlich wie Madonna neue Songs ohne Gesang in Clubs testen lässt, um herauszufinden, ob die Song-Struktur prinzipiell funktioniert, wissen auch »Madonna«-Unternehmen, was ihre Kunden wollen – und was sie sind (und nicht sind).
- Auch bei der Anpassung an sich ständig wechselnde Umgebungen bleibt Madonnas Branding konstant. Sie ist, im besten Sinne, »Beständigkeit im Wandel«.

Paulus als nachhaltiger Powerseller

Fragestellung
Wie kann man Power Seller sein, und trotzdem nachhaltig und kundenfreundlich verkaufen?[30]

Die Jahre 2008 und 2009 werden als die großen Krisenjahre in Erinnerung bleiben. Mitten in sie hinein fiel das Paulus-Jahr, das der damalige Papst Bendedikt XVI. ausgerufen hatte. Gerade Paulus zeigt, dass man nur dann ein erfolgreicher Verkäufer sein kann, wenn man von den eigenen Produkten so überzeugt ist, dass man sie auch selbst kaufen würde. Genau das allerdings ist im Vorfeld der Krise falsch gemacht worden – und hat zu den Resultaten geführt, unter denen wir auch heute noch leiden.

»Auch wenn wir viele sind, so sind wir doch ein Leib.«
(1. Brief des Paulus an die Korinther, 10, 15)

Wir schreiben das Jahr dreiundvierzig nach Christi. Eine mittelgroße, ein wenig gebeugte Gestalt stapft gegen den Wüstenwind an. In

30 Siehe auch: Etzold, »St. Paul as a Sales Strategist«, in: *Business Strategy Series*, Vol. 10, No. 2 2009, S. 86-89

den Satteltaschen des Maultiers, das der Mann mitführt, befinden sich Pergamente und Schreibzeug sowie Leder, Ösen und Schnallen, die Werkzeuge eines Sattelmachers. In der Ferne sind die Silhouetten des phönizischen Hafens von Sidon zu erkennen, von dort aus wird er sich einschiffen, zunächst nach Myra, dann Rhodos, Kos, Kreta, Malta und schließlich Rom. Klein und unscheinbar erscheint dieser Wanderer inmitten der endlosen Wüste, doch in seinen Augen lodert ein Feuer wie das von tausend Wüstensonnen und in seinem Herzen brennt die Vision, die ihn vorantreibt: aus einer kleinen, versprengten Glaubensgemeinschaft eine der größten Weltreligionen zu machen; die Prophezeiung zu erfüllen, wie sie einst der Prophet Jesaja formulierte, »... ein Zeichen aufzurichten unter den Verjagten Israels und sein Volk zu sammeln von den Enden der Erde« (Jesaja, 11, 12). Mit dieser Vision christianisierte Paulus den römischen Erdkreis und wurde neben Jesus Christus und Petrus die entscheidende Figur des Christentums.

Paulus begann seine Karriere als fanatischer Christenverfolger Saulus im römischen Dienst. In Damaskus fiel er vom Pferd und hatte eine Vision von Jesus Christus, war drei Tage lang blind und dann bekehrt. Schon diese Bekehrung von Paulus, die Verwandlung vom Saulus zum Paulus, ist eine eigene Story.

Doch die Story, die Paulus schließlich schrieb, war noch um einiges größer.

Oft wird Simon Petrus, einer der Jünger Jesu, der Stein, auf dem Jesus seine Kirche bauen wollte, als der Gründungsvater der Christenheit gesehen, doch genau genommen gebührt Paulus dieses Verdienst. Er brachte es fertig, aus einer verstreuten und krisengeschüttelten Sekte eine global agierende Organisation zu machen. Paulus definierte die Gesamtstrategie der Kirche, adjustierte sie im Dialog mit den Gläubigen und Nicht-Gläubigen und gab ihr damit genügend Flexibilität, um langfristig in einer sich ständig wandelnden Umgebung zu überleben. Mit eisernem Willen, einer klaren Strategie, Kommunikationsstärke und uneingeschränkter Mobilität. Wie so viele Christen der damaligen Zeit fiel auch Paulus den Christenverfolgungen unter Nero zum Opfer, doch die Früchte seiner Strategien tragen bis heute. Paulus tat den ersten, riesigen Schritt, der die christliche Kirche zu einer der ältesten, größten und erfolgreichsten Unternehmungen der Welt machte.

Die Paulus Story I: In Netzwerke investieren

»Wer da kärglich sät, der wird auch kärglich ernten.«
(2. Brief des Paulus an die Korinther, 9, 6)

Wenn man etwas in einem bestimmten Feld erreichen möchte, dann muss man auch etwas dafür tun, und dann muss man vor allem dort sein, wo in diesem Feld die Action abgeht. Und die Action geht dort ab, damals wie heute, wo die wichtigen Entscheidungsträger dieser Action sitzen. Das wusste schon Paulus. Er kannte die wichtigsten Knotenpunkte der damaligen Zeit und die damit verbundenen Multiplikatoren, die er brauchte. Athen, Jerusalem, Rom und Damaskus waren die wirtschaftlichen und geistigen Zentren der antiken Welt. Ebenso wie man heute als renommierter Wissenschaftler in Harvard und Oxford studiert haben muss, als Banker in London und New York gewesen sein sollte, war Paulus dort präsent, wo eben die Action war. Auch wenn es damals weder Fernsehen noch Zeitungen gab, nutzte Paulus alle Kommunikationskanäle, seien es die Synagogen oder die Marktplätze, die Tempel von Athen oder die großen Handelsrouten. Reichtum und Reichweite (Richness and Reach) der Information – Paulus verband beides, 2 000 Jahre vor Web 2.0. Denn je größer das Netzwerk aus wichtigen Leuten, das man kennt, desto zahlreicher sind die Möglichkeiten, die man hat. Auch Paulus war klar, dass eine global aufgestellte Vereinigung sehr viel mehr Einfluss und Beständigkeit haben würde als eine regional beschränkte Glaubensgemeinschaft. Gehet hin in alle Welt und predigt das Evangelium aller Kreatur, zitierte schon der Apostel Marcus Jesus Christus (16, 15). Dabei gelang es Paulus nicht nur, all diese wichtigen Orte, in denen die Action abging, aufzusuchen und dort zu sprechen. Es gelang ihm auch, die dortigen Menschen von seinen Visionen zu überzeugen und dazu zu bringen, selbst neue »Filialen« zu eröffnen. Durch die Anwendung dieses Schneeballsystems war Paulus nicht nur der Begründer des global agierenden Christentums, sondern auch der Erfinder des Strukturvertriebs.

Die Menschen, von denen Sie etwas wollen, müssen Sie häufig davon überzeugen, dass es sich lohnt, in Sie zu investieren. Ihre Freunde werden Ihnen immer zustimmen, egal, wie wild Ihre Träume sind, nur damit sie ihre Ruhe haben – es sei denn, Sie wollen von ihnen plötzlich Geld für eine Unternehmensgründung. Wollen Sie aber dicke Bretter bohren, müssen Sie anstatt mit Ihren Freunden mit fremden Leuten diskutieren, die anderer Meinung sind. Dies tat auch Paulus – mit Erfolg.

Die Paulus Story II: Code Shifting und an den Empfänger der Nachricht denken

»Freut euch mit den Fröhlichen und weint mit den Weinenden.«
(1. Brief des Paulus an die Römer, 12, 15)

Nun reicht es allerdings nicht, nur dorthin zu gehen, wo die Action ist und mit den Entscheidungsträgern zu sprechen. Man sollte sich dabei auch ihrer Sprache und ihrer Gepflogenheiten annehmen, um von ihnen verstanden und ernst genommen zu werden. Code Shifting nennt man in der Sprachwissenschaft die Fähigkeit, sich mit dem Sprachduktus auf sein Gegenüber einzustellen. Dies wird oft falsch gemacht. Wir sagen es noch einmal: Fachidiot schlägt Kunden tot. Der Banker, der gegenüber dem Bauarbeiter etwas von »volatilitätsbereinigter Portfolio-Varianz« im Depot faselt, muss sich nicht wundern, wenn er keine Unterschrift bekommt. Ebenso wenig der Bewerber, der kein Jobangebot kriegt, weil er es für nötig hielt, dem Personaler den neuesten Herrenwitz zu erzählen. »Alles hat seine Zeit und seine Stunde«, steht im Prediger (3,1), und jeder Rezipient einer Botschaft braucht eine möglichst individualisierte Botschaft, die für ihn passt.

Zudem war Paulus ein Meister der Segmentierung. Er wusste, wie er auf die unterschiedlichsten Stämme in Palästina und die Menschen in den großen Ballungszentren wie Rom, Athen und Jerusalem zugehen musste. Denn die Juden fordern Zeichen, und die Griechen fragen nach Weisheit, erkannte Paulus (1.Korinther, 1, 22) und wusste, dass er zwar eine universelle Botschaft hatte, diese aber der jeweiligen Zielgruppe anpassen musste. Er sprach in der Sprache der Heiden, hörte sich ihre Sorgen und Ängste, ihre Hoffnungen und Erwartungen an und lieferte dazu die überzeugenden Antworten. Durch Empathie und Zuhören erkannte er, was die Herzen der Menschen bewegte, und traf damit auf eine Nachfrage, die er mit dem Angebot der guten Nachricht des Evangeliums bedienen konnte.

Die Paulus Story III: Das Produkt einfach machen

»Hier ist nicht Jude noch Grieche, hier ist nicht Sklave noch Freier, hier ist nicht Mann noch Frau; denn ihr seid allesamt einer in Jesus Christus.«
(Brief des Paulus an die Galather, 3, 28)

Dort, wo die Action ist, sind die Entscheidungsträger. Mit denen müssen Sie sprechen. Dummerweise müssen Sie irgendwie aus der Masse all der anderen, die sich auch profilieren wollen, hervorstechen. Nun stellen Sie sich vor, Sie sind am Ziel Ihrer Träume, denn Sie haben zufällig gerade den großen Multiplikator getroffen, der Ihnen weiterhelfen kann, und er hat sogar Zeit für Sie: dummerweise nur fünf Minuten. In diesem kurzen Zeitraum müssen Sie Ihre Elevator Speech platzieren, in der Sie sich als unentbehrlich für den Job verkaufen. Sie müssen kurz, knapp und präzise sein – und trotz allem begeistern. Sie wissen schon: *Der weiße Hai im Weltraum.* Paulus, als Vertriebsfachmann, brauchte man das nicht zu sagen. Er wusste, dass sich ein zu komplexes Produkt oder eine zu verschachtelte Botschaft nicht erfolgreich an alle verkaufen lässt, ebenso wenig wie ein umständlich faselnder Langweiler es schaffen würde, in einer maximal fünfminütigen Elevator Speech zu überzeugen. Paulus reduzierte die Komplexität und die Wiederholungen, die das alte Christentum aufwies. Er entfernte umfangreiche Gesetze des Judentums aus der christlichen Lehre, wie zum Beispiel die Beschneidung, Nahrungsvorschriften und komplizierte Anleitungen zum Tempelbau und stellte allein den Glauben als wichtigstes Zugehörigkeitskriterium in den Vordergrund. Mit diesem Fokus auf die Einfachheit der Implementierung und der Öffnung auf alle Volksgruppen erschuf er nicht nur ein übergreifendes Zusammengehörigkeitsgefühl aller Christen, er entwarf damit auch eine massentaugliche Discounter-Strategie, vergleichbar mit Aldi und Lidl. Paulus war überall, hinterließ Multiplikatoren überall, begeisterte überall und wurde überall verstanden. Durch globale Reichweite, Ausweitung der Zielgruppen und radikale Vereinfachung von dem, was er anbot, baute er ein globales Netzwerk des Glaubens auf, das überall jedermann offen stand – zwei Jahrtausende vor McDonald's und Wal-Mart.

Nun wollen Sie ja nicht nur Ihr Projekt durchsetzen, das Budget dafür holen oder den Traumjob, Sie wollen alles am besten auch sofort. Doch wenn Sie rasche Lösungen wollen, dürfen Sie nicht selbst langsam und umständlich sein. Nur was einfach geht, geht auch meistens schnell. Auch Paulus hatte es eilig – und gab selbst kräftig Gas. Die Verbreitung der guten Nachricht in aller Welt gelang ihm bereits zehn bis fünfzehn Jahre nach der Kreuzigung Jesu. Da er fest mit der Ankunft des Antichristen rechnete, die sich in kurzer Zeit nach dem Tod und der Auferstehung Christi ereignen sollte, war Eile das Gebot der Stunde. Wer nicht in die Hölle wollte, musste sich taufen lassen – und zwar einfach, und zwar schnell. Sprüche wie »Time is money« oder die zeitlich befristeten Angebote, die wir aus Banken kennen (»Bausparaktion bis 31.12.«), finden ihren Ursprung in der frühen Organisation des Christentums.

Bei all den Überlegungen, wie Sie sich Entscheidern nähern sollten oder wie Sie dort hinkommen, wo die Action ist, sollten Sie allerdings zwei Dinge nicht verlieren: Authentizität und Integrität. Niemand wird Ihnen glauben, dass Sie es wirklich ernst meinen mit Ihren Zielen, wenn Sie wie ein Wendehals wirken, der jedem nach dem Mund redet. Die wenigsten Entscheider sind dort hingekommen, wo sie heute sitzen, weil sie als Kopien von anderen agierten. Auch Paulus, dem es ja darum ging, seine Botschaft an möglichst viele, möglichst überall und möglichst schnell zu verbreiten, war alles andere als opportun. Zeitlebens arbeitete er als Sattelmacher, um seinen Unterhalt selbst bestreiten zu können und nicht von Gönnern oder Scharlatanen abhängig zu sein. Hätte er Geschenke angenommen, hätte er seine Vision vom Christentum und sein Ziel der globalen Kirche zugunsten der Geldgeber verbiegen müssen. Das wiederum hätte die Ernsthaftigkeit seines Glaubens und seine Integrität in Frage gestellt, was wiederum die gesamte Unternehmung in Gefahr gebracht hätte. Denn einer der größten Vorteile Paulus' in seiner Vertriebsoffensive war sein unerschütterlicher Glaube, den er kompromisslos vorlebte. Durch dieses Vorleben gelang es ihm, seine Vision, seinen Glauben und sich selbst in einer Person zu vereinigen. Komplizierte Gefühle der Verpflichtung, der Gegenleistung und der Kompromisse sind immer da im Spiel, wo (scheinbare) Geschenke gemacht waren. Taktische Fehlgriffe, die sich Paulus in der stringenten Implementierung seiner Idee keinesfalls leisten konnte. Er wusste, dass seine wichtigsten Ressourcen zur Umsetzung des großen Ziels seine Unabhängigkeit und seine Freiheit waren und dass Verwicklungen und Verpflichtungen ihn in Widersprüche geführt hätten, die allesamt das Branding der guten Nachricht verwässert hätten. Das gilt nicht nur für Paulus. Auch wenn Sie etwas von den Menschen wollen, dürfen Sie sich nicht verbiegen. Bleiben Sie unabhängig und authentisch wie Paulus und hüten Sie sich vor Geschenken. Nichts auf der Welt ist umsonst. Alles Kostenlose ist mit Verpflichtungen verbunden, die in der Zukunft zurückgezahlt werden müssen. Jedes scheinbare Geschenk hat ein unsichtbares Preisschild, das Ihnen später einmal auf die Füße fällt.

Fazit

Paulus wusste, was er wollte, und er wusste, wo die Action abging – wo er sein musste, um sein Ziel zu erreichen. Es gelang ihm, die Menschen nachhaltig für das Christentum zu begeistern, auch wenn er schon längst den jeweiligen Ort verlassen hatte. Sein Einfluss wirkte noch Jahrtausende nach seinem Tode bis heute. Und anders als die Heerscharen von Jobsuchern auf Karrieremessen, die stundenlang autistische Monologe führen, ohne dass es sie interessiert, ob ihr Gegenüber das überhaupt hören will, versicherte sich Paulus immer wieder des Feedbacks seiner »Kunden«, anstatt in irgendwelchen Elfenbeintürmen vor sich hin zu träumen. Er wusste, was die Leute bewegte, und traf mit seinem Engagement für die Armen und die Geknechteten genau den Zeitgeist der sozialen Krise nach der Jahrtausendwende. Mit der Adaption des Christentums aus dem Judentum baute er ein Produkt, das gleichzeitig individualisiert und massentauglich war.

Takeaways der Paulus-Story:

- 2008 und 2009 werden als Krisenjahre in Erinnerung bleiben. Mitten in sie hinein fiel das Paulus-Jahr. Gerade Paulus zeigt, dass man nur dann ein erfolgreicher Verkäufer sein kann, wenn man von den eigenen Produkten so überzeugt ist, dass man sie auch selbst kaufen würde. Es gelang Paulus nicht nur, in kürzester Zeit das römische Weltreich zu christianisieren, sondern sein »Vertriebserfolg« währte Jahrhunderte – bis heute.

- Paulus gelang dies durch eine klare Vereinfachung des Produkts, indem er dort hinging, wo die Entscheidungsträger saßen, indem er Netzwerke aufbaute (heute würde man von »connectors« sprechen) und indem er genauso lebte, wie er es auch predigte.
- Damit ist Paulus ein Beispiel dafür, dass man gleichzeitig Power-Vertriebler und nachhaltig sein kann.

William der Eroberer – Vertrauen statt Kontrolle

> »Es ist besser, Schlechtes zu ertragen als Schlechtes zu tun. Und man ist glücklicher, wenn man manchmal betrogen wird, als wenn man niemandem vertraut.«
>
> *Samuel Johnson*

Jedes Unternehmen lässt sich durch zwei Prinzipien führen – durch Vertrauen oder durch Kontrolle. Welches Vorgehen brachte William den langfristigen Erfolg?

Die William Story I: Eine feindliche Übernahme muss nicht per se schlecht sein

England, 1066. Eine Armee von schwer gepanzerten Rittern bewegt sich über die grasbewachsene Ebene kurz vor Hastings. Am Horizont sind die Silhouetten des angelsächsischen Heeres von König Harold zu erkennen. Die Panzerung der Ritter blitzt in der Sonne, normannische Langbogenschützen lassen ihren Blick über die Landschaft schweifen, die gleich zum Schlachtfeld werden wird. An ihrer Spitze reitet William der Eroberer, Herzog der Normandie. Eisenbeschlagene Hufen scharren im Gras. Banner flattern im Wind. Fanfaren ertönen. Pfeile durchschneiden die Luft. Die gepanzerten Ritter setzen sich in Bewegung, die Lanzen angelegt, überrennen sie die Landsknechte wie eine Lawine aus Stahl. Nach kurzer Zeit ist die Schlacht entschieden, Harold ist tot, sein Heer besiegt. Die Banner der Normandie werden in den Boden gerammt. Die Ritter reiten weiter, nach

London. Am ersten Weihnachtstag 1066 wird William in Westminster Abbey zum König von England gekrönt.

Durch die Schlacht von Hastings erlangte William der Eroberer die Herrschaft über England. Seine gepanzerten Ritter und die Reichweite der normannischen Langbogen ließen den Angelsachsen keine Chance. Doch die eigentliche Arbeit wartete noch auf ihn. Er musste die teilweise verfeindeten Warlords der Angelsachsen hinter sich versammeln, musste aus Feinden Freunde machen. Er musste eine fremde Kultur verstehen und tolerieren, ohne dabei seinen Führungsanspruch zu verwässern. Und er musste gewährleisten, dass der Sieg über Harold keine Eintagsfliege blieb, sondern dass seine Herrschaft über England eine dauerhafte wurde.

Schauen wir uns die Geschichte Englands fast 1000 Jahre nach der normannischen Invasion an, so ist William die Umsetzung dieses Ziels gelungen: Er brachte den Langbogen und das Rittertum nach England, zwei Dinge, die England später für sich beanspruchte, und er begründete das Herrscherhaus der Plantagenets und schließlich das Königshaus Windsor – die berühmteste Monarchie der Welt. Williams Integration von England in sein normannisches Königreich ist ein Paradebeispiel für eine gelungene Integration. Klare Zielführung gepaart mit der Bereitschaft zur ständigen Adjustierung, verbunden mit einer effizienten Mischung aus Führung und Delegation und Vertrauen anstatt Kontrolle. Wie ist William dieses Kunststück gelungen?

Die William Story II: Kontrolle ist gut, Vertrauen ist besser

»Jede Veränderung ist eine Tür, die man nur von innen öffnen kann.«
(Französisches Sprichwort)

William eroberte England, doch er agierte nicht als eisenbeschlagene Dampfwalze, die alles, was nicht seinen Vorstellungen entsprach, schonungslos überrannte. Er war bereit, die Kultur der Angelsachsen zu akzeptieren, den Angelsachsen einen Vertrauensvorschuss entgegenzubringen, ihnen zuzutrauen, dass auch sie ein Interesse daran hatten, seine Ziele umzusetzen, anstatt sie stalinistisch zu kontrollieren.

Zum Vertrauen gehört besonders, sich in den anderen Menschen hineinversetzen zu können. So ließ er sich am Weihnachtstag 1066 gemäß den Riten der Angelsachsen und auf ihren heiligen Stätten und Altären zum König von England krönen. Die Zeit, die man investieren muss, um einen Menschen zu verstehen, mag beträchtlich sein. Sieht man sich allerdings die Reibungsverluste an, die entstehen, wenn man den anderen nicht versteht, ist diese Zeit mehr als gut investiert. William war bereit, die Gepflogenheiten der Angelsachsen zu akzeptieren. Er erlaubte ihnen, weiter gemäß ihren Traditionen zu leben, ließ das Netzwerk der angelsächsischen Häuptlinge bestehen und schaffte alte Gesetze und Bräuche nur dann ab, wenn sie tatsächlich keinen Nutzen mehr hatten. Das Alte abzuschaffen, nur weil es *alt* war, kam ihm nicht in den Sinn – ein diplomatischer Schachzug, der ihm in der alteingesessenen, angelsächsischen Herrschaftsstruktur viele Sympathien einbrachte.

Vertrauen beinhaltet auch oft die Frage, wie viel man dem anderen Partner zutraut. Oft begegnet man Paaren, in denen sich einer der Partner ständig brüstet, alles viel besser als der andere zu können. Alles, was Partner 1 kann, gilt als überlegen, alles, was Partner 2 in »die Ehe einbringt«, als unbrauchbar. Abgesehen davon, dass dann die Frage erlaubt sein muss, warum der Partner 1 dann überhaupt den Partner 2 geheiratet hat, ist solch eine Haltung alles andere als eine gute Grundlage für eine partnerschaftliche Beziehung, aus der beide Seiten Wert schöpfen können. Jede Seite einer Kooperation kann etwas zum Gelingen des gemeinsamen Prozesses beisteuern – in Williams Fall hatten die angelsächsischen Warlords das Netzwerk, das William brauchte, um das Land zu beherrschen, William hingegen hatte die überlegene Technik, die bessere Strategie und die höhere Effizienz. Indem William Fremde (oder gar Feinde) zu Freunden machte, indem er ihre Hintergründe nicht nur akzeptierte, sondern auch als klare Vorteile definierte, gründete er eine Wertschöpfungspartnerschaft zwischen beiden Seiten, die man heute rückblickend als gelungenes *Change Management* bezeichnen kann.

Bei allem Vertrauen war Williams England sicher keine *Ich mach, was ich will* Spielwiese für angelsächsische Warlords. Vertrauen verliert seinen Wert, wenn es in Passivität umschlägt, indem man der Gegenseite alles erlaubt. Wer auf diese Weise sein Vertrauen verschenkt, macht sich unglaubwürdig. Wenn William merkte, dass sein Vertrauen missbraucht wurde, es also hart auf hart kam, griff er zum Schwert und griff dann gnadenlos durch. Denn bei aller Empathie und Toleranz war er alles andere als ein naiver Gutmensch. Wer gegen ihn rebellierte oder agitierte und sein Vertrauen missbrauchte, fand seinen Kopf schnell vor den eigenen Füßen wieder. Ein ähnliches Gesetz formulierte auch Machiavelli Jahrhunderte später:

> »Ein Fürst darf die Nachrede der Grausamkeit nicht scheuen, um seine Untertanen in Treue und Einigkeit zu erhalten; denn mit einigen Strafgerichten, die du verhängst, bist du menschlicher, als wenn du durch übertriebene Nachsicht Unordnungen einreißen lässt.«[31]

Diese Härte darf mit dem irrationalen Wüten von Tyrannen nicht verwechselt werden. Und anders als viele Tyrannen versuchte William es zunächst auf die *weiche* Tour, anders als Lenin stellte er das Vertrauen über die Kontrolle. Er suchte die am meisten angesehenen Heerführer der Angelsachsen aus und machte sie zu seinen Lehnsherren. Er kannte die menschliche Psyche und wusste, dass es keinen dankbareren Freund gibt als einen früheren Feind, dem man Gnade gewährt hat und dem man jetzt Vertrauen entgegenbringt. Die auserwählten Lehnsherren taten alles, um William zu zeigen, dass seine Entscheidung richtig war, und sahen Rebellionen oder Aufstände gegen die Normannen auch als Aufstände gegen ihre eigene Souveränität an. Wie Paulus 1 000 Jahre zuvor gelang es William, in England normannische »Filialen« zu errichten, die seinen Plan auch ohne seine Anwesenheit weiter führten und Ereignisse, die dem Plan zuwiderliefen, entschieden bekämpften. Dies war nötig, da William neben dem neu eroberten Königreich England auch noch sein Herzogtum in der Normandie hatte, in dem er für Ruhe und Ordnung sorgen musste. War er in der Normandie, bestand in England das Risiko des Aufstands, war er in England, bestand das Risiko in der Normandie. Indem William ein effizientes Netzwerk von besiegten Feinden knüpfte, die alle in seiner Schuld standen, baute er einen effektiven Warn-Mechanismus auf, der lokale »Show-Stopper« früh genug ankündigte, die dann von lokal zuständigen Lehnsherren abgewehrt werden konnten. Kam es allerdings zu größeren Rebellionen oder Aufständen, machte William diese sofort zur Chefsache und war persönlich vor Ort. Er delegierte, wann immer es ging, scheute sich aber nicht, persönlich einzugreifen, wenn die Notwendigkeit bestand. Er

---

31 Machiavelli, *Der Fürst*, S. 126

war kein »Aussitzer«, ebenso wenig ein Kontrollfreak. Er wusste, dass es bei jeder Eroberung, jeder Fusion und jeder Hochzeit zuallererst um die Menschen geht.

Das können Sie übrigens auch! Anstatt sich mit alten Freunden herumzuärgern, die zwar ständig betonen, wie wichtig ihnen die Freundschaft ist, die aber sofort neidisch werden, wenn Sie selbst Erfolg haben, suchen Sie lieber nach alten Feinden, mit denen Sie eigentlich noch eine Rechnung offen haben. Denen vergeben Sie, anstatt sich an ihnen zu rächen, und bringen ihnen einen unverhofften Vertrauensvorschuss entgegen. Sie werden die besten Freunde haben, die Sie sich vorstellen können.

Die William Story III: Es ist gut, wenn du weißt, was du willst

Wie schon erwähnt, darf Vertrauen nicht in blinde Gefügigkeit und naive Gutgläubigkeit ausarten. Ebenso wenig ist Vertrauen reiner Selbstzweck, denn Vertrauen ohne ein gemeinsames Ziel vor Augen zu haben, funktioniert nicht. Holprige Allianzen ohne Ziel und Strategie begegnen uns ständig. Haben Sie nicht auch schon einmal auf einer Hochzeit von Freunden getanzt, die urplötzlich das Verlangen hatten zu heiraten, und haben sich ein Jahr später als Zeuge im Gerichtssaal bei der Scheidung wiedergefunden? Auch Unternehmenshochzeiten, die als »Hochzeit im Himmel« angekündigt werden, enden oft als Scheidung in der Hölle. Oft ist vor einem Zusammengehen niemandem klar, was eigentlich das Ziel der Übernahme, der Fusion oder der Hochzeit sein soll. Frauen heiraten den erstbesten Tölpel, der sie ein wenig an George Clooney erinnert, dabei aber zu dumm zum Geradeauslaufen ist, Firmenchefs hören auf Investmentbanker, ohne strategische Visionen zu haben, und allgemein herrscht der Grundsatz, dass *zwei* besser als *eins* und dass *größer* auch gleichzeitig *besser* bedeutet. Warum das alles sein soll, fragt niemand.

William hatte bei der Übernahme Englands eine konkrete Vision vor Augen: Er wollte König zweier Königreiche werden, seine Machtbasis erweitern und seine Souveränität auf zwei Säulen stellen. *Lege nicht alle Eier in einen Korb,* sagt man an der Börse. Die Macht in zwei Königreichen konnte William weniger schnell verlieren als die Macht in nur einem. Er verteilte seine Eier (seine Macht) in mehr als einen Korb (Königreiche). Warum das erforderlich war, hatte er schon früh gelernt. In der Normandie war er ein Bastardsohn von Robert dem

Teufel und daher als Herzog der Normandie nicht unumstritten. 13 Jahre lang tobten Aufstände gegen William, angezettelt von normannischen Abtrünnigen und Rebellen vom Hof des französischen Königs, der sich dadurch die Macht über die Normandie sichern wollte. William gelang es, diese immer wieder aufflammenden Aufstände so lange erfolgreich niederzuschlagen, bis sich kein Widerstand mehr regte. Er war Krisenmanagement gewohnt, wusste, welche Eigendynamik Prozesse entfalten konnten, wenn man ihnen keinen Einhalt gebot, wusste, wie die Psyche von Generälen und Königen funktionierte. Und er wusste auch, dass er eine klare und gradlinige Strategie brauchte, wenn er weiterhin erfolgreich sein wollte. Dies steht in keinem Widerspruch zu seiner Empathie und seinem Verständnis gegenüber der Kultur der Angelsachsen. William war klar, dass alles seine Zeit und seinen Platz im Eroberungsprozess hat – Vertrauen und Einfühlungsvermögen genauso wie eine stringente Umsetzung des eingeschlagenen Weges.

Fazit

Auch heute hört man in England noch von den berühmten »Dreimal 66«: Die Eroberung Englands 1066, das Große Feuer von London 1666 und der WM-Titel im Jahr 1966. William scheint, obgleich Normanne, ein wesentlicher Bestandteil von britischem Nationalstolz zu sein. Er war ein Mann des Schwertes und des Krieges, aber er wusste auch, dass ein Sieg im Krieg erst der Anfang ist. Er konsolidierte sein neu gewonnenes Königreich, indem er die besiegten Angelsachsen nicht als unterlegen klassifizierte, sondern ihre Bräuche und Rituale in Andenken und Ehren hielt. Für den gefallenen König Harold ließ er eine Abtei – Battle Abbey – errichten, deren Altar die Stelle kennzeichnet, an der Harold gefallen war. Die Abtei steht heute noch, ebenso wie der Ort, der sich um diese Abtei gebildet hat, mit dem einfachen Namen *Battle*. Er ehrte die gefallenen Feinde und gab den Besiegten einen Vorschuss an Vertrauen, bei dem diese sich in der Pflicht sahen, diesen Vorschuss durch Loyalität an William zurückzuzahlen. *HIC SEPULTUS EST INVICTISSIMUS GUILELMUS CONQUESTOR NORMANNAE DUX ET ANGLIA REX HUISCE DOMUS CONDITOR QUI OBIIT ANNO MLXXXVII*, steht auf Williams Grabstein im normannischen Caen (*Hier begraben ist der unbesiegbare Herausforderer William, Fürst der Normandie und König Eng-*

lands, dessen Hauses Gründer, der im Jahre 1087 verschied). Er war der erste König des Hauses Windsor, der berühmtesten Monarchie der Welt, der Queen Elizabeth, Prince Charles und Prince William entstammen. Ihm gelang es, die normannische Eroberung Englands zu einem der wirksamsten und am längsten anhaltenden Übernahme-Projekte der Weltgeschichte zu machen und dafür zu sorgen, dass England das französische Rittertum, die Monarchie und den Feudalismus als nationale Denkmäler adoptierte.

Zum Mitnehmen:

- William der Eroberer eroberte England in einer feindlichen Übernahme im Jahre 1066.
- Dennoch war die Integration des Juniorpartners (England) so erfolgreich, dass dieser alle Traditionen und Bräuche des Seniorpartners (Normandie) annahm.
- William der Eroberer zeigt, dass Vertrauen in einer Fusion das Wichtigste ist.

Folgende Fragen können auch Sie mit Ihren Kollegen diskutieren:

- Welche Fusionen haben Sie in der Vergangenheit durchgeführt? Was ist gut gelaufen, was nicht, warum?
- Haben Sie im Rahmen der Fusion Topkräfte an sich gebunden oder haben Sie gar gute Mitarbeiter verloren? Wurden diese abgeworben? Können Sie bei anderen, schlecht laufenden Fusionen von Wettbewerbern Mitarbeiter abwerben?
- Welche feindlichen Übernahmen sind langfristig gut verlaufen, welche »Hochzeiten im Himmel« wurden »geschieden«? Inwieweit ist das Herausposaunen von M&A-Absichten und Empire-Building schon der erste Schritt des Scheiterns (Beispiel: AOL, Time Warner).
- Hat der Junior- oder Seniorpartner Gebräuche des anderen Partners freiwillig adaptiert? Was sind diese Dinge? Was ist Ihre »Westminster Hall« oder »Tower of London«?
- Was können Sie von William the Conqueror bzgl. Krisenmanagement und persönlicher Präsenz lernen? William konnte

---

nicht telefonisch »zugeschaltet« werden, wenn es »brannte«. Und er musste zwei Königreiche »managen«: die Normandie und England.

- Wie ist die optimale Mischung aus Delegieren und Selbst-Managen?

Margaret Thatcher – »The Lady is not for turning«[32]

> »Now is the winter of our Discontent / Made glorious summer by this son of York.«
>
> *William Shakespeare*, King Richard III.

Großbritannien im Winter 1978/1979 – der berühmte *Winter of Discontent*. Der Spitzensteuersatz liegt bei fast 70 Prozent, die Inflation bei 20 Prozent, der öffentliche Dienst überzieht das Land mit monatelangen Streiks, der Müll bleibt liegen. Zuvor, im Jahre 1976, musste sich Großbritannien mit einem Notkredit des Internationalen Währungsfonds über Wasser halten. Als selbst die Bestattungsunternehmen in den Streik einsteigen, überlegt die Regierung, die Navy für Bestattungen zur See einzusetzen. Den Streikenden steht ein Heer von Arbeitslosen gegenüber. Die Labour Party glaubte, eine hohe Inflation würde die Arbeitslosigkeit dämpfen.[33] Mittlerweile liegt die Inflation bei 26 Prozent, dennoch steigt die Arbeitslosenzahl weiter. Die Sonne, die, frei nach Shakespeare, diesen *Winter of Discontent* ablöste, war allerdings nicht der *Sohn von York,* sondern *die Tochter von Lincolnshire* – Baroness Margaret Thatcher, die am 8. April 2013 im Alter von 87 Jahren gestorben ist und am 17. April im Rahmen eines Staatsbegräbnisses bestattet wurde.

Am 04. Mai 1979 führte Thatcher die konservative Partei Großbritanniens zum Sieg und löste Labour ab, der Slogan der Werbeagentur

---

32 Dieser berühmte Ausspruch Thatchers lässt sich in etwa als »Die Lady lässt sich nicht verbiegen« übersetzen.

33 Gemäß der Philipps-Kurve, so die Theorie, hat man entweder hohe Inflation oder hohe Arbeitslosigkeit. Dies hat sich allerdings schon häufig als Trugschluss erwiesen.

Saatchi and Saatchi *Labour isn't working* ebnete ihr den Weg in die Downing Street 10.

Thatcher studierte Chemie am Somerville College in Oxford und war dann drei Jahre lang als Chemikerin beschäftigt. Das Team, in dem sie arbeitete, erfand das Softeis, von dem Thatcher eher das Eisige als das Softe übernahm. Kurz nach ihrer Hochzeit 1951 wandte sie sich der Rechtswissenschaft zu und arbeitete kurze Zeit als Anwältin für Steuerrecht. Chemie und Jura mögen auf den ersten Blick nicht zusammenpassen, andererseits zeigen beide, was passiert, wenn Dinge zusammenstoßen – Elemente und Moleküle auf der einen, Menschen und Parteien auf der anderen Seite. Und in beiden Disziplinen fliegt einem auch gelegentlich etwas um die Ohren. Thatcher war also bestens für die Zukunft gerüstet.

So zeigte sie bereits 1970 als Kultur- und Wissenschaftsministerin ihre Kompromisslosigkeit im Kabinett von Edward Heath und schaffte die Gratis-Milch in den Primärschulen ab. Dadurch gelangte sie als »Milchräuberin« (milk snatcher) zu unrühmlicher Bekanntheit. Anders allerdings als die heutigen Heerscharen von umfragehörigen Politikern ging es ihr allerdings auch nie darum, einen Popularitäts-Wettbewerb zu gewinnen und allen nach dem Mund zu reden. Das hatte sie sicher mit Tech-Pionieren wie Steve Jobs gemein. Sie sah es stattdessen als ihre Aufgabe an, Dinge zu sagen, die die meisten nur ungern hörten, Dinge zu tun, die viel Liebgewonnenes in Frage stellten, und Kühe zu schlachten, die als heilig galten. Während die 70er Jahre das Konstrukt der Gesellschaft als warmen, sozialverträglichen Hort der Ruhe und Beschaulichkeit idealisierten, proklamierte Thatcher mit missionarischem Eifer die Macht und die Freiheit des Individuums und setzte in Großbritannien einen Reformprozess in Gang, dessen Früchte bis heute tragen. Wenn Sie von einem Ziel überzeugt war, verfolgte sie es ohne Kompromisse. Für sie gab es keine Gesellschaft, es gab nur Individuen.

Die Thatcher Story I: »Society does not exist«

»*So etwas wie Gesellschaft gibt es nicht.*«
(Margaret Thatcher)

Kompromisslos sein, bedeutet, radikal sein. Thatcher war radikal – und stolz darauf. »Es gibt individuelle Menschen, Männer und Frauen, und es gibt Familien«, sagte sie, »aber es gibt keine Gesellschaft«, sagte sie 1987 in einem Interview. Damit stieß sie zunächst die meisten linksorientierten Weltverbesserer vor den Kopf, die im Kielwasser der eher staatsgläubigen Ideologie der 70er Jahre mitschwammen. Dass durch die Unterordnung des Individuums unter den Leviathan des Staates alles irgendwie netter, größer und besser würde, wie es damals – und mittlerweile heute wieder – als Denken *en vogue* war, hatte Thatcher niemals geglaubt. »Denn kein Staat kann irgendetwas tun ohne die Menschen, und die Menschen sollten sich als Erste um sich selbst und dann um ihren Nachbarn kümmern.«

Auch wenn Thatcher durch die Betonung des Individuums unterstellt wurde, sie würde einem rücksichtslosen Egoismus das Wort reden, sollte klar sein, dass ein Mensch, der nur auf andere und gar nicht auf sich selbst achtet, irgendwann an einen Punkt gerät, an dem er niemandem mehr helfen kann. Thatcher attackierte 1976, als viele Parteien emsig dabei waren, DDR und Kommunismus zu verniedlichen, die Sowjetunion als einen Staat, der sein Ziel der Weltherrschaft rücksichtslos durchsetzen könne, weil er auf keine Meinungsbilder in der Bevölkerung zu achten habe, sondern sich ein positives Meinungsbild mit Waffengewalt forme. Durch dieses Statement erhielt Thatcher von Radio Moskau den Titel *Iron Lady (Eiserne Lady)*.

Ebenso kompromisslos war Thatchers Betrachtungsweise von interaktiven Prozessen zwischen Menschen. Sie betrachtete – als Chemikerin – gesellschaftliche Prozesse, wie eine Naturwissenschaftlerin Naturgesetze betrachtet und beurteilt. Wenn man einen Stein loslässt, fällt er herunter, wenn Menschen nichts mehr zu essen haben, zerfällt jeder Glaube an Gesellschaft, wenn die Löhne zu hoch sind, stellt niemand Arbeitskräfte ein. Es gab keine Verschnörkelungen, keine »*Aber eigentlich ist doch alles in Ordnung*«-Beschönigungen und – wieder – keine Kompromisse. Indem Thatcher ihre Standpunkte mit nüchterner Rationalität vortrug und sich als Grundlage ihrer Beispiele bei der größten Effizienz- und Kostensenkungsmaschinerie rückversicherte, die die Schöpfung hervorgebracht hatte – nämlich der Natur , sprach sie einerseits unbequeme Wahrheiten aus. Andererseits gelang es ihr durch ihre eindrucksvolle Form der Darstellung auch, diese unbequemen – wenn auch einfachen – Wahrheiten bei den Frauen und Männern Großbritanniens nachvollziehbar zu verankern.

Von Thatcher kann man lernen, dass es gefährlich sein kann, sich auf Gutmenschen und Weltverbesserer und ihre realitätsfernen Ideologien einzulassen, die einem einreden wollen, alle wären gute Freunde. Alle *sind* gute Freunde – bis die Miete fällig wird.

Die Thatcher Story II: Keine Kompromisse

»Wenn Sie in der Politik etwas gesagt haben wollen, wenden Sie sich an einen Mann. Wenn Sie etwas getan haben wollen, wenden Sie sich an eine Frau.«
(Margaret Thatcher)

Wenn man wirklich an die Umsetzung eines Zieles oder einer Vision glaubt, wird man nur Erfolg damit haben, wenn man den Weg zum Ziel ohne Kompromisse geht und sich von Bremsern und Bedenkenträgern nicht aufhalten lässt. »Wer Visionen hat, sollte zum Arzt gehen«, sagte der schon erwähnte Helmut Schmidt, den Thatcher mit den Jahren sehr schätzen lernte. Thatcher hatte Visionen, ging aber nicht zum Arzt, sondern verabreichte selbst bittere Medizin. Sie drängte den Einfluss des Staates auf das Individuum und die Wirtschaft mit einer Vehemenz zurück, die vielen Kritikern die Angst in die Herzen trieb. Pragmatisch ging sie dabei dennoch vor, denn auch wenn sie überall im damals aufgeblähten britischen öffentlichen Dienst die Gehälter kürzte, erhöhte sie doch die Löhne der Polizei, um Unruhen besser unter Kontrolle zu haben. Den Aufschrei der Bestandsbewahrer hörte sie zwar, zur Kenntnis nahm sie ihn aber nicht. Sie privatisierte staatseigene Konzerne wie British Telecom, British Petroleum und British Airways sowie die Bahn und einen großen Teil der öffentlichen Trinkwasserversorgung. Sie ahnte schon damals, dass die Musik künftig an den großen Kapitalmärkten spielen würde, und wusste, dass nur große börsennotierte Konzerne im Übernahmepoker eine Chance haben würden. Durch die Liberalisierung des Finanzmarktes in London zog sie amerikanische Investmentbanken in die City und legte den Grundstein dafür, dass London als globaler Finanzmarkt mit New York mitziehen konnte; auch wenn einige der Banken-Exzesse, die dort stattfanden, sicher nicht nachahmungswürdig sind und Großbritannien dadurch heute fast ohne Industrie dasteht. Was ihre Skepsis gegen den Euro anging, muss man ihr im Gegenzug attestieren, dass sie richtig lag. Die gemeinsame

Währung führte nicht zu einem stärkeren Zusammenwachsen Europas, sondern agiert nach wie vor als Spaltpilz, der Europa den Eindruck gibt, von Deutschland gesteuert zu werden, und dadurch den Hass Südeuropas auf Deutschland auf sich zieht; genauso wie es Thatcher vorhergesagt hatte. »Für ihre Gegner muss es schlimm sein«, sagte der Historiker Niall Ferguson in der *Financial Times*, »dass sie (Thatcher) fast immer recht hatte und sie (die Gegner) fast immer falsch lagen.«[34] Gleichzeitig schockierte Thatcher alteingesessene Konservative, die noch den *British-Empire*-Traum träumten, als sie mit dem chinesischen Reformer Deng Xiaoping einen Vertrag aushandelte, dessen Inhalt die Rückgabe der Kronkolonie Hongkong an China war. Sie glaubte an die Reformfähigkeit Chinas und sah keine Notwendigkeit einer britischen Kolonialherrschaft mehr. Auch wenn sie, analog zu Ronald Reagan, die Sowjetunion häufig als *Reich des Bösen (Evil Empire)* brandmarkte, änderte sich diese Auffassung schlagartig, als sie 1984 zum ersten Mal auf Michail Gorbatschow traf. Sie erklärte öffentlich, dass sie ihn mögen würde und er ein Mann sei, »mit dem man Geschäfte machen könne«. Auch hier lag Thatcher in ihrer Einschätzung richtig und von ihrer Einschätzung überzeugte sie auch Reagan, was die Annäherung zwischen USA und Sowjetunion maßgeblich erleichterte und ein wichtiger Meilenstein auf dem Weg zum Fall des Eisernen Vorhangs war.

Die Thatcher Story III: Knallhart verhandeln

»Freundschaft und Geld – Öl und Wasser«
(Michael Corleone, *Der Pate II*)

Was Thatcher sich vornahm, das zog sie auch durch, sei es generell das Abschneiden alter Zöpfe, der Krieg auf den Falklands 1982 oder die Privatisierung großer Konzerne. Unvergessen ist ihr Kampf gegen die mächtigen, britischen Gewerkschaften, die damals von unbeugsamer Sturheit waren. Als die Bergarbeiter im Jahr 1984 streikten, wartete Thatcher den Streik einfach ab, so lange, bis die Kriegskasse der Gewerkschaften leer war. Dann ging es zurück an den Verhandlungstisch. Ihr kam dabei zugute, dass den meisten Briten der lange *Winter of Discontent* noch gut in Erinnerung war, ebenso die

34 *Financial Times*, Niall Ferguson: »Right about Britain, Europe and nearly everything«, 09.04.2013, S. 9

nicht unumstrittenen Maßnahmen der Gewerkschaft, um Streikbrecher zum Mitstreiken zu bewegen. Genauso entrümpelte sie gnadenlos die staatliche Bürokratie und schaffte Zwischeninstanzen wie den *Greater London Council* ab. Auch ihre Verhandlungspartner auf europäischer Ebene bekamen das zu spüren. Bestes Beispiel dafür ist der berüchtigte *Briten-Rabatt,* der es dem britischen Staat noch heute ermöglicht, aus Zahlungen *an* die EU und Subventionen *aus* der EU an England einen Nettobeitrag auszurechnen, der für Großbritannien meist negativ ist. Die EU-Subventionen bestehen zum größten Teil aus Mitteln für den Agrarsektor und da in England die Landwirtschaft kein großes Gewicht hat, setzte Thatcher durch, dass England nur sechsundsechzig Prozent des Nettobetrags zu entrichten habe – eine Errungenschaft für Großbritannien, die auch Tony Blair nicht abschaffen mochte, den Thatcher häufiger als ihren legitimen Nachfolger bezeichnete, auch wenn er in der Oppositionspartei war. *Das geht doch nicht,* mögen einige einwenden. Doch mit genügend Kompromisslosigkeit geht alles. War Thatcher von der Richtigkeit ihrer Haltung überzeugt, setzte sie diese gegen alle Widerstände durch. Wie man allerdings an den Beispielen sieht, lag sie dabei auch sehr viel häufiger richtig als falsch.

Fazit

Winston Churchill wird oft als Bezwinger des Faschismus bezeichnet, Thatcher als Bezwingerin des Sozialismus. Margaret Thatcher betrachtete die menschliche Psyche von einer naturwissenschaftlichen Warte aus. Sie wusste, dass der Mensch am Ende egoistisch ist und nur dann etwas für andere tut, wenn er auch einen eigenen Vorteil für sich erkennt. Sozialistische Weltverbesserungstheorien, Worthülsen wie *Die Gesellschaft* oder naives Gutmenschentum waren ihr ein Gräuel. Indem Sie die Entwicklung künftiger Prozesse richtig einschätzte, die Weichen dafür früh genug stellte und die dafür erforderlichen Reformen ohne Kompromisse durchführte, brachte sie dem Vereinigten Königreich ein wenig vom Glanz des alten *British Empire* zurück. »Wir wollen das *Great* zurück nach *Great Britain* bringen«, sagte sie häufig. Auch wenn einige Privatisierungsbestrebungen – wie zum Beispiel bei *British Rail* – eher als Totalausfall bezeichnet werden können und am Finanzplatz London im Nachhinein vieles schief und betrügerisch ablief, kann man viele vorausschauende

Erkenntnisse Thatchers, wie zum Beispiel die Reorganisation des Finanzplatzes London und besonders ihre Vorausschau, was das (Nicht-)Funktionieren der Euro-Zone angeht, nur als visionär bezeichnen. Sie sagte, was sie dachte, und sie tat, was sie sagte. Diese Charaktereigenschaft verbunden mit ihrer Kompromisslosigkeit war es hauptsächlich, die ihr, die sie die erste und bislang einzige Premierministerin Großbritanniens war, die meisten Feinde einbrachte. Es war aber auch genau die Eigenschaft, die ihr selbst bei ihren Feinden Hochachtung verschaffte. Und ihr am 17. April 2013 ein Staatsbegräbnis bescherte, bei dem sogar Queen Elizabeth anwesend war, was zuletzt beim Begräbnis Winston Churchills der Fall war.

Lerninhalte:

- Margaret Thatcher sanierte Großbritannien mit eiserner Hand und sorgte dafür, dass die britische Wirtschaft, die in den 70er Jahren nahezu auf einer Stufe mit der DDR stand, wieder Weltgeltung erreichte.
- Ebenso half sie dabei mit, den Finanzplatz London aufzubauen, der heute der zweitwichtigste Finanzplatz der Welt ist.
- Um ihre Ziele zu erreichen, hatte sie keine Angst davor, scheinbar Bewährtes in Frage zu stellen. Sie betrachtete die Politik nicht aus dem Blickwinkel des Besitzstandwahrens und der nächsten Wahlergebnisse, sondern als Naturwissenschaftlerin, die jeden Prozess nach Ursache und Wirkung untersucht.
- Dabei war Thatcher ideologisch nicht festgelegt und passte ihre Meinung nicht dem Mainstream an. So war sie, entgegen dem Mainstream in Europa, dem Ostblock gegenüber kritisch eingestellt.
- Prinzipien waren für Thatcher kein Selbstzweck. Ihre Skepsis gegenüber dem Ostblock änderte sich, als sie Gorbatschow kennenlernte. Ähnlich unverkrampft ging sie mit China und der Rückgabe Hongkongs im Jahre 1997 um.

Go East – Der Markteintritt der Jesuiten in China

> »Frugality drives innovation.«
>
> *Jeff Bezoz, Amazon-Gründer*

> »Das Unzulängliche ist produktiv.«
>
> *Johann Wolfgang von Goethe*

Die Letzte unserer Geschichten erzählte mir vor einigen Jahren mein BCG-Kollege Dominic Sachsenmaier, der jetzt als Professor für Neue Asiatische Geschichte an der Jacobs Universität in Bremen arbeitet. Sie handelt von der China-Strategie des Jesuiten-Ordens im 17. Jahrhundert. Von einer perfekten Planung und einer perfekten Truppe. Und einem Resultat, das man trotzdem nur als Misserfolg bezeichnen kann. Und bei dem man sich fragen muss: Wie konnte das geschehen?

Doch wir müssen ein wenig ausholen. Und zwar bei der Reformation. Man kennt die Geschichte, die sich im Jahr 2017 zum hundertsten Mal jährt: Rom war im 16. Jahrhundert eines der Machtzentren Europas. Dort saß der Papst, ließ den gigantischen Petersdom bauen und beherrschte mehr oder weniger Europa. Papst Leo X. ahnte nicht, dass irgendwo in der Peripherie im fernen Wittenberg ein Mönch mit dem Namen Martin Luther – sozusagen als Rebell oder Underdog – sich anschickte, das gesamte System der etablierten Kirche aus den Angeln zu heben.

Der Rest der Geschichte ist bekannt. Durch Luther kam es zur Kirchenspaltung zwischen Katholiken und Protestanten, die schließlich in den Dreißigjährigen Krieg mündete. Die Katholiken sahen sich weiterhin als die »wahre« Kirche, was sich auch aus dem griechischen Wortstamm »kata holos« = »allumfassend« ableitete. Die Protestanten waren die, die gegen das damals in der Tat korrupte Regime in Rom waren, die also *protestierten.*

Die Jesuiten Story I: Empire strikes back – das McKinsey des Vatikans

Um der immer größer werdenden Welle des Protestantismus etwas entgegensetzen zu können, rief man in Rom die Gegenreformation aus. Speerspitze dieser Gegenreformation war der 1534 gegründete Jesuitenorden, der auch als *Societas Jesu* bekannt war. Das Monogramm IHS, eines der ersten »Brands« oder Marken der Welt, hieß sowohl *Iesum Habemus Socium = Wir haben Jesus als Gefährten* wie auch *Iesus Hominum Salvator = Jesus, der Erlöser der Menschen.* Gründer des Jesuitenordens war der spanische Offizier Ignatius von Loyola, der durch mystische Erfahrungen von Jesus selbst, wie er sagte, den Auftrag erhalten hatte, den Jesuitenorden zu gründen. Diesen Orden gibt es heute noch.

Aufgabe des Ordens war es zunächst einmal, in der Kirche ordentlich aufzuräumen und durchzulüften. Denn dass es intern Reformbedarf gab, darin stimmte man sogar mit Luther überein, auch wenn man die Reformation bekämpfte. Gleichzeitig war es aber auch Aufgabe der Jesuiten, im Zuge der Gegenreformation möglichst viele Länder zum Katholizismus zurückzubringen. Dabei gelang es den Jesuiten, die Beichtväter fast aller Herrscherhäuser in Europa zu werden – was dazu führte, dass der Orden alle Geheimnisse der Mächtigen kannte, vergleichbar mit den heutigen Top-Strategieberatungen. Ebenso konnten nur die besten, attraktivsten und intelligentesten Männer Mitglieder bei den Jesuiten werden. Diese Truppe war also extrem smart, sehr gut vernetzt und immer nahe am Ohr der Mächtigen. Angeblich haben sie auch das 360-Grad-Feedback erfunden, wobei jeder im Orden von allen beurteilt wurde und dann eine Liste bekam, was er zu verbessern und welche schlechten Eigenschaften er abzuschaffen habe. Man könnte die Jesuiten also als frühe, katholische Version von McKinsey bezeichnen.

Diese Jesuiten, so entschloss man sich in der Kurie, sollten ein großes Rad drehen. Sie sollten nach China aufbrechen und die Chinesen zum Katholizismus bekehren. Man war der Ansicht, dass es dafür keinen besseren Orden gäbe als die Gesellschaft Jesu.

Warum? Gegenfrage: Woran denkt man, wenn man an Religiosität in Polen denkt? Wahrscheinlich an den Katholizismus. Und an Papst Johannes Paul II., einst Oberhaupt der katholischen Kirche. War Polen also immer katholisch? Nein, war es nicht. Nach der Reformation hatte sich die adelige Oberschicht im 16. Jahrhundert zunächst dem Protestantismus zugewandt, was dazu führte, dass in einigen Landstrichen Katholizismus bei Todesstrafe verboten war. Hier wollte der Heilige Stuhl mit seiner Elitetruppe der Jesuiten ganz besonders den Hebel ansetzen. Mit großem Erfolg! Den Jesuiten gelang es, unerkannt Polen zu infiltrieren und das Land innerhalb von 40 Jahren einmal komplett umzudrehen. Als die Jesuiten mit Polen fertig waren, war der Katholizismus die herrschende Religion, der Neubau evangelischer Kirchen war verboten, die existierenden protestantischen Kirchen wurden abgerissen und der Abfall vom katholischen Glauben stand ab dann unter Todesstrafe. Wenn das kein gelungener Change-Prozess war …

Der langen Rede kurzer Sinn: Wenn jemand geeignet war, China zu bekehren, so war es die einhellige Meinung in der Kurie, dann waren es die Jesuiten. Was ja auch aufgrund der vergangenen Erfolge durchaus nachvollziehbar war. Dass die Jesuiten, die nach China gingen, auch perfekt Chinesisch sprachen, braucht nicht erwähnt zu werden.

Ebenso waren neue Kulturen und Kuriositäten und die Notwendigkeit, sich anzupassen, der Kirche in ihren Missionen nicht fremd. Man verstand es sehr gut, das eigene »Produkt« auf Kunden, die noch ein anderes »Produkt« nutzten, anzupassen. So hatte es sich als hilfreich erwiesen, bei einigen Kannibalenvölkern in Afrika die Eucharistie, also das Abendmahl, bei dem man den Leib Christi isst, als »Kannibalismus 2.0« zu verkaufen. »Seht her«, mochte man sagen: »Hier esst ihr nicht nur den Leib eurer Feinde, hier esst ihr den Leib des Sohnes Gottes. Das ist doch mal etwas ganz anderes!«

Die Eskimos hingegen zeigten bei der Lehre von Himmel und Hölle nicht unbedingt die Reaktion, die man hören wollte. Als die Missionare ihnen von dem ewigen Feuer erzählten, dass in unendlicher Hitze brennt, fragten die Eskimos sofort: »Wie kommen wir da hin?« Vielleicht ist dies auch der Grund, warum in Dantes *Göttlicher*

Komödie die Hölle aus Eis ist. Auch für einen Italiener, der es gerne warm hat, muss Eis schlimmer sein als Feuer; jedenfalls, so lange es kein Speiseeis ist.

Nach China sollte es also gehen. Vorher betrieb man in der Konzernzentrale vom Heiligen Stuhl natürlich etwas Marktforschung. Wie »tickten« die Endkunden? Und, genau wie wir es schon im Kapitel zur Strategie getan haben, schaute man sich das Wettbewerbsumfeld an. Die Jesuiten hatten zwei Wettbewerber in China. Den Taoismus, der im gesamten Land verbreitet war, und den Buddhismus. Der Buddhismus hatte sich seit dem vierten Jahrhundert vor Christus langsam in China ausgebreitet, aber die buddhistischen Mönche waren viel weniger ambitioniert als die Jesuiten. Von daher konnte man durchaus entspannt sein, was den Wettbewerb anging. Vor allem deswegen, weil die »Konversion« der Kunden vom Taoismus zum Katholizismus durch die Gemeinsamkeiten der beiden Religionen sehr viel einfacher gehen sollte als die vom Taoismus zum Buddhismus; einfach deswegen, weil Taoismus und Katholizismus sich sehr viel ähnlicher waren, die »switching costs«, also der Aufwand des Wechsels für den Endkunden, dadurch sehr viel geringer. So hatte der Katholizismus auch vom Inhalt her einen großen Vorteil, denn er hatte das greifbarere Produkt. Im Christentum gab es die Heiligen, im Taoismus gab es die Schutzgeister und die Volksgötter. Im Christentum gab es Himmel und Hölle, im Taoismus gab es die Gegensätze Yin und Yang (siehe Abbildung 14).

Und was gab es im Buddhismus? Die Erkenntnis, dass Leben Leiden ist und dass man ständig wiedergeboren wird. Und dass man irgendwann, wenn man das Glück hat, erleuchtet zu sein, weg ist. Im Nirvana. Nicht mehr existiert. Vielleicht eine Lehre von gläserner Rationalität und Logik, aber nicht unbedingt vielversprechend.

So musste der Buddhismus sogar an einigen Stellen »versündigt« und mit Geistern, Dämonen und Gottheiten aufgefüllt werden, um für die Chinesen verständlich zu sein. Dies hatte der Katholizismus nicht nötig. Er hatte bereits ein riesiges Personal, das nicht nur aus Gott bestand, sondern auch aus dessen Sohn, aus Maria, aus Josef, den Heiligen und einem ganzen Kosmos von Engeln und Erzengeln, sowie Dämonen und Erzdämonen und schließlich ganz unten dem Satan – dem Teufel. Sage da einer etwas von Monotheismus.

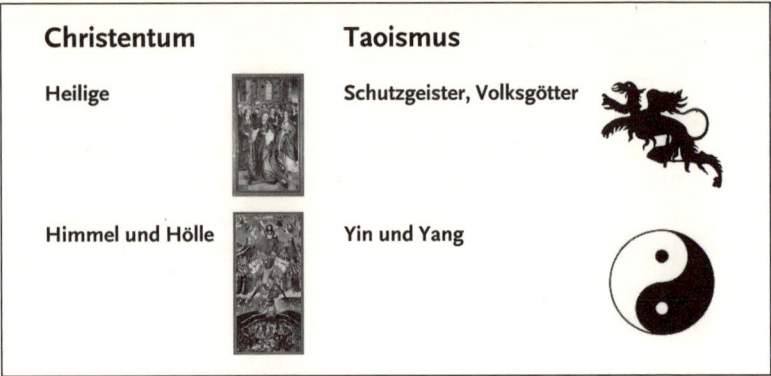

Christentum	Taoismus
Heilige	Schutzgeister, Volksgötter
Himmel und Hölle	Yin und Yang

Abbildung 14: Produktgemeinsamkeiten zwischen Christentum und Taoismus
Quelle: Veit Etzold, 2013

Fassen wir zusammen: Die Jesuiten hatten die bessere Vertriebs-
truppe, die größeren Ressourcen und das bessere Produkt. Das sollte
doch eigentlich ein Selbstläufer werden. Wurde es aber nicht. Denn
das Ergebnis war niederschmetternd: Während es dem Buddhismus,
wenn auch in einem längeren Zeitraum, gelungen war, fast drei Millionen Chinesen zu bekehren, brachte es die geballte Macht der Jesuiten nur auf rund 200 000 Chinesen.

Die Jesuiten Story II: Der Fehler im System
Wie konnte das geschehen? Zunächst einmal arbeiteten die Jesuiten
und die Buddhisten mit unterschiedlichen Steuerungsmodellen. Die
Jesuiten waren klassisch »top down« organisiert. Rom bestimmte die
Marke und ließ auch keine Verwässerung zu. Die Jesuiten waren Ge-
neralbevollmächtigte, die im Namen Roms die gute Nachricht ver-
breiteten nach standardisierten und vorher festgelegten Prozessen.
Kontinuierliches Reporting nach oben über den Projektfortschritt an
die Zentrale in Rom geschah in festgelegten Zeitabständen, häufig
auch über die Zweigstellen in Goa (Indien) und Macao bei Hongkong, was damals eine portugiesische Kolonie war. Was genau an der
Basis los war, wusste oben niemand. Ähnlich geschieht dies heute in
der EU-Schaltstelle in Brüssel, die sich nur mit sich selbst beschäftigt
und wenn sie Gesetze macht, dann nur solche, die den Mitgliedslän-
dern Sand ins Getriebe streuen und alles, was nicht in ihre Ideologie

passt, für nicht-existent erklärt, getreu dem Motto: »Es kann nicht sein, was nicht sein darf.«

Die Jesuiten, die nach China gingen, bestanden aus »High Potentials«, die alle zu den Besten ihres Fachs gehörten und Chinesisch sprachen und den Kontakt zum Kaiser von China hielten. Dieser wiederum hatte über seine Behörden den Kontakt zu den Chinesen, was den Jesuiten zwar das Ohr des Kaisers gab, aber keine unmittelbare Einflussnahme der Jesuiten direkt auf die Chinesen ermöglichte (siehe Abbildung 15).

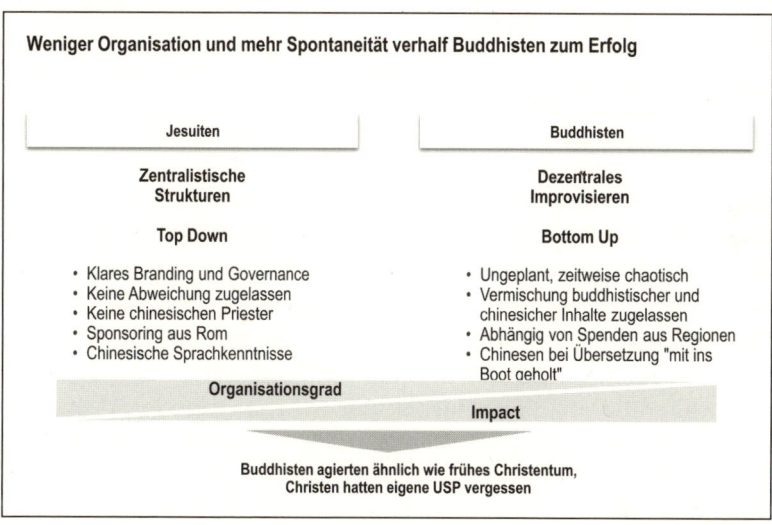

Abbildung 15: Merkmale von Jesuiten und Buddhisten
Quelle: Veit Etzold, 2013

Diese High Potentials übersetzten die Heiligen Schriften der Kirche ins Chinesische und verteilten sie über die Administration des Kaisers unter das Volk. Dabei wurden die Chinesen von einigen Aufgaben ausgeschlossen, so durfte zum Beispiel kein Chinese Priester werden. Dieses Phänomen findet man in ähnlicher Form heute noch bei China-Expansionen von Unternehmen, wenn Chinesen keine Landesgeschäftsführer in China von zum Beispiel einem deutschen Unternehmen werden dürfen. So hatten die Jesuiten zwar, wenn alles gut ging, das Ohr des Kaisers, aber nicht das des Volkes.

Die Buddhisten hingegen waren klassisch »bottom up« aufgestellt; falls es oben (up) überhaupt etwas gab. Sie hatten keine Zentrale, scherten sich wenig um den Kaiser und waren direkt beim Endkunden, nämlich beim normalen Chinesen auf den Dörfern. Sie sprachen zudem meist kein Chinesisch und brauchten Unterstützung bei der Übersetzung ihrer heiligen Schriften ins Chinesische. Ebenso übernachteten sie bei den Chinesen und lebten und arbeiteten dort, was sie sehr stark von den Jesuiten unterschied, die mehr oder weniger in ihrer eigenen, abgekapselten Welt lebten. So wurden die Kirchen und Ordenshäuser der Jesuiten niemals die kulturellen und sozialen Zentren, wie es die buddhistischen Tempel wurden, und blieben daher Orte einer fremden Organisation, die zwar geduldet, aber nicht aufgesucht wurden.

Auch ließen die Jesuiten die Flexibilität vermissen, die katholische Missionare sonst bei der Präsentation ihres »Produktes« bei potenziellen »Neukunden« an den Tag legten. So gab es bei den Buddhisten leichte Veränderungen oder Adaptionen ihrer »Inhalte« durch die Chinesen, schon deswegen, weil sie gar nicht anders konnten und Hilfe benötigten, um sich von den Chinesen die buddhistischen Texte ins Chinesische übersetzen zu lassen. Bei den Jesuiten geschah das nicht. Auf diese Weise integrierten sich die Buddhisten nicht nur viel besser in die »Community« der Chinesen und ließen maßgeschneiderte regionale Lösungen zu; heute würde man sagen »customized solutions«. Sie ermöglichten es den Chinesen auch, in Form einer neuen Religion des Volkes, bei dem die Chinesen mitbestimmen konnten, eine Art »user generated content« zu schaffen. So wie heute die Nutzer über Social Networks eine Marke mitbestimmen können, akzeptierten auch die Buddhisten »Mitmachmarken«, was sich stark von der zentralen und klar definierten Branding-Strategie Roms unterschied.

Auch aufgrund der Tatsache, dass die Jesuiten extern aus Rom finanziert wurden, die Buddhisten sich aber vor Ort finanzieren mussten, erschien das Christentum immer als etwas, das von extern »aufgepfropft« wurde; während der Buddhismus von Chinese zu Chinese weitergegeben und auf diese Weise internalisiert wurde.

Dies bedeutet nicht, dass ein Change-Prozess immer nur »bottom up« geschehen muss. Man darf den Wandel von unten nach oben nur nicht unterschätzen. Die Gleichschaltung des Dritten Reiches in Deutschland zum Beispiel, die wir in keiner Weise verherrlichen wollen, war deswegen so erfolgreich und effektiv, weil diese sowohl von oben gesteuert wurde, gleichzeitig aber auch von unten über diverse Kanäle wie zum Beispiel Hitlerjugend, BDM (Bund deutscher Mädels), Wehrmacht und Vereine die Gesellschaft durchsetzte. Nachhaltig war der »Change-Prozess« des Dritten Reiches trotzdem nicht, wie man gesehen hat, da die totale Gleichschaltung dafür sorgte, dass es am Ende niemanden mehr gab, der offen widersprechen mochte. Beraubt man sich aber als Institution eines Radarsystems von Frühindikatoren, die Gefahren sehen und dann auch den Mund aufmachen dürfen, unterschreibt man seinen eigenen Untergang. Dies ist mit dem Dritten Reich – glücklicherweise – geschehen.

Die Jesuiten Story III: Überperfektion

Zurück zu den Jesuiten und China: Viele Unternehmen, mit denen ich gesprochen habe, und die im 20. und 21. Jahrhundert erste Gehversuche in China gemacht haben, erzählten mir von ähnlichen Schwierigkeiten, die sie erlebten und die die Jesuiten schon 300 Jahre zuvor erlebt hatten. So gab es einen großen Autohersteller, der es fertigbrachte, im Niedriglohnland China[35] höhere Stückkosten zu haben als im teuren Deutschland. Einfach deswegen, weil dieser Anbieter seine automatisierte Fertigung mit nach China brachte. Die war dort allerdings kein Vorteil, da Handarbeit sehr viel billiger war und das Personal noch nicht qualifiziert genug, um die komplexen Maschinen zu bedienen.

Ein Bereichsleiter eines großen, deutschen Automobilzulieferers sagte mir, man könnte bei diesem Beispiel das Wort »Jesuiten« durchstreichen und durch den Firmennamen ersetzen und hätte das gleiche Ergebnis. Hier hätte ein »buddhistischer« Ansatz, bei dem man sich in die Gepflogenheiten des Gastlandes hineindenkt und nicht aus einer Position der scheinbaren Überlegenheit heraus handelt, sicherlich mehr geholfen (siehe Abbildung 16). Insgesamt kann man sagen, dass die Buddhisten ähnlich wie die frühen Christen zur Jahrtausendwende agierten, die ja auch große »Vertriebserfolge« fei-

---

35 Die Lohnkosten in China waren zu Beginn des Jahrtausends noch um einiges günstiger als jetzt im Jahr 2013, da China heute nicht mehr nur »Werkbank der Welt« sein will, sondern sich auch als Premiumprodukthersteller positionieren will.

ern konnten. Man denke nur an den oben genannten Paulus. Die Jesuiten hingegen hatten einen Teil der Erfolgsmechanismen vergessen, die das Christentum einst groß gemacht haben. Man könnte es auch als »USP = Unique Selling Proposition« bezeichnen, die nicht mehr angewandt wurde. Der Erfolg war den Jesuiten zu Kopf gestiegen, sie dachten, das, was in ihrem Heimatmarkt funktioniert – siehe die Re-Katholisierung Polens – würde auch in anderen Erdteilen funktionieren.

Die Story zeigt, dass manchmal organisatorische und operative Exzellenz ein Nachteil sein kann. So wie Spontaneität und die Akzeptanz von ein wenig Chaos ein Vorteil sein kann.

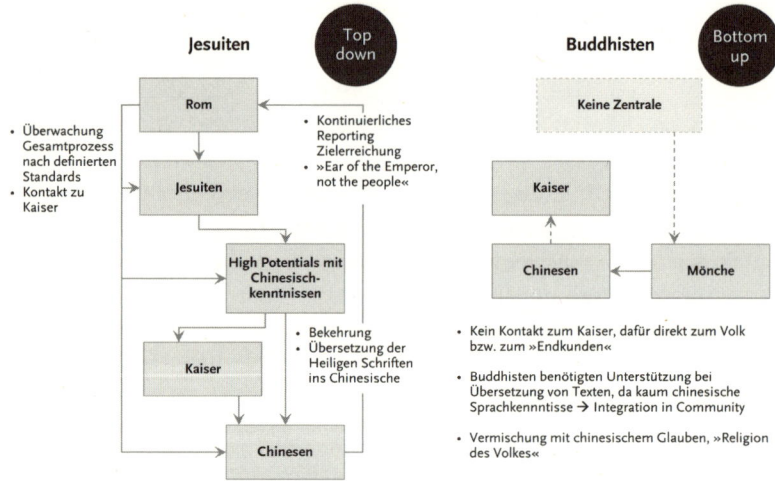

Abbildung 16: Die unterschiedlichen »Governance Modelle« von Jesuiten und Buddhisten
Quelle: Veit Etzold, 2013

Lernkasten:

- Ideen verändern sich leichter als Institutionen. Neue Ideen, die von außen aufgesetzt werden und die existierende soziale oder institutionelle Strukturen herausfordern, sehen sich häufig größerem Widerstand gegenüber als die, die von innen herangewachsen sind.

- Zentralisierung hat Grenzen. Man kann nicht alles von einem fernen Ort steuern. Oft hält eine zu starke Rolle der Zentrale den Prozess in den Regionen auf und unterbindet Anpassung, maßgeschneiderte Lösungen und die Geschwindigkeit der Umsetzung. Zusätzlich erschweren lange Kommunikationswege und wenig autoritäre Macht der Regionalfürsten schnelle Entscheidungen und flexible Anpassungen an eine unbekannte Umgebung.
- Wandel bewegt sich oft von unten nach oben; nicht umgekehrt. Ein Bottom-up-Prozess mit wenig Koordinierung kann effektiver sein als ein konzertierter Ansatz, bei dem alles von oben gesteuert wird und es kaum Raum zum Gegenjustieren gibt.

Bei ähnlichen Unternehmungen von Ihrer Seite sollten Sie sich folgende Fragen stellen:

- Die Rolle der Zentrale – wie dirigistisch sind wir?
  - Wie dynamisch und flexibel ist unsere Organisation?
  - Lähmt uns unsere Organisation oder hilft sie uns?
  - Wie frei sind unsere regionalen Profitcenter?
  - Verbringen wir mehr Zeit mit Reporting an die Zentrale als bei unserem neuen Kunden?
  - Wie passt unser globales Branding zu den neuen Märkten? Müssen wir anpassen, adjustieren?
- Top down / Bottom up – wo stehen wir?
  - Stülpen wir dem neuen Markt unsere Fertigungsprozesse über oder passen wir die Prozesse an (Beispiel Automatisierung der Produktion, Fertigungskosten, manuelle Arbeit)?
  - Wie Top down ist unser Prozess?
  - Wie Bottom up sollte er sein?
- Der Kunde – ist er König oder Partner?
  - Wissen wir, wie unser Endkunde »tickt« oder kennen wir nur die Topmanager und -Politiker?
  - Kommen wir als Partner oder als Besserwisser?
  - Sind wir bereit, um einen Gefallen zu bitten, zu fragen, wenn wir nicht weiterwissen?
  - Wie viel »Chaos« und »Improvisation« brauchen wir? Wie viel Perfektion brauchen wir nicht?

Der Vorhang fällt ...

Im Märchen *Tausend und eine Nacht* gibt es einen König eines unbekannten Königreiches zwischen Indien und China. Dieser König ist von der Untreue seiner Frau derart enttäuscht, dass er sie töten lässt. Gleichzeitig veranlasst er seinen Diener, ihm jede Nacht eine neue Jungfrau zu bringen, die am nächsten Morgen ebenfalls umgebracht wird. Nach einiger Zeit entscheidet sich die Prinzessin Scheherazade dazu, die Frau des Königs zu werden, damit mit dem Morden endlich

Schluss ist. Sie kommt nachts zu dem König und beginnt ihm Geschichten zu erzählen.

Scheherazade kennt die Dan Brownsche Cliffhanger-Technik und ist am Ende der Nacht immer an einer Stelle angelangt, die so spannend ist, dass der König sie weiterhören will. Da die Prinzessin tot nichts mehr erzählen kann, verschiebt der König die Ermordung immer auf den nächsten Tag und die Prinzessin bleibt noch eine Nacht bei ihm und erzählt die Geschichte weiter. Doch in der nächsten Nacht ist die Geschichte wieder so spannend, dass der König die Fortsetzung hören will und die Prinzessin wieder nicht getötet wird. Und immer weiter erzählt. Während der König die Ermordung immer weiter aufschiebt.

So geht das weiter für 1000 und eine Nacht, bis der König die Prinzessin nicht nur begnadigt, sondern sogar heiratet.

Was heißt das für Sie? Wahrscheinlich wird es Ihnen nicht gelingen, so wie die Prinzessin zu erzählen. Genauso wenig wie mir. Doch wenn es Ihnen gelingt, durch Ihre Storys genügend Aufmerksamkeit zu erzeugen, dass Ihre Zuhörer die Geschichte weiterhören wollen und Sie dadurch Ihren Zielen näher kommen, dann können Sie sich durchaus als guten Storyteller bezeichnen. Sie werden gehört und verstanden, Sie erreichen mit weniger Kommunikation mehr, Sie motivieren Ihre Zuhörer dabei intrinsisch und Sie differenzieren sich da, wo andere nur austauschbar sind.

Und vielleicht hat dieses Buch einen kleinen Teil dazu beigetragen.

1000 und eine Nacht sind während der Lektüre sicher nicht vergangen. Dennoch sind wir am Ende dieses Buch angelangt. Wir haben gelernt, dass der Mensch sich seine Realität schon von Anbeginn der Zeit in Form von Storys erzählt hat. Und dass nur eine unerfreuliche Realität für den Menschen eine reale Realität ist. Und dass aus diesem Grund das Unerfreuliche Bestandteil einer jeden Story sein muss, da die Story sonst nicht glaubhaft ist.

Im zweiten Kapitel haben wir gesehen, dass unsere Wahrnehmung in höchstem Maße subjektiv ist und dass Verständnis die Ausnahme ist, Missverständnis aber die Regel.

Im dritten Kapitel haben wir uns die Regeln der strategischen Positionierung und des Wettbewerbsumfelds angeschaut und gesehen, dass man sich in einem mehr und mehr umkämpften Markt trennscharf und eindeutig differenzieren muss – am besten mit einer guten Story –, bevor wir im vierten Kapitel gezeigt haben, wie Profis wie Thriller-Autoren und Hollywood-Regisseure und -Produzenten Pitches und Kurzfassungen schreiben und was man als Unternehmen im Hinblick auf Mission Statements, Visionen und Strategien davon lernen kann.

Im fünften Kapitel haben wir dann die Person kennengelernt, die jede Story braucht – den Helden. Und die Person, ohne die der Held nicht Held sein kann – den Schurken. Und im sechsten Kapitel haben wir gezeigt, wie man Storys in der Organisation nutzt, um seine Ideen zu realisieren, welche Widerstände es dabei geben kann und welche Storys man dabei erzählen sollte.

Am Schluss des Buches finden Sie nun ein komplettes Tool Kit, das Ihnen im Termin-Taifun des Alltags schnell und griffbereit dabei helfen kann, die richtige Story zur richtigen Zeit zu erzählen. Wenn Sie es ganz eilig haben, schauen Sie einfach nur auf die neun Gebote des Storytellings.

Und nun wünsche ich Ihnen viel Erfolg und Freude bei der großen Geschichte, die Sie erzählen werden. Der Geschichte Ihres Projekts, Ihres Bereichs, Ihres Unternehmens oder Ihres Lebens!

Herzlich
Ihr

7
Tool Kit für Ihr Storytelling

»Wer das Warum kennt, wird mit jedem Wie fertig.«

Friedrich Nietzsche

© Veit Etzold

Der Weg nach vorne

Stellen Sie sich die Sonne vor. Mit Wolken davor. Welche Assoziation würde Ihnen sofort in den Sinn kommen? Wahrscheinlich das Wort »Himmel«. Und das nicht nur im wörtlichen, sondern auch im übertragenden, metaphysischen Hinblick. Denn auch der Himmel der Erlösung, das Paradies, das ewige Leben, wurde in Renaissance- und Barock-Bildern fast immer als irdischer Himmel dargestellt.

Jetzt stellen Sie sich die Oberfläche der Sonne aus der Nahaufnahme vor. Flammen aus flüssigem Feuer schießen kilometerweit in die Höhe. Dahinter die Schwärze des Weltalls. Welches Wort würde Ihnen als erstes einfallen? Wahrscheinlich das Wort »Hölle«.

Wir haben aber beide Male die Sonne gesehen. Einmal sehen wir sie als Himmel. Einmal als Hölle.

Der Gegenstand jedoch ist der gleiche. Nur der Kontext ist ein anderer. Und sorgt für eine völlig andere Aussage.

Genau so ist es auch mit Storys.

Wir sind am Ende des Buches angekommen. Aber nach dem Spiel ist vor dem Spiel. Denn Sie selbst stehen erst am Anfang. Jetzt geht es darum, das Gelernte anzuwenden. Was haben wir gelernt? Damit Sie die Idee von Storytelling immer griffbereit haben und kurz und knackig vorstellen können, finden Sie unten alles noch einmal als Kurzfassung:

WARUM STORYTELLING? DIE EXECUTIVE SUMMARY

Wir haben gelernt: 80 Prozent ihrer Zeit verbringen Manager mit Kommunikation. Dumm nur, dass das meiste davon beim Gegenüber nicht hängen bleibt. Warum? Wir haben verlernt, gute Geschichten zu erzählen. Obwohl wir es können. Denn der Mensch ist ein geborener Storyteller. Doch gerade im Unternehmen glaubt man, dass nur faktenschwangere und schwer verdauliche Kommunikation seriös ist. Was dazu führt, dass Medien, Blogger und Klatsch und Tratsch die Deutungshoheit über die Innen- und Außendarstellung des Unternehmens erlangen. Weil deren Storys meist besser sind. Dabei bleibt das Unternehmen und sein Werteversprechen auf der Strecke. Aber das muss nicht sein!

WAS MACHT STORYTELLING?

Storytelling zeigt, wie man sich die Erfolgsfaktoren von Bestseller-Autoren und Hollywood-Filmen zunutze machen kann, ohne dabei ins Triviale abzurutschen. Es weckt in den Teilnehmern die Fähigkeit, spannende und mitreißende Geschichten zu erzählen, eine Fähigkeit, die in jedem Menschen steckt. Denn der Mensch ist ein »Geschichten erzählendes Wesen«. Wir müssen diese Fähigkeit nur wieder neu entdecken.

WAS IST DER MEHRWERT?

Missglückte oder missverständliche Kommunikation kann viel Geld kosten, ebenso wie missverständliche Werbung oder die falschen Worte des CEO an die Belegschaft im Rahmen einer Restrukturierung. Gleichzeitig kann die richtige Story, wie zum Beispiel die »David und Goliath«-Story von Apple, einem Unternehmen viel Geld bringen. Da der Mensch nach wie vor in Storys denkt, vermeidet die Kommunikation über gute Storys nicht nur Missverständnisse und Image-Desaster, sondern differenziert das Unternehmen auch gegenüber dem Wettbewerb, der diese Art der Kommunikation noch nicht nutzt. Der Mehrwert für das Unternehmen ist damit Umsatz (Marke/ Emotion), Bindung (Motivation) und Effizienz (Storys als Treiber für die Motivation der Mitarbeiter). Studien haben zum Beispiel ergeben, dass Unternehmen, die in ihrer eigenen Geschichte sich selbst als den Helden der Story und den Wettbewerber als Schurken darstellen, erfolgreicher sind, mehr Gewinn machen und zufriedenere Mitarbeiter haben. Daher kann man »Story« auch so schreiben: $TORY.

Wir sagten es schon: Da Manager gerne Bullet Points lesen, anbei das Ganze noch einmal in dieser Form.

WIR BRAUCHEN STORYS, UM ...

- gehört und verstanden zu werden.
- einzigartig statt austauschbar zu sein.
- den Zuhörer zum Teil der Geschichte zu machen und ihn damit intrinsisch zu motivieren.

UND DAMIT ...

- bessere und eingängigere Präsentationen zu halten.
- sich stärker gegen den Wettbewerb zu differenzieren.
- abstrakte und nicht materielle Produkte mit Leben zu füllen.
- besser mit anderen »Storytellern« umzugehen (Medien, Politik, Blogger, Klatsch und Tratsch).
- besser zu verkaufen.
- höheren Impact zu generieren.

Und damit Sie die wichtigsten Aspekte jederzeit abrufen können, wenn Sie vielleicht keine Zeit haben, anbei das Wichtigste noch einmal zusammengefasst:

WIE SIE SICH SELBST DIFFERENZIEREN:

1. Macht das, was ich mache, mich einzigartig oder wenigstens im Markt differenzierbar?
2. Was für eine Story kann mein Unternehmen erzählen, die der Wettbewerb nicht erzählen kann?
3. Wie beginnen meine Storys? Gewinne ich die Zuhörer durch ein starkes Intro oder verheddere ich mich in zahllosen Allgemeinplätzen, bevor ich zum Punkt komme?
4. Ist meine Story knackig genug? Kann ich das Werteversprechen (die Value Proposition) meines Unternehmens in einem Satz zusammenfassen? Oder sogar in einem Wort?
5. Gibt es Helden in meiner Firma, die ich als Beispiel nehmen kann? Und gibt es Wettbewerber, die ich zu Bösewichtern machen kann?
6. Was für eine Heldengeschichte muss ich über meine Firma erzählen, um Mitarbeiter, Kunden und Aktionäre zu inspirieren?

WIE SIE EINE STORY AUFBAUEN:

1. Definieren Sie Ort, Zeit und Szene.
2. Stellen Sie die Charaktere vor.
3. Starten Sie die Reise.
4. Führen Sie Hindernisse und Bösewichter ein.

5. Zeigen Sie, wie die Hindernisse umschifft werden.
6. Beenden Sie die Story mit einem Happy End.
7. Zeigen Sie die »Moral von der Geschichte«: Was wäre passiert, wenn wir nicht dies und das gemacht hätten?
8. Stellen Sie Fragen, was die Geschichte für die Zuhörer bedeutet.
9. Wiederholen Sie die Kernaussage noch einmal.

WAS SIE BEACHTEN SOLLTEN, UM IHRE STORY AN DIE SITUATION UND DIE ZUHÖRERSCHAFT ANZUPASSEN:

1. Was ist Ihre Idee des Wandels?
2. Wer ist Ihre Zuhörerschaft?
3. Was sollen die Zuhörer Ihrer Ansicht nach tun? Welchen Wandel soll es geben?
4. Gibt es ein Beispiel, wo die Idee, die Sie umsetzen wollen, schon in anderer Form gut geklappt hat?
5. Gibt es in diesem Beispiel ein Individuum (den Helden), der ähnlich ist wie die große Mehrheit der Zuhörerschaft und mit dem sie sich identifizieren kann?
6. Gibt es einen Antagonist / Gegenspieler, den der Held überwinden muss?
7. Hat die Story ein glaubhaftes Happy End für den Helden / Protagonisten?
8. Sieht die Zuhörerschaft dieses Ende auch als positiv für sich selbst?

UND ZULETZT: DIE NEUN GEBOTE DES STORYTELLINGS:

1. Die Idee, die kommuniziert werden soll, ist klar und nachvollziehbar.
2. Die Story basiert auf einer wahren und erfolgreichen Change Story.
3. Die Story wird aus der Sicht eines real existierenden Protagonisten erzählt.
4. Der Protagonist hat Ähnlichkeit mit dem Durchschnittsteilnehmer aus der Zuhörerschaft.

5. Die Story hat eine Zeit und einen Ort, wo sie sich ereignet hat und den die Zuhörer nachvollziehbar finden.
6. Der Protagonist / Held muss einen Antagonisten / Schurken überwinden.
7. Die Story zeigt, was passieren wäre, wenn man die Idee nicht umgesetzt hätte.
8. Die Story hat nicht mehr Details als notwendig.
9. Die Story hat einen Wendepunkt, einen Höhepunkt und ein Happy End.

Der Thriller-Autor Andreas Eschbach sagte einmal, dass der erste Satz eines Buches darüber entscheidet, ob man das Buch kauft. Der letzte Satz hingegen entscheidet darüber, ob man das *nächste* Buch kauft. Doch das nächste Buch, das diesem Buch folgt, schreiben zunächst Sie! Indem Sie Ihre Story erzählen.

Wenn die Story, die Sie erzählen werden, eine gute Story wird, die von den Zuhörern »gekauft« wird, dann hat *diese* Story, nämlich das Buch, das Sie in den Händen halten, ihren Zweck erfüllt.

Danksagung

Auch wenn das Schreiben meist eine eher einsame Angelegenheit ist, würde es dieses Buch nicht geben ohne die tatkräftige Mithilfe und Unterstützung einiger hochgeschätzter Personen.

Begonnen hat alles mit Stefanie Unger, die mich im Sommer 2012 im Rahmen eines Vortrags bei der Atlantikbrücke fragte, ob ich nicht einmal etwas für Wiley schreiben wolle. Als Nächstes Friedhelm Linke und Hartmut Gante von Wiley, die ich beide in Berlin traf und die sofort mit großer Freude und Enthusiasmus auf das Thema Storytelling reagierten, gefolgt von meiner Lektorin Jutta Hörnlein. Herzlichen Dank an alle für die tolle Zusammenarbeit!

Herzlichen Dank auch an das gesamte Team von Wiley für die tolle Zusammenarbeit.

Ein großer Dank geht auch an meine Partnerin Saskia Guddat, die nicht nur meine ständige Abwesenheit bei der Erstellung des Buches heldenhaft ertragen, sondern auch sehr gutes und hilfreiches Feedback zum Manuskript gegeben hat, ebenso an Frank Sarnowski, der auch kritisch über den Text geschaut hat.

Ebenso danke ich Bolko von Oetinger, mit dem ich das Vergnügen der Zusammenarbeit bei der Boston Consulting Group hatte, und der der Erste war, der in mir das Interesse zu den Themen »Strategie-Metaphern und Storytelling« geweckt hat. Ohne Bolko und das damalige BCG Strategie Institut würde es so etwas wie »Storytelling@Veit Etzold« nicht geben.

All die Freunde und Kollegen aufzuzählen, die mich zu dem Thema Storytelling inspiriert haben, würde den Rahmen dieser Danksagung sprengen. Einige davon sind im Text genannt. Die, die ich trotzdem vergessen habe, mögen es mir verzeihen.

Auch die beste Story ist halt niemals vollständig und jedes Ende trägt bereits einen neuen Anfang in sich.

Ich wünsche allen Lesern viel Freude und Erfolg beim Erzählen ihrer eigenen Story.

Es gilt, was Morpheus in *Matrix* sagt: *It's not knowing the path. It's walking the path.*

Berlin, im Juni 2013   *Veit Etzold*

Stichwortverzeichnis

In eigener Sache

Selbstverständlich schreibe ich nicht nur Bücher über Storytelling, sondern biete auch Vorträge für Unternehmen zu diesem Thema an, ebenso wie Coachings für Individuen.

Ein typisches 1-Tages-Corporate-Storytelling-Programm von Veit Etzold

Block I: Der Mensch als Geschichten erzählendes Wesen: Warum Storys spannend und Fakten langweilig sind

Workshop I: Die eigene Story erzählen

Kaffeepause

Block II: Die Magie des Anfangs: Wie man sofort die Aufmerksamkeit fesselt und was man dabei richtig oder falsch machen kann; inklusive Textworkshop: drei Negativstorys aus Geschäftsberichten, drei Top Artikel aus der Welt der Medien (*BILD*, *Spiegel* etc.)

Workshop II: Die eigene Story und das Werteversprechen: Mission und Vision Statements

Mittagessen

Block III: Held und Schurke: Wie man Dramatik in eine Story bringt und warum es nützlich sein kann, den Wettbewerber zum Schurken zu machen

Workshop III: Erzählen Sie die Story Ihres Unternehmens als Thriller, Heldenepos oder Liebesgeschichte

Kaffeepause

Block IV: Für jeden Anlass die richtige Story: Wie die richtige Story auch komplexe Zusammenhänge leicht erklären kann; inklusive: was sind die typischen Plots und Anti-Plots einer Branche?

Workshop IV: Welche Story passt zu meinem Unternehmen?

Abschluss, Feedback und Ende des Programms

Haben Sie Fragen zu einem solchen Programm oder möchten Sie selbst ein solches Programm buchen, besuchen Sie meine Website unter www.veit-etzold.de oder kontaktieren Sie mich einfach unter info@veit-etzold.de oder rufen Sie an unter +49 30 3974 3667.